普通高等教育"十二五"规划教材

土木工程CAD

主　编　王　涛
副主编　张彩凤　张　志
　　　　董相如　梁文旭
主　审　张思梅

中国水利水电出版社
www.waterpub.com.cn

内 容 提 要

本书是土木工程辅助设计领域 AutoCAD 的图书，主要阐述 AutoCAD 基本指令的操作及其在土木工程领域中的运用。

本书在介绍基本指令并让学生熟悉基本操作的基础上，了解三维图形的绘制方法，进而有针对性地选择建筑工程制图、水利工程制图和路桥工程制图 3 个方面进行专业制图知识的介绍，增强本书的针对性和实用性，锻炼学生的实践能力。

本书可作为土木工程行业各专业（建筑、结构、水利、市政、路桥等）在校学生的教材和从事相关专业工作人员的参考书。

图书在版编目（CIP）数据

土木工程CAD / 王涛主编. -- 北京：中国水利水电出版社，2012.1(2021.8重印)
普通高等教育"十二五"规划教材
ISBN 978-7-5084-9309-1

Ⅰ. ①土… Ⅱ. ①王… Ⅲ. ①土木工程—建筑制图：计算机制图—AutoCAD软件—高等学校—教材 Ⅳ. ①TU204-39

中国版本图书馆CIP数据核字(2012)第010638号

书　　名	普通高等教育"十二五"规划教材 **土木工程 CAD**
作　　者	主　编　王涛 副主编　张彩凤　张　志　董相如　梁文旭 主　审　张思梅
出版发行	中国水利水电出版社 （北京市海淀区玉渊潭南路1号D座　100038） 网址：www.waterpub.com.cn E-mail：sales@waterpub.com.cn 电话：(010) 68367658（营销中心）
经　　售	北京科水图书销售中心（零售） 电话：(010) 88383994、63202643、68545874 全国各地新华书店和相关出版物销售网点
排　　版	中国水利水电出版社微机排版中心
印　　刷	天津嘉恒印务有限公司
规　　格	184mm×260mm　16开本　14.75印张　350千字
版　　次	2012年1月第1版　2021年8月第7次印刷
印　　数	18501—22500册
定　　价	**45.00元**

凡购买我社图书，如有缺页、倒页、脱页的，本社营销中心负责调换

版权所有·侵权必究

前言

  本书是土木工程辅助设计领域 AutoCAD 的图书，主要阐述 AutoCAD 基本指令的操作及其在土木工程领域中的运用。

  本书在介绍软件基本知识的基础上，较为系统地阐述了 AutoCAD 2007 软件的基本操作指令，帮助学生掌握有关作图环境和操作界面的基本知识，熟练掌握二维绘图的基本命令和操作方法，包括常见的编辑命令与操作方法，展示 AutoCAD 软件强大的辅助设计功能。

  本书在介绍基本指令，并让学生熟悉基本操作的基础上，进一步介绍了三维图形的绘制方法，进而有针对性地选择建筑工程制图、水利工程制图和路桥工程制图 3 个方面进行专业制图知识的介绍，增强本书的针对性和实用性，锻炼学生的实践能力。

  本书由王涛担任主编，张志、张彩凤、董相如和梁文旭担任副主编。本书共分 6 章，其中绪论和第 1 章由王涛编写；第 2 章由张志编写；第 3 章由王涛、张彩凤、董相如和梁文旭共同编写；第 4 章由张志、张彩凤、董相如共同编写；第 5 章由张彩凤和董相如共同编写；第 6 章由张志编写；附录由王涛编写。全书由王涛统稿，张思梅主审。

  由于编者水平有限，书中不足或错误之处，恳请广大读者批评指正。

编者

2011 年 10 月

目录

前言

绪论 ………………………………………………………………………………… 1
　　小结 …………………………………………………………………………… 3
　　思考题 ………………………………………………………………………… 3

第 1 章　AutoCAD 概述 ………………………………………………………… 4
　1.1　AutoCAD 的主要功能 …………………………………………………… 4
　1.2　AutoCAD 的安装步骤与启动 …………………………………………… 4
　1.3　AutoCAD 的用户界面 …………………………………………………… 5
　1.4　AutoCAD 的文件管理 …………………………………………………… 9
　1.5　AutoCAD 的命令执行方法 ……………………………………………… 12
　1.6　AutoCAD 的绘图原则 …………………………………………………… 13
　　小结 …………………………………………………………………………… 13
　　思考题 ………………………………………………………………………… 13

第 2 章　AutoCAD 绘图环境设置 ……………………………………………… 14
　2.1　设置绘图环境 …………………………………………………………… 14
　2.2　坐标点的输入方法 ……………………………………………………… 22
　2.3　视图的显示 ……………………………………………………………… 24
　2.4　视图的缩放和平移 ……………………………………………………… 25
　2.5　精确绘图辅助工具 ……………………………………………………… 30
　2.6　帮助系统辅助绘图 ……………………………………………………… 41
　　小结 …………………………………………………………………………… 43
　　思考题 ………………………………………………………………………… 44

第 3 章　AutoCAD 基本绘图技术 ……………………………………………… 45
　3.1　二维图形绘制 …………………………………………………………… 45
　3.2　二维图形编辑 …………………………………………………………… 60
　　小结 …………………………………………………………………………… 86
　　思考题 ………………………………………………………………………… 86

第 4 章　AutoCAD 高级绘图技术 ……………………………………………… 87
　4.1　多段线 …………………………………………………………………… 87
　4.2　多线 ……………………………………………………………………… 92

4.3 点与等分 ... 96
4.4 图案填充 ... 98
4.5 图块和属性 ... 104
4.6 文字信息处理 ... 115
4.7 获取图形信息 ... 123
4.8 尺寸标注 ... 128
4.9 三维图形绘制 ... 148
小结 ... 170
思考题 ... 170

第 5 章 专业图的绘制 ... 172
5.1 建筑工程图绘制 ... 172
5.2 水工图绘制 ... 186
5.3 道路工程图绘制 ... 192
小结 ... 210

第 6 章 图纸输出 ... 211
6.1 图形的输入输出 ... 211
6.2 模型空间 ... 212
6.3 创建和管理布局 ... 212
6.4 使用浮动视口 ... 213
6.5 打印图形 ... 214
6.6 发布 DWF 文件 ... 216
小结 ... 217
思考题 ... 217

附录 ... 218
1. AutoCAD 基本命令一览表 ... 218
2. 参考课时安排 ... 229

参考文献 ... 230

绪　　论

学习目标

了解 AutoCAD 的基本概念、历史发展情况，掌握软件的主要特点。

1. AutoCAD 的基本概念

　　CAD 即计算机辅助设计（Computer Aided Design）。CAD 指工程技术人员以计算机为辅助工具来完成产品设计过程中的各项工作，如草图绘制、零件设计、装配设计、工程分析等，并达到提高产品设计质量、缩短产品开发周期、降低产品成本的目的。

　　AutoCAD 是美国 Autodesk 公司从 1982 年 12 月开始推出的计算机辅助设计与绘图软件。从第一版起，现已达到了 R2008 中文版。Autodesk 产品在我国已有 10 多年的历史，用户达数十万，与众领域的设计、生产、科研和教学息息相关。每年超过 100 万的学生在全世界的工科院校或专门学校接受 AutoCAD 产品的培训。尤其在我国，几乎找不到不教 AutoCAD 的工科院校。

2. AutoCAD 的发展历史

　　AutoCAD 的发展过程可以划分为 5 个阶段：初级阶段、发展阶段、高级发展阶段、完善阶段和进一步完善阶段。

　　初级阶段：AutoCAD 更新了 5 个版本，分别是 1982 年的 AutoCAD1.0 版，1983 年的 AutoCAD1.2 版、1.3 版和 1.4 版，1984 年的 AutoCAD2.0 版。

　　发展阶段：AutoCAD 更新了 5 个版本，分别是 1985 年的 AutoCAD2.17 版和 2.18 版，1986 年 AutoCAD2.5 版，1987 年的 AutoCAD9.0 版和 9.03 版。

　　高级发展阶段：AutoCAD 经历了 3 个版本，分别是 1988 年 AutoCAD10.0 版，1990 年的 AutoCAD11.0 版，1992 年的 AutoCAD12.0 版。

　　完善阶段：AutoCAD 经历了 3 个版本，逐步由 DOS 平台转向 Windows 平台。1996 年 6 月，AutoCAD R13 版本问世；1998 年 1 月，推出了划时代的 AutoCAD R14 版本；1999 年 1 月，AutoCAD 公司推出了 AutoCAD 2000 版本。

　　进一步完善阶段：AutoCAD 经历了两个版本，功能逐渐加强。2001 年 9 月 Autodesk 公司向用户发布了 AutoCAD 2002 版本。2003 年 5 月，Autodesk 公司在北京正式宣布推出 AutoCAD 2004 简体中文版。2005 年，Autodesk 公司在北京正式宣布推出 AutoCAD 2004 简体中文版。

　　本书主要论述 AutoCAD 2007 简体中文版的具体应用。

3. AutoCAD 的实际应用

　　目前，AutoCAD 已经在机械、建筑、电子、地质、轻工等领域中获得了广泛的应用。AutoCAD 能帮助工程技术人员完成所需的专业设计任务，如绘制工程图纸、编写技术文档资料、进行产品性能分析或计算等。

当今社会，具备 AutoCAD 软件的应用能力，一方面是对每个工程技术人员的基本要求，另一方面也是技术院校学生理解、表达和实习所学专业的重要技能，同时也是体现工程类专业学生职业能力的一个方面。

AutoCAD 可以绘制任意二维和三维图形，与传统的手工绘图相比，用 AutoCAD 绘图速度更快，精度更高，且便于修改，已经在航空航天、造船、建筑、机械、电子、化工、轻纺等很多领域得到了广泛的应用，并取得了丰硕的成果和巨大的经济效益。

AutoCAD 具有良好的用户界面，通过其交互式菜单便可以进行各种操作。AutoCAD 设计中心使得非计算机专业的工程技术人员也能够很快地学会使用，并在不断的实践中更好地理解它的各种特性和功能，掌握它的各种应用和开发技巧，从而不断提高工作效率。

AutoCAD 具有广泛的适应性，它可以在 MS-DOS、UNIX、OS/2、Apple、Macintoshl 等操作系统支持下的各种微型计算机和工作站上运行，并支持分辨率为 320×200～2048×1024 的各种图形显示设备 40 多种，以及数字仪和鼠标器 30 多种，绘图仪和打印机 20 多种，这为 CAD 的普及创造了条件。

开放的体系结构是 AutoCAD 的一大优点，也是受到人们欢迎、在各行各业都得到广泛应用的主要原因。AutoCAD 为用户提供了可以结合本专业工作需要对 AutoCAD 进行功能扩展和二次开发的多种方法和手段，使得用户可以进行如下操作：

(1) 定义需要的线型和图案文件、文本文件、符号和元件。

(2) 建立新菜单文件，求助文件和可自动执行的命令组文件。

(3) 设置专门的模板文件，用户化的绘图环境。

(4) 生成幻灯片文件和图形交换文件。

(5) 使用 Visual Lisp 语言进行计算，定义新的 AutoCAD 命令等。

AutoCAD 还提供了多种与外部程序、数据库进行图形、数据交换的方法，或采用属性功能来进行数据管理。AutoCAD 可将完成的图形转换成真正的三维透视色调图，从而使用户可以观察到设计的全貌和连续性。

4. AutoCAD 的特点

AutoCAD 采用一种交互式绘图方式，具备完善的图形绘制功能，用户界面友好，集设计、绘图、输出于一体，而且支持二次开发，深受设计人员喜爱。与手工绘图相比，AutoCAD 具有以下特点：

(1) 提高图纸精度。由电脑代替传统绘图的尺子丈量和人眼识别，使得图形相当准确，误差较小。

(2) 提高设计效率。拥有强大直观的界面，可以轻松而快速地进行外观图形的创作和修改，它还具有的一些新特性能够使得更多行业的用户可以在项目设计初期探索设计构思，为设计探索提供了更快的反馈和更多的机会。同时拥有自动标注等强大功能，有效地缩短了设计时间。

(3) 便于修改。可以对同一图纸进行反复修改，通过不同路径保存即可实现全过程的完整记录，而不用像传统绘图那样需要反复绘制，通过大量的重复性工作实现修改的功能，同时，修改过程可以全部保留。

(4) 便于保存。不需要提供大量储存图纸的实体空间，只需要体积很小的数据存储器即可。

(5) 便于重复利用。对于以前的图形资料，可以从数据存储器中即取即用，并便于建立标准图及标准设计库。

(6) 具有通用性、易用性。该软件可以进行多种图形格式的转换，具有较强的数据交换能力适用于各类用户。此外，从 AutoCAD 2000 开始，该系统又增添了许多强大的功能，如 AutoCAD 设计中心（ADC）、多文档设计环境（MDE）、Internet 驱动、新的对象捕捉功能、增强的标注功能以及局部打开和局部加载的功能，从而使 AutoCAD 系统更加完善。

根据 AutoCAD 软件的上述特点，因此使用这一软件进行辅助设计可以有效地缩短设计周期并减少绘图劳动量和直接设计费用。

AutoCAD 2007 是继 AutoCAD Rl4、AutoCAD 2000、……、AutoCAD 2006 后的又一升级版本。该软件保留了先前版本的全部功能，而且还大大增加了网络功能，使得设计人员工作时更加轻松、高效，并使用了更加灵活的界面形式，无形中加大了图形区的面积。它具有体系结构开放、操作方便、易于掌握、应用广泛等特点，深受各行各业的工程技术人员的欢迎。

5．AutoCAD 的运行环境

(1) AutoCAD 的硬件环境。硬件是一切可以触摸到的物理设备。硬件系统是实现系统各项功能的物质基础，它由计算机、存储设备、显示设备、人机交互设备、输出设备及附加生产设备（CAM 加工设备）等组成。

主要输入设备：光笔、数字化仪、扫描仪、鼠标、键盘、手写板、定位指轮、操纵杆、跟踪球。

主要输出设备：绘图机、打印机、立体显示器、三维听觉环境系统、生产系统设备。

(2) AutoCAD 的软件环境。AutoCAD 的软件系统包括能够使软件可执行的系统软件、支撑软件和应用软件。

小 结

本章简要概述了 CAD 及 AutoCAD 的基本概念，介绍了软件的发展情况，重点说明了该软件的特点，并对软件的运行环境作了简要论述。

通过本章的学习，应对 CAD 有一个基本的了解，如 CAD 的发展、组成、应用和优点，从而提高学习兴趣，为学习 CAD 做好充分准备。

思 考 题

1．AutoCAD 软件有哪些较为突出的特点？
2．AutoCAD 软件在实践中应用在哪些方面？

第1章 AutoCAD 概述

学习目标
1. 了解软件主要功能。
2. 掌握软件的安装步骤与启动方法。
3. 熟悉软件的用户界面的各个组成部分。
4. 熟练掌握 AutoCAD 文件的新建、打开与保存。
5. 了解 AutoCAD 绘图环境与命令的执行方法。

1.1 AutoCAD 的主要功能

（1）绘图功能（画直线、圆、正多边形等）。
（2）图形编辑功能（移动、旋转、擦除、剪切等）。
（3）辅助功能（设线型、线宽、图层等）。
（4）三维功能（生成长方体、圆柱体等）。
（5）二次开发功能。

AutoCAD 是一个通用的辅助设计与绘图软件，用户可以以 AutoCAD 为平台，开发适合本专业特点的专用软件，即 AutoCAD 的二次开发。

用 AutoCAD 生成的图形可以以多种文件格式保存，以实现其与多种高级语言、多种应用程序之间的信息传递。

1.2 AutoCAD 的安装步骤与启动

1.2.1 AutoCAD 的安装

在软件的安装程序中找到 Setup.exe 文件，并执行该文件，按照安装向导指引完成安装过程。

主要步骤包括：执行 Setup.exe 文件→在"序列号"对话框中输入正确的软件序列号→目标位置选择空间较大的磁盘放置安装文件→选择安装类型→"文件夹名称"指定一个程序文件夹→进入安装进度。

1.2.2 AutoCAD 的启动

在安装完毕后，AutoCAD 2007 会在"开始"菜单的"程序"中添加启动选项，使用时点击即可启动软件。如果在安装时用户选择了添加快捷方式到桌面，则安装完毕后桌面会出现启动 AutoCAD 2007 的快捷方式，如图 1.1 所示。双击运行快捷方式即可启动 AutoCAD 2007。

1.3 AutoCAD 的用户界面

图 1.1　AutoCAD 2007

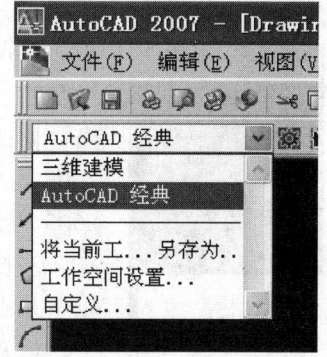

图 1.2　二维绘图界面与三维绘图界面的切换

第一次进入软件界面，会出现工作方式选择，如选择 AutoCAD 经典则进入二维制图工作环境，如选择三维选项，则进入三维建模工作环境，两者在工作时可以进行界面切换，如图 1.2 所示。

1.3　AutoCAD 的用户界面

AutoCAD 2007 的用户界面由标题栏、菜单栏、工具栏、绘图区、命令行窗口、状态栏、工具选项板等组成。AutoCAD 2007 的用户界面，如图 1.3 所示。

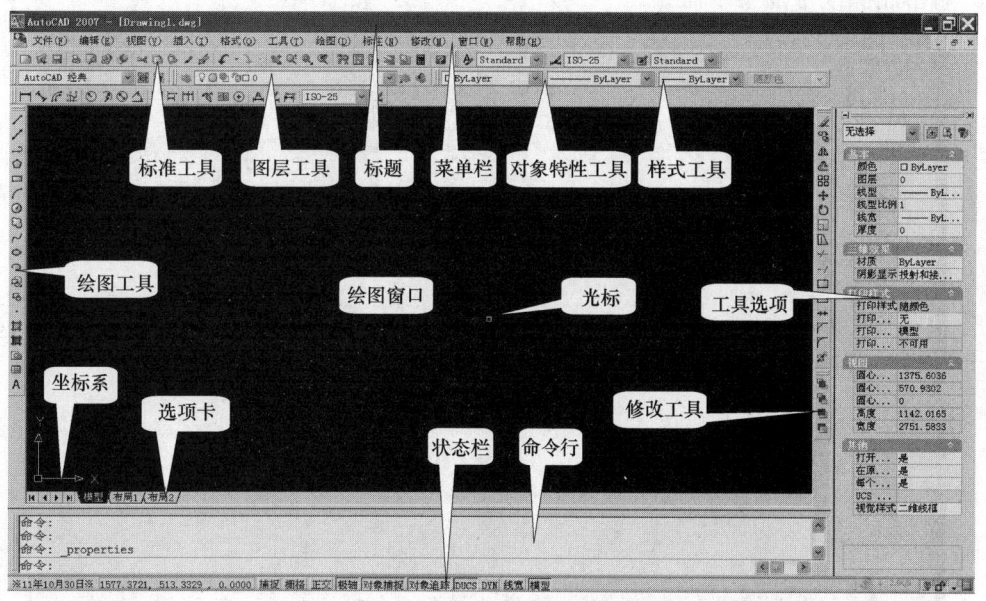

图 1.3　AutoCAD 2007 的用户界面

1.3.1　标题栏

标题栏位于工作界面的最上方，用来显示 AutoCAD 2007 的程序图标以及当前正在运行文件的名称等信息。单击位于标题栏右侧的 ▬ ▢ ✕ 按钮和标题栏最左边的小图标，可分别实现窗口的最小化、还原（或最大化）以及关闭 AutoCAD 2007 等操作。

第1章 AutoCAD 概 述

1.3.2 菜单栏

AutoCAD 2007 的菜单栏由"文件"、"编辑"、"视图"、"插入"、"格式"、"工具"、"绘图"、"标注"及"修改"等菜单组成，这些菜单包括了 AutoCAD 2007 几乎全部的功能和命令。图 1.4 所示为 AutoCAD 2007 "绘图"的下拉菜单。

在使用 AutoCAD 2007 菜单中的命令时，应注意以下几点：

（1）菜单命令右边有小三角符号的表示其为多级菜单，鼠标在其上悬停时，将展开其下一级菜单，命令后跟有快捷键，表示按下快捷键，即可执行该命令；命令后跟有组合键，表示直接按组合键，即可执行该命令；命令后跟有"…"符号，表示选择该命令，即可打开一个对话框；命令呈现灰色，表示该命令在当前状态下不可使用。

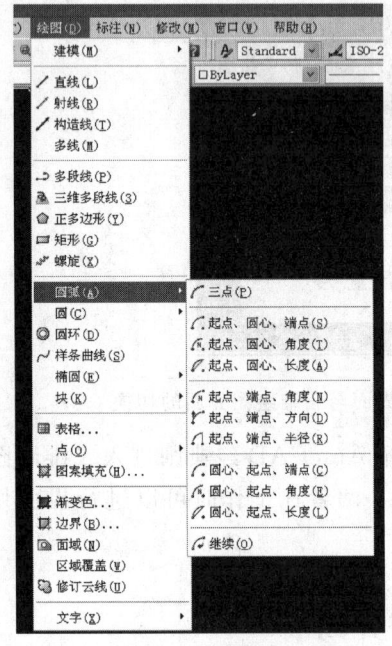

图 1.4 下拉菜单

（2）AutoCAD 2007 允许用户按照自己需要定制菜单选项。选择"工具"→"自定义"→"界面"命令后，弹出如图 1.5 所示的"自定义用户界面"对话框。选择左侧窗口中的"菜单"，可在此处右击删除或增加菜单命令。

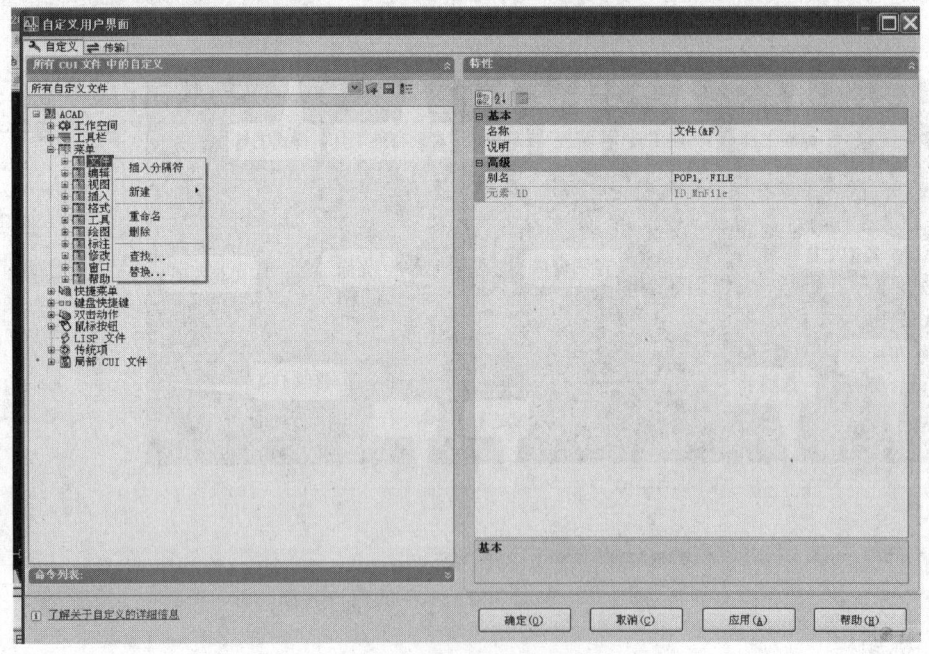

图 1.5 自定义用户界面

（3）在某一命令结束后在绘图区右击可显示快捷菜单，从中可以快速选择一些与当前操作相关的命令。快捷菜单又叫上下文跟踪菜单，利用这些菜单可以快捷高效地完成绘图操作。

快捷菜单与当前条件密切相关。显示的快捷菜单及提供的命令取决于光标的位置、对象是否被选中以及是否处于命令执行之中。如果在绘图区内没有执行命令时右击，则会弹出如图1.6所示的默认快捷菜单。利用快捷菜单中的命令，用户可以快速、高效地完成绘图操作。

1.3.3 工具栏

工具栏包含多个由图标表示的命令按钮，单击这些图标按钮，就可以调用相应的命令。如图1.7所示为"绘图"工具栏、"修改"工具栏。它是一种可代替命令和下拉菜单的简便工具。系统最开始默认显示的工具栏为"常用"工具栏、"图层"工具栏、"对象特性"工具栏、"样式"工具栏、"绘图"工具栏及"修改"工具栏等，其余大部分工具栏在默认状态下是关闭的。用户可根据自己的需要进行自由的开启或关闭。

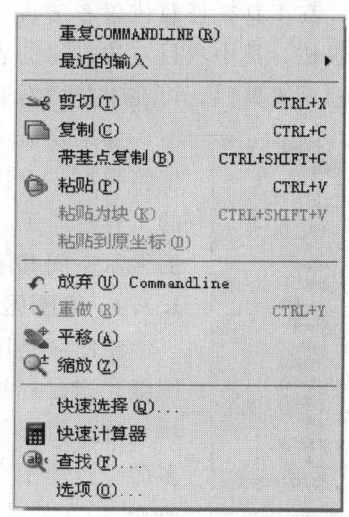

图1.6 快捷菜单

图1.7 AutoCAD 2007部分工具栏

显示或关闭所需要工具栏的具体方法为：选择"工具"→"自定义"→"界面"或"视图"→"工具栏"命令后，弹出"自定义用户界面"对话框，选择左侧窗口中的"工具栏"，窗口如图1.8所示，可在此处单击鼠标右键对工具栏进行删除或增加。

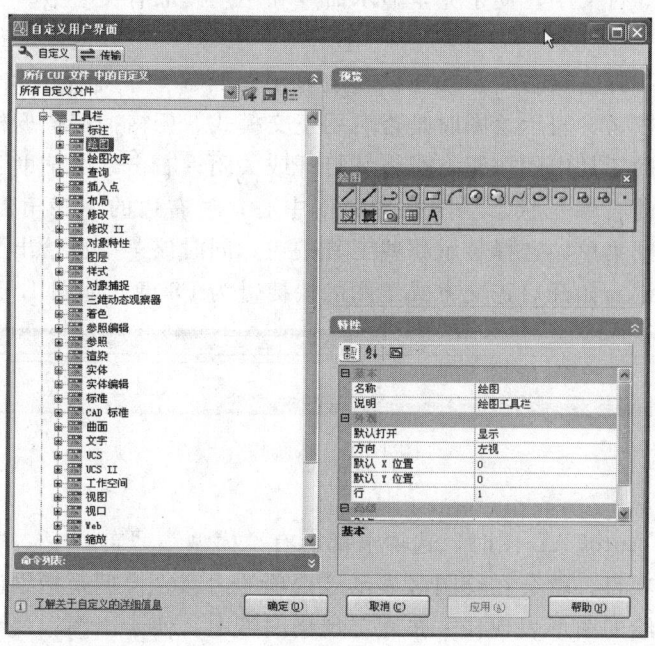

图1.8 设置工具栏

在工具栏任意位置右击，弹出如图 1.9 所示的快捷菜单，可以左击开启或关闭相应的工具栏，其中项目左边打勾的表示是目前已显示的工具栏，其他为关闭状态的工具栏。若要隐藏工具栏，可在工具栏右键菜单中选择相应命令，取消其前面的"√"号。

如果要显示当前隐藏的工具栏，用户可在任意工具栏上右击，此时系统将弹出一个快捷菜单，如图 1.9 所示。通过选择相应命令即可显示对应的工具栏。工具栏不建议全部显示，因其会占用过多绘图区域而影响图面的显示空间和阻碍绘图这一主要功能。

1.3.4 绘图区

绘图区是用户进行绘图和显示图形的区域，类似于传统手工绘图时的图纸。当鼠标指针位于绘图区时，会变成十字光标，其中心有一个小方块，称为目标框，可以用来选择对象。绘图时指针样式不是固定的，在很多命令过程中会显示为小方框。十字光标和小方框的大小都可以根据需要改变。

1.3.5 命令行窗口

绘图区的下方是命令行窗口。命令行用于显示用户从键盘、菜单或工具栏中按钮中输入的命令内容；命令窗口中含有 AutoCAD 启动后所用过的全部命令及提示信息。用户可通过按 F2 键来快速显示所有命令信息。命令行窗口是用户和 AutoCAD 进行对话的窗口，对于初学者来说，应特别注意这个窗口。因为在输入命令后的提示信息，如命令选项、错误信息及下一步操作的提示信息等都在该窗口中显示。

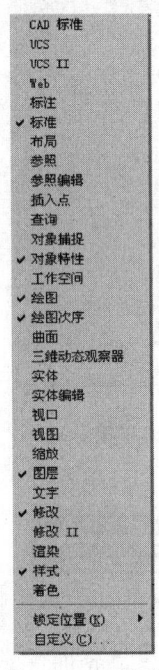

图 1.9 工具栏右键快捷菜单

命令区的位置和大小可以用鼠标拖移界线实现自由调节。一般来说，其高度最好能显示 3 行文字，便于完全显示命令和用户读取有关参数。

1.3.6 状态栏

软件窗口的最下部是状态栏，状态栏左边显示了当前十字光标所在位置的三维坐标，状态栏中部是一些按钮，表示绘图时是否启用正交模式、栅格捕捉、栅格显示等辅助绘图功能，左击绘图辅助工具中的按钮，可将其打开或关闭；右击绘图辅助工具可以进行各工具的设置。状态栏的右端是状态栏图标和通信中心；最右边的小三角形是状态栏菜单按钮，单击它可以打开菜单，选择显示哪些工具按钮，同时该菜单也给出了各个启动或关闭按钮所对应的功能键。如开启正交方式绘图的快捷键为 F8 键。如图 1.10 所示。

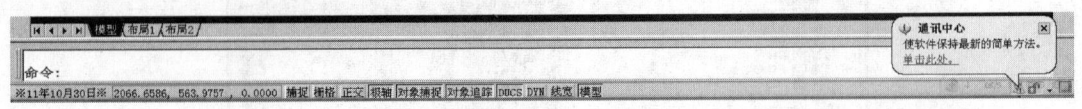

图 1.10 状态栏

1.3.7 选项卡

每当新建一张 AutoCAD 图时，选项卡都会有"模型"、"布局 1"、"布局 2" 3 个选择项目。选择不同的项目，就会在绘图区显示该选项的内容。模型是指绘制的图形；布局是指将模型空间所描绘的图形表现在一张固定规格图纸上，便于出图。模型空间的内容可能很复杂、庞大，在一张图纸不足以表现所有内容的情况下，可能会用很多的布局来表现模

1.4 AutoCAD 的文件管理

型空间所描绘的所有内容。

1.3.8 工具选项板

工具选项板是一种可由用户定制的工具面板，为一些常用的工具（特别是块和填充等命令）实现更为便捷地调用。

1.4 AutoCAD 的文件管理

1.4.1 创建新图

在启动 AutoCAD 2007 时，系统就会自动创建一个新图形文件名为 Drawing1.dwg，用户可在此基础上通过保存时修改文件名而将其变成自己需要的新文件。

在已有其他图形的时候另行创建新的图形文件，可采用"新建"命令（New）。

输入命令的方式有 3 种：从菜单中选取菜单项、从工具栏中单击图标以及从键盘键入命令字符串。

命令格式如下：

（1）下拉菜单：［菜单］→［新建］。

（2）图标位置：在"标准工具栏"中。

（3）输入命令：New ↙（在本书中↙表示回车）。

当用户发出"新建"命令后，将弹出如图 1.11 所示的"选择样板"对话框。用鼠标选择所需样本文件后单击"打开"按钮即可；如果不需要样板，单击"打开"按钮右边的小三角按钮，在展开的菜单中选择"无样板打开－公制"选项，对话框将关闭并回到绘图状态，之后就可以开始绘图了。

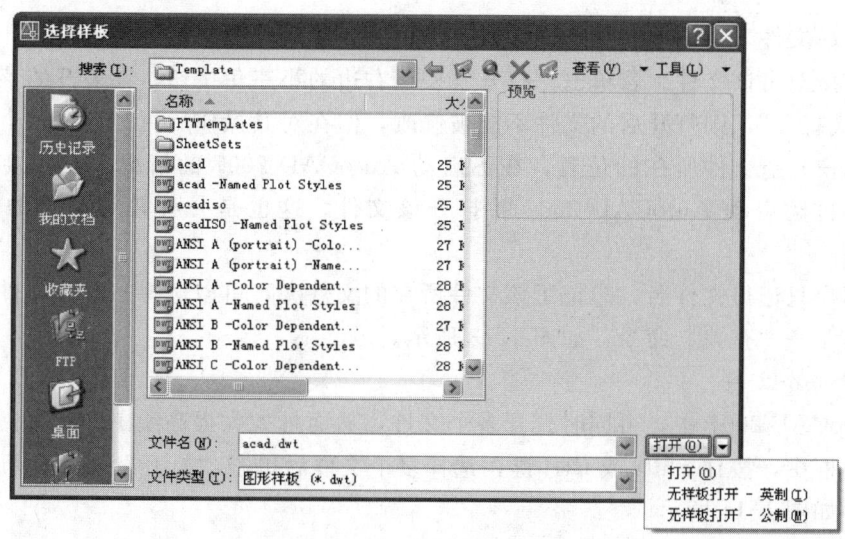

图 1.11 "选择样板"对话框

1.4.2 打开已有的图形

在 AutoCAD 2007 中，可以通过多种途径打开已有的 AutoCAD 图形文件。

(1) 下拉菜单：[文件] → [打开]。
(2) 图标位置： 在"标准工具栏"中。
(3) 输入命令：Open↙。

弹出如图 1.12 所示的"选择文件"对话框。利用该对话框可打开现有的一个或多个 AutoCAD 图形文件，还可以局部、只读等方式打开。

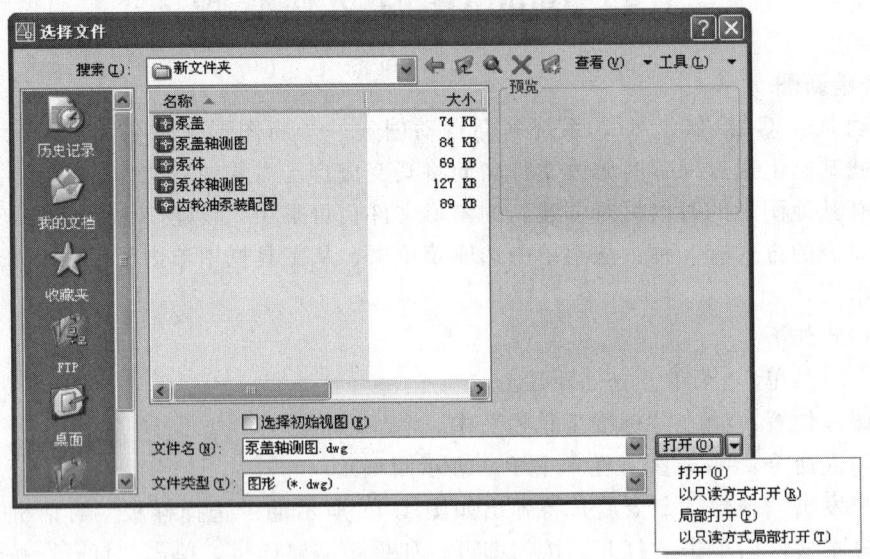

图 1.12 "选择文件"对话框

1．打开一个文件

在"选择文件"对话框中选择文件所在的位置，然后选择文件，单击"打开"按钮即可，或者直接双击该文件。若单击"打开"按钮右边的小三角按钮，在展开的菜单中选择"以只读方式打开"，则打开后的文件不能被修改，但在对其操作后可另存为一个文件。

如果用户知道文件所在的位置，在不启动 AutoCAD 2007 的情况下，直接双击该文件，系统将自动启动 AutoCAD 2007 并打开该文件。这也是一种较为常见的打开文件的方式。

如果用户只记得文件名，忘记了该文件所在的文件夹，可以选择"选择文件"对话框中的"工具" → "查找"命令，如图 1.13 所示。

2．打开多个文件

在 AutoCAD 2007 中，可同时打开多个文件，从而可大大提高绘图的效率。在"选择文件"对话框中，按住 Shift 或 Ctrl 键，选择多个文件后单击"打开"按钮，可实现多文件的打开。如图 1.14 所示。

1.4.3 保存和关闭图形文件

AutoCAD 2007 提供了多种方法和格式来保存图形文件。图形文件可以保存为 AutoCAD 的格式，也可保存为其他格式。保存为其他格式后，可利用其他程序进行进一步的绘图工作。

1.4 AutoCAD 的文件管理

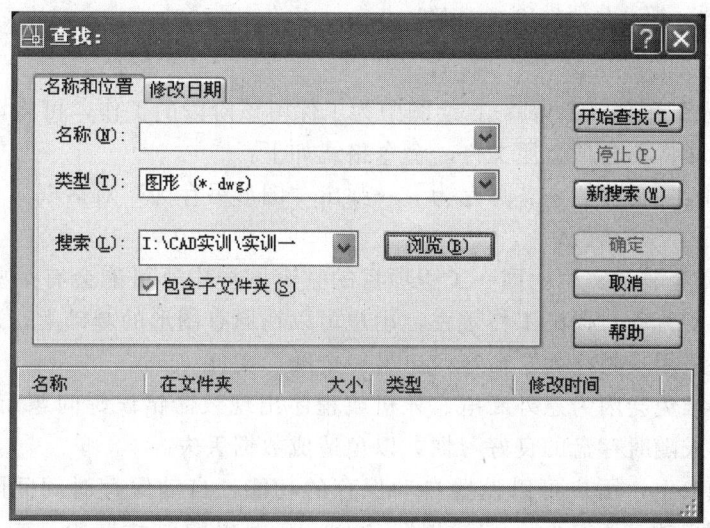

图 1.13 "查找"对话框

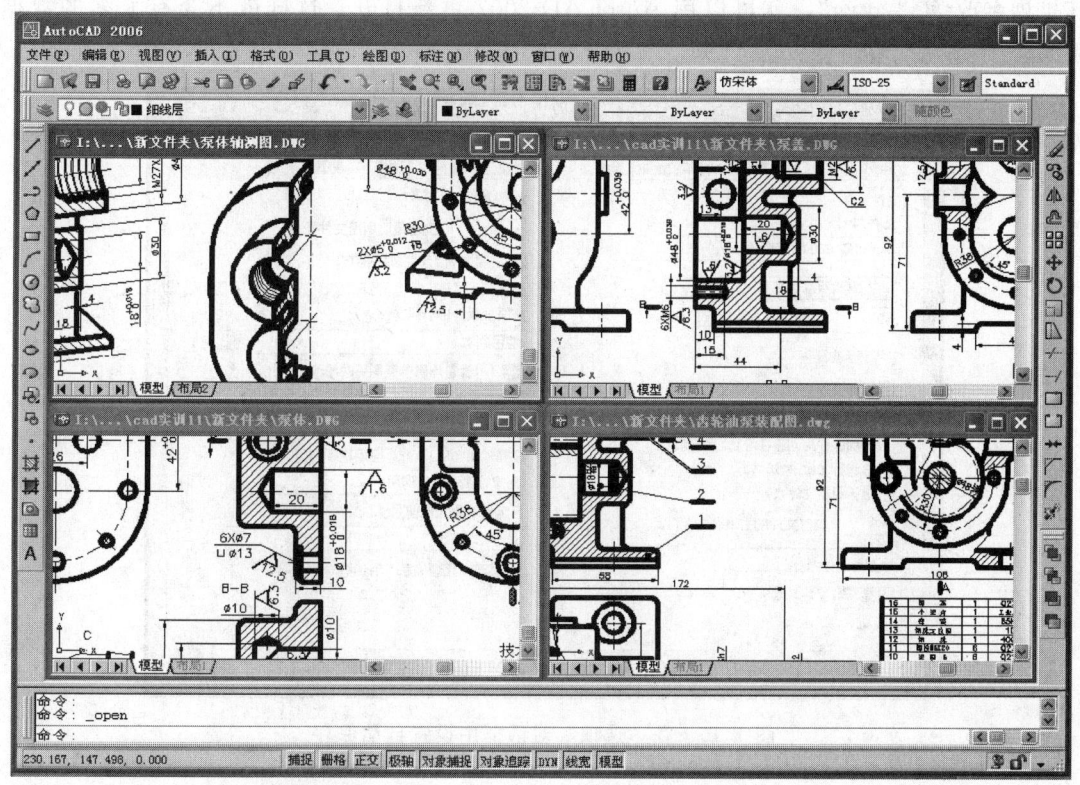

图 1.14 打开多个文件时图形窗口水平平铺

AutoCAD 2007 的图形文件扩展名为".dwg",保存图形文件有两种方式:
(1)"存盘"命令(Qsave)。命令格式如下:
1)下拉菜单:[文件]→[存盘]。

2)图标位置：在"标准工具栏"中。

3)输入命令：Qsave↙。

(2)"另存为"命令（Saveas）。绘图中为了保留该阶段的工作，可将该文件保存为另外一个文件，这样将不会覆盖原文件。命令格式如下：

1)下拉菜单：[文件]→[另存为]→弹出"图形另存为"对话框。

2)输入命令：Saveas↙。

"另存为"命令非常实用。同一工程项目的整套图样中，可能会有某些图样部分内容相同，为避免重复劳动，提高工作效率，用户可以在原有图形的基础上，进行修改或添加其他内容，然后采用"另存为"命令产生另一个图形文件。

在工作中，难免会因为意外断电、死机或程序出现致命错误等问题而导致文件关闭，因此用户必须养成随时存盘的良好习惯，以免造成数据丢失。

为防止意外发生，用户可以设置自动保存的功能，自动保存时间间隔可设置为1～120min。选择菜单栏"工具"→"选项"命令，在弹出的对话框中选择"打开和保存"选项卡，如图1.15所示，一旦有意外发生，而用户自己忘记存盘，可以找到该文件，将其扩展名改为".dwg"，就可以用 AutoCAD 2007 重新打开，这样就不会有太多的数据丢失。

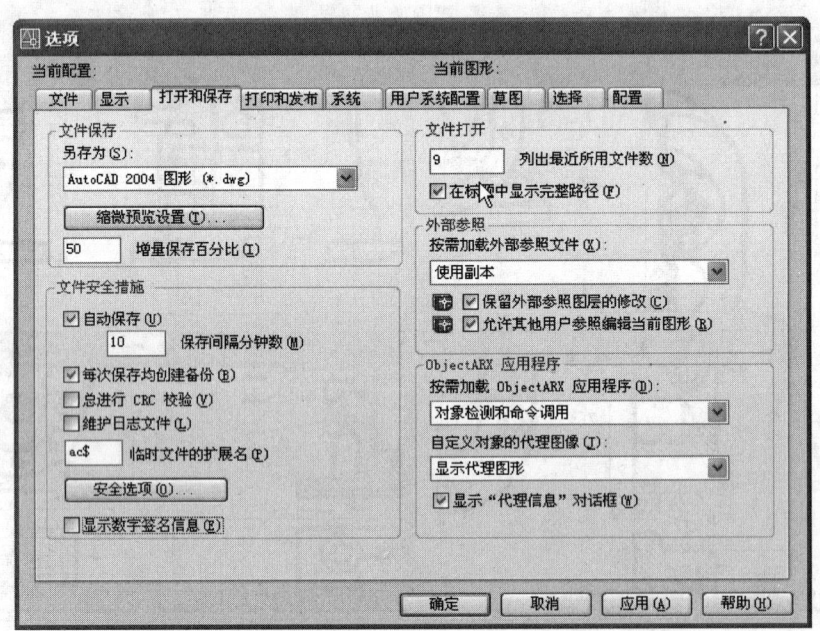

图1.15　在"选项"对话框中设置自动保存

1.5　AutoCAD 的命令执行方法

（1）利用菜单栏。

（2）使用工具栏。

(3) 命令行输入命令。

1.6 AutoCAD 的绘图原则

(1) 先设定图形界限、单位、图层后再进入绘制。
(2) 尽量使用 1∶1 的比例绘制，最后在布局中控制输出比例。
(3) 注意命令提示，避免误操作。
(4) 注意采用捕捉、对象捕捉等精确绘图工具和手段辅助绘图。
(5) 图框不要和图形绘制在一起，应分层放置。
(6) 常用设置要保存成模板。

小　　结

本章对 AutoCAD 2007 中文版运行的软硬件工作环境、启动、用户界面、命令的操作、文件管理等方面进行介绍，目的是帮助学生快速了解 AutoCAD 中文版，熟悉操作界面和命令的操作基本方法。

思　考　题

1. AutoCAD 的命令执行一般通过哪 3 种途径？
2. AutoCAD 软件的界面由哪几部分组成？
3. 怎样新建、保存 AutoCAD 文件，文件常用后缀名是什么？样板文件后缀名是什么？

第 2 章 AutoCAD 绘图环境设置

学习目标
1. 学会设置绘图环境。
2. 掌握坐标点的输入方法以及图形的显示。
3. 掌握精确绘图工具的设置与使用。

2.1 设置绘图环境

在 AutoCAD 中绘制图形时，需要首先定义符合要求的绘图环境，如指定绘图单位、图形界限、设计比例、设计样板、布局、图层、文字样式和标注样式等参数，这个过程称为设置绘图环境。设置好的绘图环境可以保存为样板文件，以后都能直接使用该样板文件定制的绘图环境，无须重复定义，并且可以最大限度地规范设计部门内部的图纸，减少重复性的劳动。下面就对这些绘图环境及其设置进行介绍。

2.1.1 图形单位

AutoCAD 不使用预先定义的测量单位系统（例如，米或英寸），开始绘图前，必须基于要绘制的图形确定一个图形单位所代表的实际大小，然后据此惯例创建实际大小的图形。例如，一个图形单位的距离通常表示实际单位的 1mm、1cm 或 1m。图形单位的显示格式与精度可以预先设置，启动设置命令的方法有如下两种：

（1）选择菜单栏：［格式］→［单位］。
（2）命令：Units（UN）。

激活命令后弹出"图形单位"对话框，如图 2.1 所示。在这个对话框中可以对长度和角度的单位格式与精度进行设置。

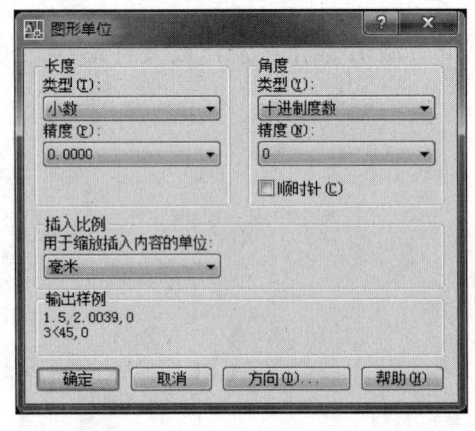

图 2.1 "图形单位"对话框

1. 长度单位

在"类型"列表中有 5 种单位格式：分数、工程、建筑、科学、小数。

其中"小数"为十进制计数方式；"分数"为分数表示法；"科学"为科学记数方式；"建筑"与"工程"采用的是英制单位体系。推荐选择"小数"格式，它是符合"国标"的长度单位格式。

以上 5 种长度单位格式中，只有"建筑"与"工程"格式假定每个图形单位为 1in，其他格式的每个图形单位可以表示 1mm、1m 等任何真实国际单位。实际绘图时可以视绘图单位为图形尺寸标注的单位，通常将 1 个绘图单位视为 1mm。

2.1 设置绘图环境

在"精度"下拉列表中可以选择长度单位的测量精度,比如选择"0.00"精度,表示精确到小数点后面2位。

2. 角度单位

AutoCAD同样提供了5种角度单位类型:百分度,度、分、秒,弧度,勘测单位,十进制度数。

其中,"十进制度数"是用十进制表示角度值;"百分度"是一种特殊的角度测量单位,通常不使用百分度单位;"度、分、秒"是用"°、′、″"来表示角度,这是最普通的角度单位;"弧度"是用弧度单位来表示角度;"勘测单位"是大地坐标的测量单位,需要指定方位和角度值。通常使用"十进制度数"来表示角度值。

在"角度"区的"精度"下拉列表中可以选择角度单位的精度,比如选"0"精度,表示不保留小数位。

2.1.2 图形界限

图形界限指的是可以绘图的范围,就像图纸一样,它有一个"虚拟"的边界。

激活"图形界限"命令的方法有两种:

(1) 选择菜单栏:[格式]→[图形界限]。

(2) 命令:Limits。换行命令操作序列如下:

命令:_ limits。(从菜单栏输入命令重新设置模型空间界限)

指定左下角点或[开(ON)/关(OFF)],<0.0000,0.0000>:(指定图形界限的左下角点坐标)

指定右上角点<420.0000,297.0000>:(指定图形界限的右上角点坐标)

如果以(0,0)作为左下角点,那么右上角点的坐标就是绘图区域宽度和高度。

例如图2.2所示平面图(外形最大总尺寸为11640mm×7440mm),使用A4图幅

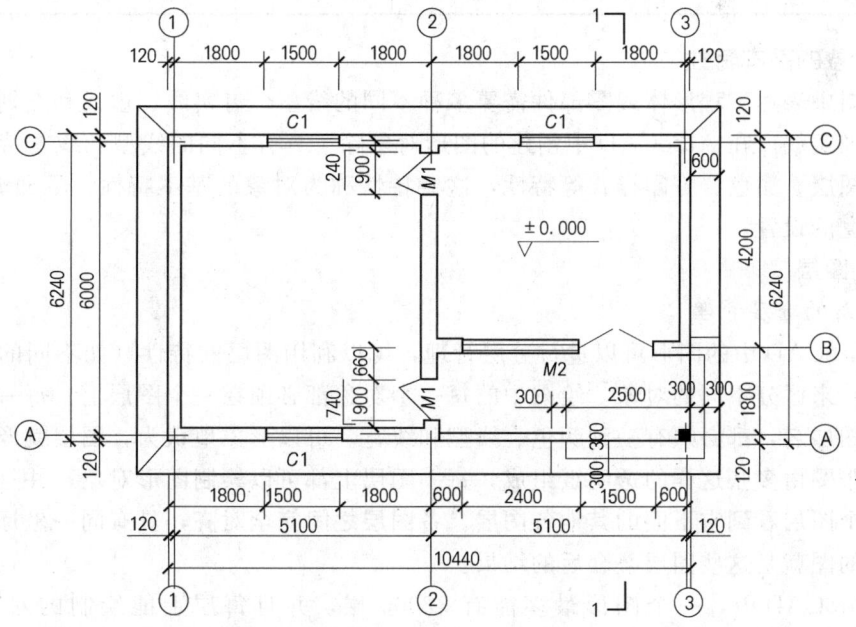

图 2.2 平面图

1∶100打印,则可以设置图形范围为 A4 的 100 倍,即 29700×21000,操作如下。

命令:limits。

重新设置模型空间界限:

指定左下角点或 [开(ON)/关(OFF)]⟨0.0000,0.0000⟩ ;直接回车,接受默认值。

指定右上角点⟨420.0000,297.0000⟩:29700,21000 ;指定右上角点坐标为范围大小。

提示:当图形界限设置完毕,需要执行菜单"视图"→"缩放"→"全部"命令,才能观察到整个图形范围。

说明:

(1)默认环境下,绘图的尺寸大小并不受绘图范围的限制,即不设置绘图范围仍然可以绘制任意大小的图形。但是,当打开图形界限检查后,AutoCAD 将限制图形界限之外的坐标输入(显示"××超出图形界限"信息)。打开界限检查的操作如下:

命令:Limits。

重新设置模型空间界限:

指定左下角点或 [开(ON)/关(OFF)]⟨0.0000,0.0000⟩:on;打开界限检查,默认是关闭的。

(2)设置图形界限之后,该界限和打印图纸时的"图形界限"选项,以及绘图栅格的显示区域是一致的。

(3)绘图区域的大小一般要按国家规定的标准图幅来设置,国家标准图幅大小见表 2.1。

表 2.1　　　　　　　　　国 家 标 准 图 幅

图幅代号	A0	A1	A2	A3	A4	A5
长×宽(mm×mm)	1189×841	841×594	594×420	420×297	297×210	210×148

2.1.3　对象的基本特性

工程图中表达工程形体或零部件需要多种不同的线型,有实线、虚线和点划线,还有粗实线和细实线。在 AutoCAD 中创建的图形对象除了具有不同的线型和线宽特性外,同时还具有图层、颜色、打印样式等特性,这些特性称为对象的基本特性。下面介绍图层、线型和线宽的设置。

2.1.3.1　图层

1. 图层的分层管理

在 AutoCAD 中的图形可以进行分层管理,可以利用图层的特性(如不同的颜色、线型和线宽)来区分不同的对象。绘图中的每一个对象都必须在一个图层上。每一个图层具有唯一的图层名,都必须有一种颜色、线型和线宽。可以形象地认为,图层就像透明的绘图纸,一张图由多张这样的透明纸组成,每一图层上都可以绘制图形对象,并且可以透过一个或多个图层看到它下面的其他各图层。各图层之间完全对齐,具有同一坐标系。因此一张完整的图就是这些图层叠合后的结果。

在 AutoCAD 中,一个图形最多能有 32000 层,并且每层上能绘制的对象数没有限制。

如图 2.3 所示的图形可以分 4 个图层,分别用于点划线、粗实线的绘制,以及标注尺

2.1 设置绘图环境

寸与文字，如图 2.4 所示。

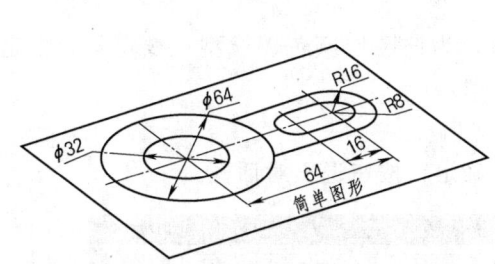

图 2.3 利用"图层"组织图形对象　　　　图 2.4 "图层"的概念

每个图层都有一些相关的基本特性，包括图层名称、图层的状态（打开、冻结、锁定等）、图层的显现形式（颜色、线型、线宽和打印样式等）。用户可以设置图层的特性。

当在图层上绘图时，必须先创建并命名图层。先来了解一下图层的特性：

（1）图层的名称。每个图层都有自己的名称，用以区分不同图层。绘制新图形时，AutoCAD 将自动创建一个图层名为 0 的特殊图层。0 层不可删除，也不可更名，但该层的其他特性可以修改。

在绘图或修改图形时，屏幕上总保留一个"当前层"，AutoCAD 有且只能有一个当前层。新画的对象只能画在当前层上。但修改图形对象时，则不管对象是否在当前层，都可以进行。

（2）图层的状态。图层有打开、冻结、锁定 3 种状态，可以通过对他们进行设置来控制该层上的图形对象的可见性及可编辑性。

（3）图层中的对象颜色。每个图层都应具有一种颜色。可以将不同图层设置成不同颜色，以区分图形中不同性质的对象。也可以单独为图层中的某些对象指定线型。

（4）图层的线型。线型是点、横线和空格的重复出现组成的图案，可以通过图层指定对象的线型。将不同图层设置成不同线型可以表示图形中不同性质的对象。也可以单独为图层中的某些对象指定线型。

（5）图层的线宽。可以设置图层的线宽，也可以单独为图层中的某些对象指定线宽。需注意的是，此时设置的线宽控制的是图形对象在打印出的图纸上的宽度，而不是在计算机显示器上显示出的宽度。

2. 图层的设置

"图层特性管理器"对话框用于图层的创建与管理，并为图层设置颜色、线型、线宽等特性。如图 2.5 所示为 AutoCAD 2007 的图层特性管理器。

（1）启动"图层特性管理器"有如下几种方法：

1）选择菜单栏［格式］→［图层］。

2）单击工具栏上的"图层"按钮。

3）命令：Layer（LA）。

（2）设置图层的操作步骤如下（图 2.5）：

1）启动"图层特性管理器"对话框。

2）单击"新建"图层按钮，一个新的图层"图层1"出现在列表中。将"图层1"改名（如"轴线"）。

3）单击相应的图层颜色名、线型名、线宽值，为该图层颜色、线型、线宽。如指定"轴线"层为红色、线宽0.2mm的点划线（Center2）。

4）重复2）、3）步创建其他图层。

5）单击"应用"按钮保存图层设置，单击"确定"按钮退出对话框。

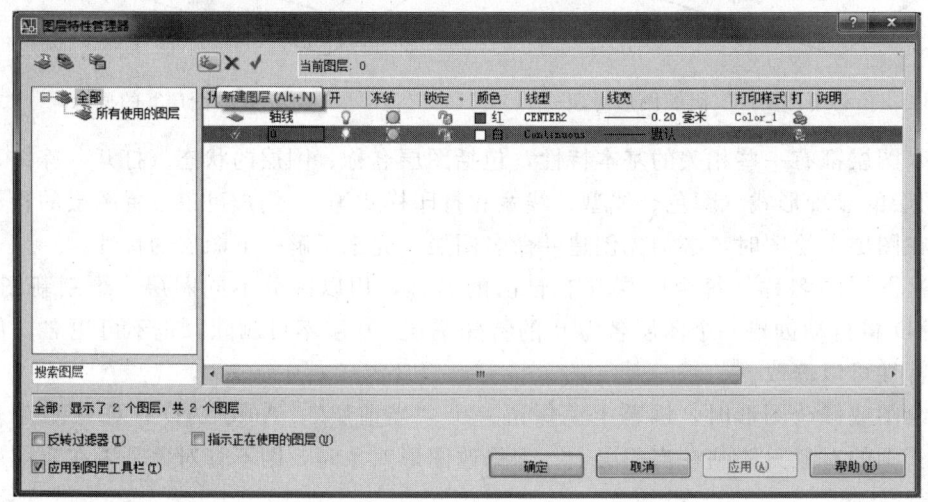

图2.5　AutoCAD 2007的图层特性管理器

3. 当前图层

一张图可以有任意多个图层，但当前图层只有一个，设置当前图层的方法是单击图层列表中对应的图层名，也可以在"图层特性管理器"选择一个图层，然后单击"置为当前"按钮✓。当前层图层的名字将在"图层"工具栏的图层窗口显示出来，如图2.6所示，"轴线"层为当前图层。新建的对象在当前图层上，直至改变当前层为止。

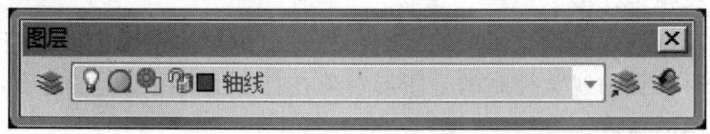

图2.6　当前图层

4. 当前颜色、当前线型、当前线宽

新建对象在当前图层，对象的颜色、线型、线宽取决于当前对象特性的设置。其默认设置均为"随层"（ByLayer），如图2.7所示。即新建对象的颜色、线型、线宽与当前图层的设置相同。

例如，以前述"轴线"层为当前层，将绘制出"0.2mm宽的红色点划线"。

对象特性"随层"的优点在于：修改图层设置后，对象特性随之更新。例如，将"轴线"层"红色"改为"蓝色"，则已绘制的点划线自动改为蓝色。

2.1 设置绘图环境

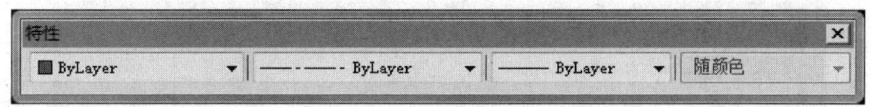

图 2.7　当前对象特性

必要时，也可以自定义当前特性，即指定一种特定的颜色、线型或线宽。一旦更改了对象的"随层"特性，新建对象将与图层的设置无关。如图 2.8 所示的"自定义"特性，无论以上述"轴线"层还是"0"层为当前层，新建对象都是"0.3mm 宽的蓝色实线"。修改图层的设置也不能更改"0.3mm 宽的蓝色实线"的特性。

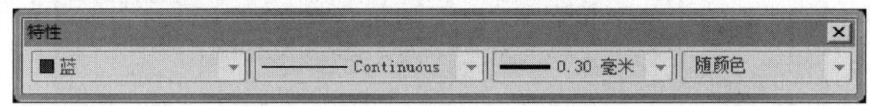

图 2.8　自定义对象特性

因此"自定义"特性一般不采用，推荐使用"随层"特性，这也是系统的默认设置。

2.1.3.2　线型

将图形当中的线条分类设置成不同的线型和线宽可以在视觉上将对象相互区别开来，使得图形方便观看，更便于形成美观的图面效果。

AutoCAD 中预先将大量的线型放进线型文件（扩展名为".lin"）中，使用时从线型文件中调入线型。AutoCAD 包括线型定义文件 acad.lin 和 acadiso.lin，前者适用于英制测量单位，后者适用于公制测量单位。线型是点、横线和空格按一定规律重复出现形成的图案，线型名及其定义描述了一定的点划序列、横线和空格的相对长度等。

1. 线型管理器

（1）命令功能：在"线型管理器"中可以对线型进行设置、修改等管理。

（2）命令打开方式：

1）菜单方式：[格式] → [线型]。

2）键盘输入方式：LINETYPE。

（3）命令说明：命令执行后，弹出"线型管理器"窗口，如图 2.9 所示。在"线型管理器"中，列出了线型的名称、外观、说明等，并且可以进行加载、删除线型，或调整线型比例等操作。

2. 加载线型

若用户还没有对"线型管理器"进行过设置，在线型列表中只有随层、随块及 AutoCAD 默认的 Continuous 线型（连续实线）。

加载线型的步骤如下：

（1）在格式"菜单"中选择"线型"。打开"线型管理器"。

（2）在"线型管理器"中点击"加载"。出现"加载或重载线型"窗口，如图 2.10 所示。

（3）在"加载或重载线型"窗口中选择一个或多个要加载的线型，然后选择"确定"。

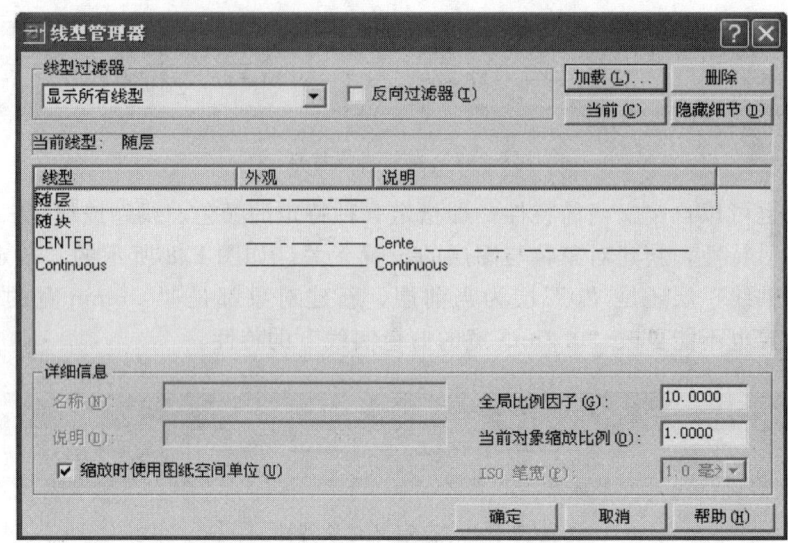

图 2.9 "线型管理器"窗口

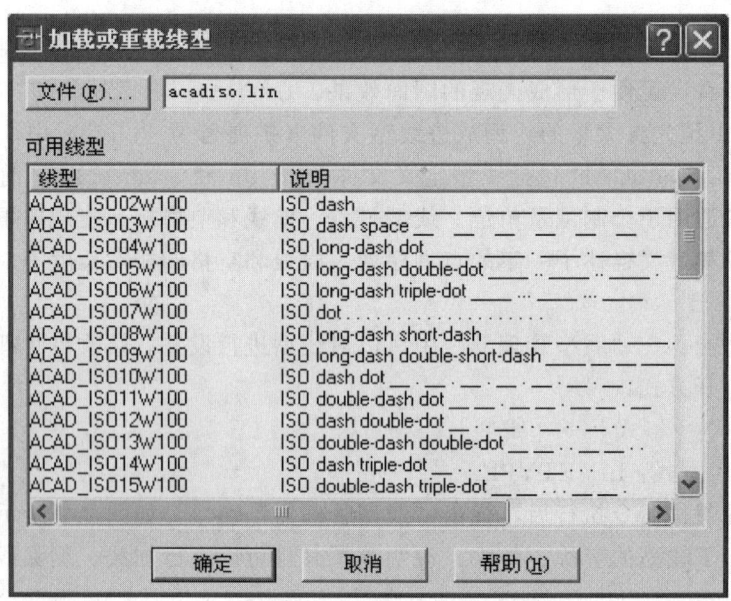

图 2.10 "加载或重载线型"窗口

3．删除线型

对于无用的多余线型可以将其删除。但不能删除随层、随块、连续线型及依赖外部参照的线型。

删除线型的步骤：

（1）在格式"菜单"中选择"线型"。打开"线型管理器"。

（2）在"线型管理器"中的线型列表中选择要删除的线型，然后点击"删除"。

另外，也可以在命令行输入"PURGE"命令来清除图形中未使用的线型。

2.1 设置绘图环境

4. 设置图层中图线的线型

可以为某图层指定线型,使该图层中的对象以该线型创建。但 AutoCAD 不显示某些对象的线型:文字、点、视口、图案填充和块。

设置图层线型的步骤:

(1) 打开"图层特性管理器"窗口。

(2) 在图层列表中单击要设置的图层的线型,出现线型管理器的"选择线型"窗口(图 2.9 所示),"选择线型"窗口中列出了已加载的线型。

(3) 在"选择线型"窗口中选择需要的线型,然后选择"确定"。若"选择线型"窗口中没有需要的线型,可以选择"加载"进入"加载或重载线型"窗口,加载需要的线型,然后在"选择线型"窗口中选择新加载的线型,最后选择"确定"。

5. 设置线型比例

可以为创建的对象设置线型缩放比例。默认情况下,AutoCAD 线型比例的值为 1.0。该值越小,每个绘图单位中画出的重复图案越多。

"线型管理器"中有"全局比例因子"和"当前对象缩放比例"两种线型比例。"全局比例因子"的值控制 LTSCALE 系统变量,该系统变量可全局地更改新建和现有对象的线型比例。"当前对象缩放比例"的值控制 CELTSCALE 系统变量,该系统变量可设定新建对象的线型比例。

6. 改变对象的线型

(1) 改变该对象所在图层的线型。如果对象的线型设置为"随层",当改变对象所在图层的线型时,该图层上面的所有对象自动更新。

(2) 将对象重新指定给不同线型的另外图层。方法是首先选择要改变线型的对象,然后单击"对象特性"工具条中的"图层控制"控件,在图层下拉列表中选择重新指定的图层。由于该对象被重新指定给新图层,故它不仅从该图层中获得新的线型,同时也改变了对象的其他图层特性。

(3) 直接给对象指定一个新的线型。方法是首先选择要改变线型的对象,然后单击"对象特性"工具条中的"线型控制"控件,在其中选择需要的线型。这种方法不改变对象的其他图层特性。

2.1.3.3 线宽

通过控制图形显示和打印中的线宽,可以进一步区分图形中的对象。但要想在屏幕上显示线宽,需按下状态栏上的"线宽"按钮,否则不显示线宽。可以设置某图层的线宽,也可以直接指定要创建的对象的线宽。

1. 指定图层的线宽

设置图层线宽的步骤:

(1) 打开"图层特性管理器"窗口。

(2) 在图层列表中单击要设置的图层的线宽,出现"线宽"窗口,如图 2.11 所示。

(3) 在"线宽"窗口中选择需要的线宽,然后选择"确定"。

2. 设置当前线宽

所有的对象都是用当前线宽创建的,该线宽显示在"对象特性"工具栏上的"线宽"

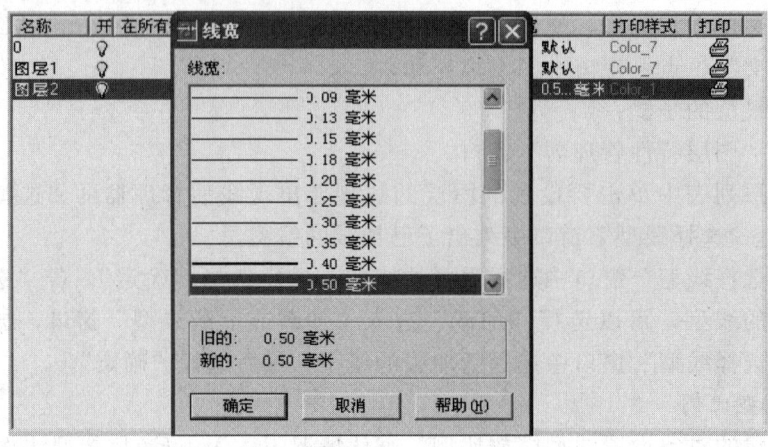

图 2.11 设置图层的线宽

控件中。也可使用"线宽"控件设置当前的线宽。如果当前的线宽设置为"随层",则以指定给当前图层的线宽创建对象。

2.1.4 创建样板文件

在完成上述绘图环境的基本设置后,就可以正式开始绘图了。但如果每一次绘图之前都要重复这些设置,是很烦琐的。另外,一个设计部门内部,每个设计人员都自己来做这个工作,不但效率低,还将导致图纸规范的不统一。

为了按照规范统一设置图形和提高绘图效率,使得本单位的图形具有统一格式,如文字样式、标注样式、图层、布局等,必须创建符合自己行业或单位规范的样板文件。在 AutoCAD 中,设置的绘图环境可以保存为样板文件,并把自己的样板文件设置为新建图形的默认样板文件。这样,新建图形中就已经具有保存在样板文件中的绘图环境设置。

保存样板文件的方法是:

(1) 单击"文件"→"另存为",弹出"图形另存为"对话框。

(2) 在"文件类型"选项列表中选择"AutoCAD 图形样板(*.dwt)"。

(3) 在"保存于"选择保存样板文件的文件夹,在"文件名"输入框输入文件名。

(4) 单击"保存"按钮,完成设置。

样板文件中文字样式、尺寸样式、布局及打印样式是样板文件中的重要部分,其设置方法以上没有提及,将在后续章节专门介绍。

样板文件创建好后,将自己的样板文件设置为新图形的默认样板文件。

2.2 坐标点的输入方法

2.2.1 AutoCAD 2007 的坐标系统

在利用 AutoCAD 绘图前,有必要了解 AutoCAD 坐标系的设置。

2.2 坐标点的输入方法

AutoCAD 采用的是三维笛卡儿坐标系统来确定点的位置。在状态栏中显示的三维坐标值，就是笛卡儿坐标系中的数值，它准确地反映当前十字光标所处的位置。按坐标系统的原点是否可变，坐标系又可分为世界坐标系（WCS）和用户坐标系（UCS）。

1. 世界坐标系

AutoCAD 的默认坐标系为世界坐标系（又称为 WCS），如图 2.12 所示。它由 3 个互相垂直并相交的坐标轴 X、Y、Z 组成。当用户开始创建一张新图时，世界坐标系（WCS）是缺省坐标系，其坐标原点和坐标轴方向均不会改变。

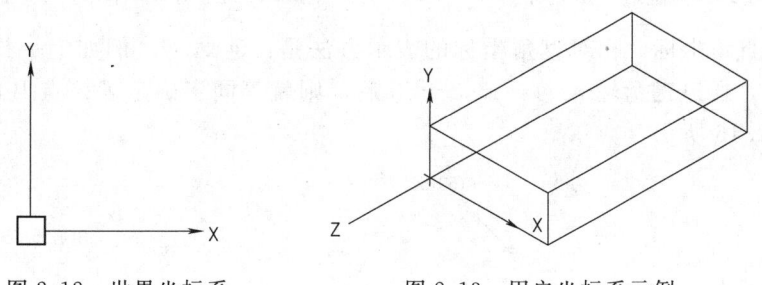

图 2.12 世界坐标系　　图 2.13 用户坐标系示例

2. 用户坐标系

在一般的平面设计中，通常不需要另行设置自己的用户坐标。在三维绘图中，用户可以使用 UCS 命令（用来自己建立坐标的命令）通过对世界坐标系做平移、旋转等操作来建立用户坐标系。尽管用户坐标系中 3 个坐标轴之间仍然垂直，但在方向及位置上有了很大的灵活性，如图 2.13 所示的即是一个用户自己设置的坐标系。

2.2.2 坐标表示方法

在 AutoCAD 中，通用的坐标有两大类：绝对坐标和相对坐标。

1. 绝对坐标

绝对坐标是以原点（0,0,0）为基点定位所有的点。按绝对坐标的表示方法不同，绝对坐标又可分为绝对直角坐标和绝对极坐标。

（1）绝对直角坐标。在绝对直角坐标系中，X、Y、Z 轴在原点相交。绘图区内任何一点均可以用（x,y,z）来表示，用户可以通过输入 X、Y、Z 坐标值（中间用逗号隔开）来定义点的位置。在 XOY 平面绘图时，Z 坐标缺省值为 0，用户仅输入 X、Y 坐标即可，如图 2.14 所示。

（2）绝对极坐标。极坐标是通过相对于极点的距离和角度来定义点的位置的。在系统默认的情况下，AutoCAD 2007 以逆时针方向来测量角度，水平向右为零度。

绝对极坐标以原点为极点。绝对极坐标的表示方法是：距离＜角度。例如 60＜30，表示该点相对原点的距离为 60 个绘图单位，而该点与原点间的连线与零度方向（通常为 X 轴正方向）之间的夹角为 30°。如图 2.15 所示。

2. 相对坐标

相对坐标是某点（如 A 点）相对某一特定点（如 B 点）的位置。绘图中常将上一操作点看成是特定点。相对坐标又可分为相对直角坐标和相对极坐标。相对坐标的表示特点是在坐标前加上相对坐标符号"@"。

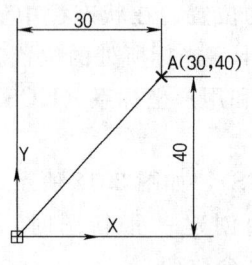
图 2.14 绝对直角坐标

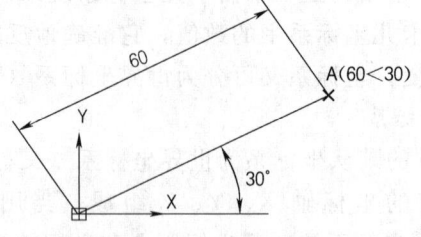
图 2.15 绝对极坐标

(1) 相对直角坐标。相对直角坐标的表示方法是：@x，y。例如上一操作点 A 的坐标是（50,50），通过键盘输入@－45，－50后，则就等同于确定了该点 B 的绝对坐标为（5,0），如图 2.16 所示。

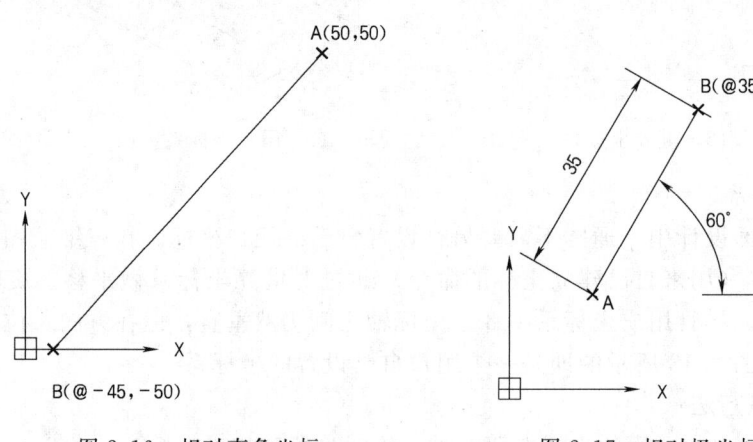

图 2.16 相对直角坐标　　　　　图 2.17 相对极坐标

(2) 相对极坐标。相对极坐标通过相对于某一特定点的距离和偏移角来表示。偏移角是要输入的点是相对于特定点在水平方向的逆时针夹角。

相对极坐标的表示方法是：@距离＜角度。例如@35＜60 表示该点 B 相对于上一操作点 A 距离是 35 个绘图单位，角度是 60°，如图 2.17 所示。

2.3 视图的显示

在绘制图形的过程中，会不断的查看图形的某一部分，就需要用到图形的显示控制功能。

2.3.1 重画命令

当在屏幕上拾取点时，有时可能会显示一些小十字标志，以指示那些选中过的点（拾取点）。这些标志并不是图形上真正存在的图形元素，常常在绘图时干扰作图视线，遮挡图面，可以使用重画图形的命令清除这些标志。

1. 命令功能

重画命令可以刷新当前视窗中的图形，清除屏幕上的光标点。

2. 命令调用方式

(1) 菜单方式：[视图]→[重画]。

(2) 键盘输入方式：REDRAW (RE)。

2.3.2 重生成命令

重生成命令是重新生成整个图形以完成更新，当改变图形的某些部分后，就需要重新生成图形。

1. 命令功能

重生成命令可以重新生成当前视窗或全部视窗中的图形。它包括重生成命令和全部重生成命令。

2. 命令调用方式

(1) 菜单方式：[视图]→[重生成] (或 [全部重生成])。

(2) 键盘输入方式：REGEN (或 REGEN ALL)。

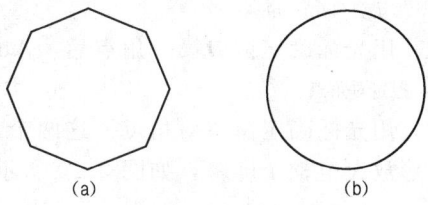

图 2.18 重新生成图形
(a) 重新生成图形前的圆形；(b) 偏移
重新生成图形后的圆形

它与重画命令的区别是：重画命令只是将当前视窗中的图形刷新一次，而重生成命令也具有重画命令的功能，它是将图形实体的数据重新计算一遍，并在视窗中重新绘制，因此该命令执行速度相对较慢，图形信息越多，执行该命令的过程越长。

重生成命令的一个优点是系统以光滑方式实现圆形和圆弧的绘制和连接，如图 2.18 所示。

2.4 视图的缩放和平移

应用 AutoCAD 设计绘图的过程中，经常需要对视图的显示进行调整，如观察整个设计图形或查看局部内容，这些操作需要对视图进行缩放和平移。

2.4.1 视图的缩放

1. 命令功能

视图的缩放命令可以改变图形在视窗中显示的大小，从而更清楚地观察当前视窗中太大或太小的图形。

2. 命令调用方式

(1) 菜单方式：[视图]→[缩放]。

(2) 键盘输入方式：ZOOM (Z)。

3. 操作步骤

命令：ZOOM。

指定窗口角点，输入比例因子 (nX 或 nXP)，或 [全部 (A) /中心点 (C) /动态 (D) /范围 (E) /上一个 (P) /比例 (S) /窗口 (W)] ⟨实时⟩：可以直接在命令行输入代表各选项的字母并按回车键确认，或者右击，在弹出的快捷菜单中选择各选项，来进行各种缩放操作。

图 2.19 缩放工具栏

但是在实际使用中,根据命令行提示进行各种操作较为烦琐,较简单的方法是按住标准工具栏中的缩放命令的图标,则出现缩放工具栏,如图 2.19 所示。

各种图标分别对应于命令行中各种缩放命令。

4.选项说明

(1)窗口(W)或工具栏图标: 。可以进行窗口缩放,将矩形窗口内选择的图形充满当前视窗。选择该项后,AutoCAD 继续提示:

指定窗口第一角点:

用光标确定窗口第一角点后,AutoCAD 继续提示:

指定对角点:

用光标确定窗口对角点。这两个角点确定了一个矩形框窗口,系统将矩形框窗口内的图形放大至整个屏幕,如图 2.20 所示。

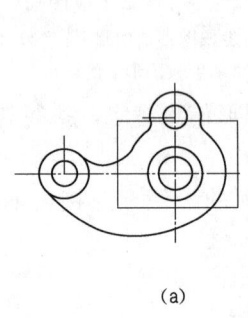 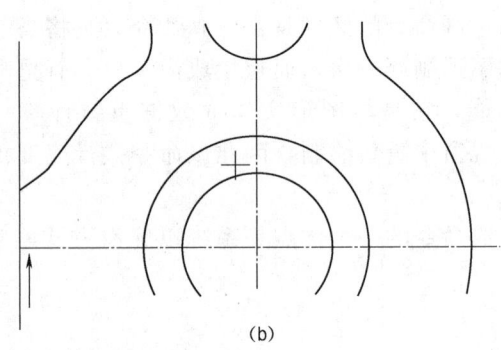

(a) (b)

图 2.20 窗口缩放
(a)窗口缩放前;(b)窗口缩放后

(2)动态(D)或工具栏图标: 。可以进行动态缩放。选择该项后,窗口临时切换到虚拟显示状态,此时,屏幕上出现 3 个视图框,如图 2.21 所示。

1)图形界限视图框。是一个蓝色的虚线矩形框,该框显示当前的图形界限。

2)当前视图框。是一个绿色的虚线矩形框,该框中的区域就是在使用这一选项之前的视图区域。

3)选择视图框。是一个白色的实线矩形框,该视图框有两种状态:一种是平移视图框,其大小不能改变,只能任意移动;另一种是缩放视图框,其不能平移,但大小可以调节。左击可以在两种视图框之间进行切换。

平移视图框中有一个"×"符号,它表示一个视图的中心点位置。在使用动态缩放命令时,只要不右击,该命令就不会终止,可以在两种视图框之间进行调整,以得到合适的视图。

单击,平移视图框中的"×"符号消失,平移视图框就切换成缩放视图框,在缩放视图框的右边框线有一个向右的箭头,如图 2.22 所示。这时可以拖动鼠标改变缩放视图框

2.4 视图的缩放和平移

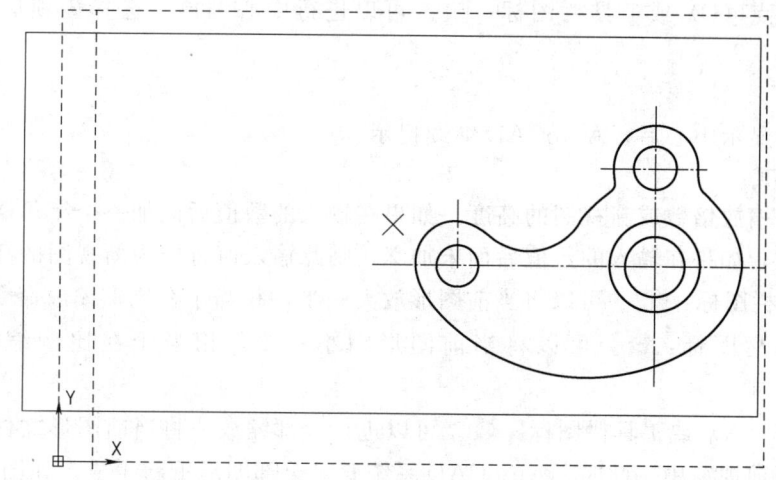

图 2.21 动态缩放的视图框

的大小,以确定选择区域的大小,向右拖动箭头,缩小选定区域;向左拖动箭头,放大选定区域。

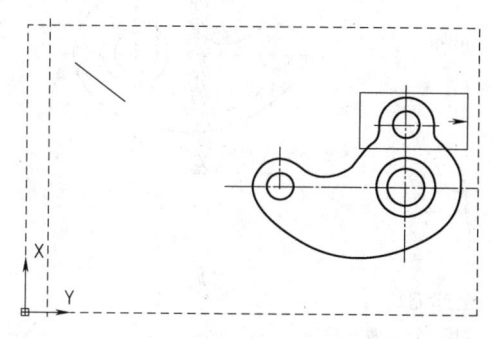

图 2.22 调整选定区域

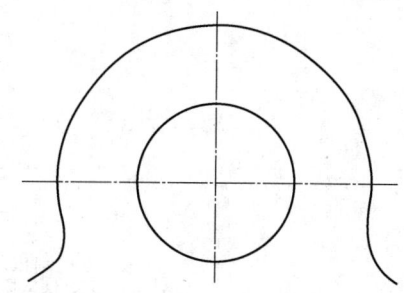

图 2.23 缩放后的图形

确定了选定区域后,单击,缩放视图框中的箭头消失,缩放视图框又切换成平移视图框,又出现"×"符号,此时按回车键或右击确认,落在视图框中的区域将被放大。结果如图 2.23 所示。

(3) 比例(S)或工具栏图标: 。可以进行比例缩放。选择该项后,AutoCAD 继续提示:

输入比例因子(nX 或 nXP):

在该提示下输入缩放倍数。可以有三种方式输入缩放倍数:

1) 相对于原始图形缩放(也称为绝对缩放)。直接输入一个大于 1 或小于 1 的正数值,将图形以 n 倍于原始图形的尺寸显示。

2) 相对于当前视图缩放。直接输入一个大于 1 或小于 1 的正数值,但是在数字后面加上"X",将图形以 n 倍于当前图形的尺寸显示。

3) 相对于图纸空间缩放。直接输入一个大于 1 或小于 1 的正数值,但是在数字后面加上"XP",将图形以 n 倍于当前图纸空间的尺寸单位显示。

(4) 中心点（C）或工具栏图标： 。可以进行中心缩放。选择该项后，AutoCAD 继续提示：

指定中心点：

确定新的显示中心后，AutoCAD 继续提示：

输入比例或高度：

此时输入缩放倍数或新视图的高度。如果在输入的数值后面加一个字母 X，则此输入值为缩放倍数，如果在输入的数值后面未加 X，则此输入值将作为新视图的高度。

(5) 工具栏图标： 。可以将当前图形放大一半，相当于在比例缩放命令中输入 2X。

(6) 工具栏图标： 。可以将当前图形缩小一半，相当于在比例缩放命令中输入 0.5X。

(7) 全部（A）或工具栏图标： 。可以进行全部缩放，将当前图形文件中的所有图形都显示在当前视窗中。此时，AutoCAD 系统要对全部图形重新生成。如图 2.24 所示。

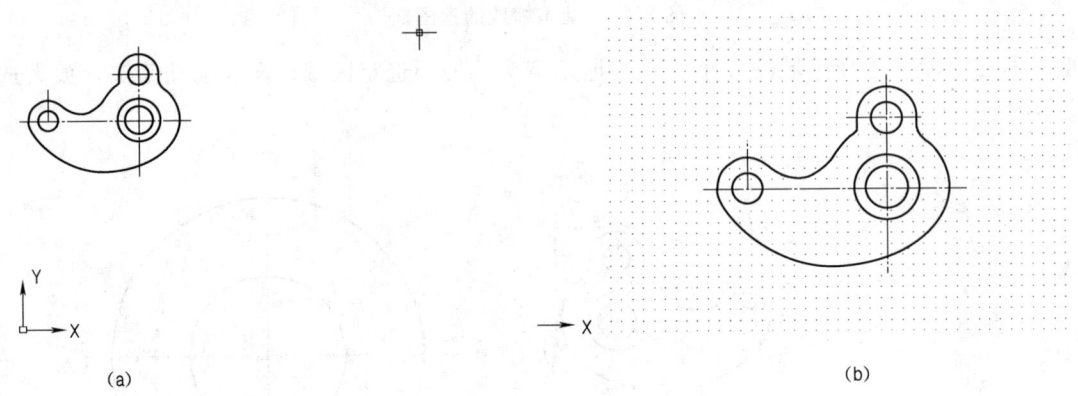

图 2.24　全部缩放
(a) 全部缩放前；(b) 全部缩放后

(8) 范围（E）或工具栏图标： 。可以进行范围缩放，将当前图形文件中的全部图形最大限度地充满当前视窗，图形将重新生成，如图 2.25 所示。

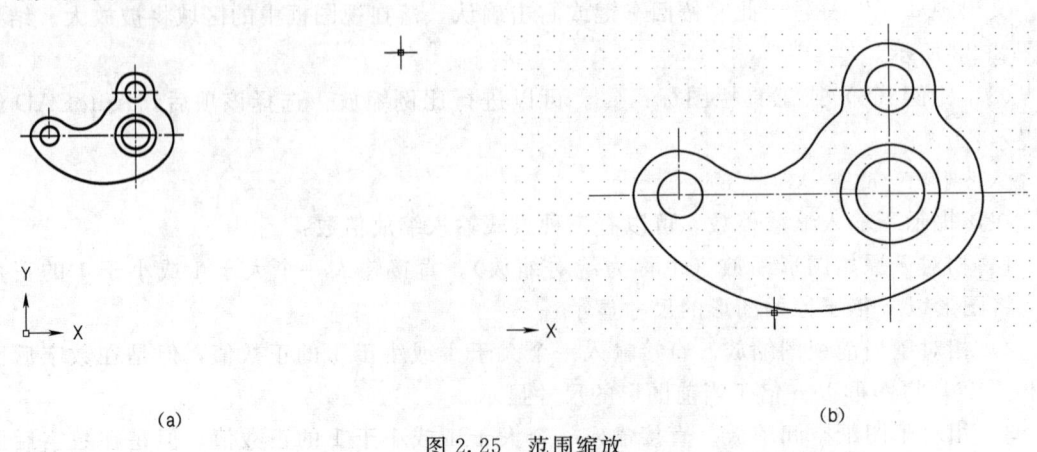

图 2.25　范围缩放
(a) 范围缩放前；(b) 范围缩放后

2.4 视图的缩放和平移

(9)〈实时〉或工具栏图标：可以进行实时缩放，此时，光标变成放大镜形状，按住鼠标左键向屏幕上方移动光标，则图形放大；向屏幕下方移动光标，则图形缩小；按Esc键或回车键，则退出缩放命令。

在实时缩放状态下，在绘图区内右击，会弹出一个快捷菜单，可以选择退出命令或继续执行其他图形缩放命令。

(10) 上一个（P）或工具栏图标：。可以恢复上一幅显示的图形，如果连续使用该命令，可恢复至前10幅显示的图形。

必须注意的是：对图形对象进行缩放时，不会改变图形对象的真实尺寸。

2.4.2 视图的平移

1. 命令功能

视图的平移命令可以对图形进行平移操作，以便查看图形的不同部分。但该命令并不真正移动图形中的对象，即不真正改变图形，而是通过移动窗口使图形的特定部分位于当前视窗中。

2. 命令调用方式

(1) 菜单方式：［视图］→［平移］。

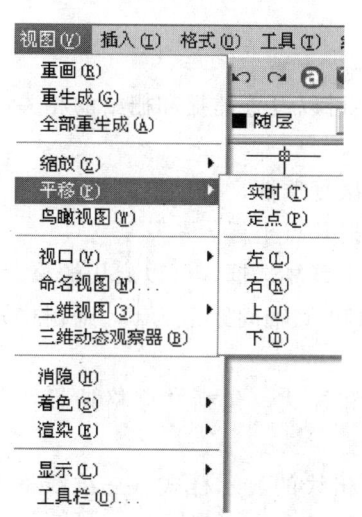

图 2.26 平移命令下拉菜单

(2) 图标方式：。

(3) 键盘输入方式：PAN(P)。

3. 操作步骤

命令：PAN。

屏幕上出现手形光标，此时可以通过拖动鼠标来实现图形的上、下、左、右移动，即实时平移。按Esc键或回车键，则退出命令。右击，会弹出一个快捷菜单供用户选择。

在平移命令的下拉菜单中，可以完成平移命令的各选操作。平移命令的下拉菜单如图2.26所示。

4. 选项说明

(1) 实时：可以实现实时平移。

选择该项后，屏幕上出现手形光标，如上所述。

(2) 定点：输入位移量，平移图形。

选择该项后，AutoCAD继续提示：

指定基点或位移：

拾取平移的起始点后，AutoCAD继续提示：

指定第二点：

此时若拾取平移的第二点，则系统将图形按第一点和第二点之间的距离和两点连线方向作为位移进行平移；如果直接按回车键，则系统会将第一点的各坐标分量作为位移来平移图形。

(3) 左、右、上、下：将图形分别向左、右、上、下方向平移一段距离。

必须注意的是：该命令并不真正移动图形中的对象，即不真正改变图形，而是通过移动窗口使图形的特定部分位于当前视窗中。

2.5 精确绘图辅助工具

2.5.1 捕捉与栅格

在绘制图形时，尽管可以通过移动光标来指定点的位置，但却很难精确指定点的某一位置。在 AutoCAD 中，使用"捕捉"和"栅格"功能，可以用来精确定位点，提高绘图效率。

1. 打开或关闭捕捉和栅格

"捕捉"用于设定鼠标光标移动的间距。"栅格"是一些标定位置的小点，起坐标纸的作用，可以提供直观的距离和位置参照。要打开或关闭"捕捉"和"栅格"功能，可以选择以下几种方法：

（1）在 AutoCAD 程序窗口的状态栏中，单击"捕捉"和"栅格"按钮。

（2）按 F7 键打开或关闭栅格，按 F9 键打开或关闭捕捉。

（3）选择"工具""草图设置"命令，打开"草图设置"对话框，在"捕捉和栅格"选项卡中选中或取消"启用捕捉"和"启用栅格"复选框。

2. 设置捕捉和栅格参数

利用"草图设置"对话框中的"捕捉和栅格"选项卡，可以设置捕捉和栅格的相关参数，各选项的功能如下：

（1）"启用捕捉"复选框。打开或关闭捕捉方式。选中该复选框，可以启用捕捉。

（2）"捕捉"选项组。设置捕捉间距、捕捉角度以及捕捉基点坐标。

（3）"启用栅格"复选框。打开或关闭栅格的显示。选中该复选框，可以启用栅格。

（4）"栅格"选项组。设置栅格间距。如果栅格的 X 轴和 Y 轴间距值为 0，则栅格采用捕捉 X 轴和 Y 轴间距的值。

（5）"捕捉类型和样式"选项组。可以设置捕捉类型和样式，包括"栅格捕捉"和"极轴捕捉"两种。

（6）"栅格行为"选项组。用于设置"视觉样式"下栅格线的显示样式（三维线框除外）。

3. 使用 GRID 与 SNAP 命令

不仅可以通过"草图设置"对话框设置栅格和捕捉参数，还可以通过 GRID 与 SNAP 命令来设置。

（1）使用 GRID 命令。执行 GRID 命令时，其命令行显示如下提示信息：

指定栅格间距（X）或 [开（ON）/关（OFF）/捕捉（S）/主（M）/自适应（D）/跟随（F）/纵横向间距（A）] 10.0000>：

默认情况下，需要设置栅格间距值。该间距不能设置太小，否则将导致图形模糊及屏幕重画太慢，甚至无法显示栅格。

（2）使用 SNAP 命令。执行 SNAP 命令时，其命令行显示如下提示信息：

指定捕捉间距或 [开（ON）/关（OFF）/纵横向间距（A）/样式（S）/类型（T）] <10.0000>：

2.5 精确绘图辅助工具

默认情况下，需要指定捕捉间距，并使用"开（ON）"选项，以当前栅格的分辨率和样式激活捕捉模式；使用"关（OFF）"选项，关闭捕捉模式，但保留当前设置，如图2.27所示。

2.5.2 正交与极轴

1. 正交命令

AuotCAD提供的正交模式也可以用来精确定位点，它将定点设备的输入限制为水平或垂直。使用ORTHO命令，可以打开正交模式，用于控制是否

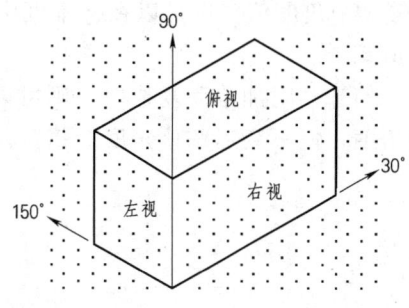

图2.27 打开栅格模式

以正交方式绘图。在正交模式下，可以方便地绘出与当前X轴或Y轴平行的线段。在AutoCAD程序窗口的状态栏中单击"正交"按钮，或按F8键，可以打开或关闭正交方式。

打开正交功能后，输入的第一点是任意的，但当移动光标准备指定第二点时，引出的橡皮筋线已不再是这两点之间的连线，而是起点到光标十字线的垂直线中较长的那段线，此时单击，橡皮筋线就变成所绘直线。

2. 极轴追踪

极轴追踪是按设定的极坐标角度增量来追踪特征点。打开极轴追踪后，当沿着设定的极坐标方向移动光标时，会在该方向上显示一条无限延伸的辅助线，这时就可以沿着辅助线追踪所需要的点。

（1）命令调用方式。

1）键盘：按F10键。

2）状态栏：极轴。

（2）设置极轴追踪模式。极轴追踪模式是在"草图设置"对话框中的"极轴追踪"选项卡中进行设置的。有两种方法可以弹出"草图设置"对话框：

1）将光标放在状态栏中的 极轴 功能按钮上，右击，在弹出的下拉菜单中单击"设置"命令。

2）菜单：[工具]→[草图设置]→[极轴追踪]。

"极轴追踪"选项卡如图2.28所示。

在该对话框中，如果勾选"启用极轴追踪"复选框，则可以打开极轴追踪模式。当然也可以通过单击状态栏中的 极轴 功能按钮或按F10键来控制极轴追踪功能的开关。在"极轴角设置"选项组内可以设定极轴追踪的角度。

"增量角"选项可以设置极轴追踪预设的角度，AutoCAD默认的角度是90°，以用户可以利用该下拉列表框选取所需要的角度，系统预设90°、60°、45°、30°、22.5°、18°、15°、10°、

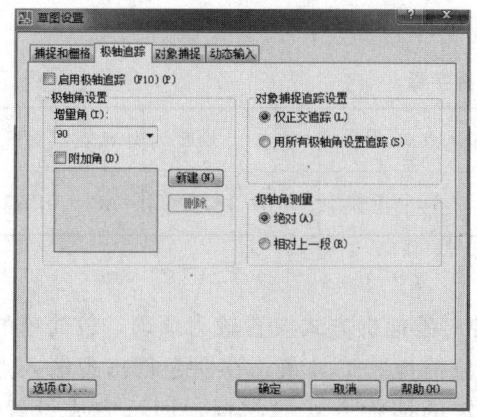

图2.28 极轴追踪

5°等9个角度值。也可以在文本框中输入新的增量角度值。系统会根据增量角的倍数来进行追踪。

勾选"附加角"复选框,则可以设置除了预设角度以外的其他角度值。系统也会追踪该角度,但不会追踪该角度的倍数。

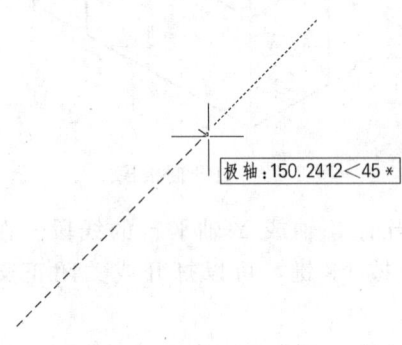

图 2.29　45°时的极轴追踪

"新建"和"删除"按钮用于添加和删除一个角度值,添加的方法是先勾选"附加角"复选框,然后按"新建"按钮并在文本框中输入一个新角度值;如果要进行删除,则先选取角度值,然后按"删除"按钮。

在极轴角测量选项组内有两个选项,选中"绝对"选项,表示将极轴角度测量单位设为绝对角度方式,在该方式下,极轴追踪的角度是基于当前的用户坐标系的 X 轴和 Y 轴。选中"相对上一段"选项,表示将极轴角度测量单位设为相对角度方式,在该方式下,极轴追踪的角度是基于上一段直线的 X 轴和 Y 轴。

如图 2.29 所示为增量角为 45°时的极轴追踪。

2.5.3　对象捕捉

对象捕捉是 AutoCAD 系统中用以快速、准确绘制和编辑图形的行之有效的方法。对象捕捉方式打开后,在光标处出现一个可以调节的靶区,移动靶区选取实体,AutoCAD 就会在选取的实体中,寻找满足要求的点,并把光标移动到满足条件的特殊点上。

2.5.3.1　临时对象捕捉

这是一种通过人为方式选定的对象捕捉方式。该方式只对当前运行的命令有效,且一次只能指定一种对象捕捉方式。捕捉到一个点后,对象捕捉就自动关闭。

临时对象捕捉有两种调用方式。

1. 输入关键字母

对象捕捉共有 13 种捕捉方式。在命令行输入点的提示下输入每种捕捉方式的前 3 个字母即可完成设置。各种对象捕捉方式的前 3 个字母见表 2.2。

表 2.2　　　　　　　　　　　对象捕捉方式的关键字母

端点	中点	圆心	节点	象限点	交点	延伸	插入点	垂足	切点	最近点	外观交点	平行
END	MID	CEN	NOD	QUA	INT	EXT	INS	PER	TAN	NEA	APP	PAR

2. 对象捕捉工具栏

实际使用中,在命令行输入关键字母进行各种对象捕捉方式设置较为烦琐,较简单的方法是从菜单:"视图"→"工具栏"中调出"对象捕捉"工具条,在命令行出现输入点的提示时,单击"对象捕捉"工具条中的需要选定的捕捉方式的图标,即可完成设置。"对象捕捉"工具条如图 2.30 所示。

2.5 精确绘图辅助工具

图 2.30 "对象捕捉"工具栏

2.5.3.2 对象捕捉方式

1. 端点捕捉方式

(1) 命令调用方式。

1) 图标方式：。

2) 键盘输入方式：END。

(2) 说明。可以捕捉到直线、圆弧、多段线等对象的端点。移动光标靠近对象端点所在位置，在端点处出现矩形捕捉符号，表明 AutoCAD 已经捕捉到对象的端点。如果在十字光标的附近有几个对象的端点，那么 AutoCAD 将捕捉最靠近十字光标的对象的端点。端点捕捉方式如图 2.31 所示。

2. 中点捕捉方式

(1) 命令调用方式。

1) 图标方式：。

2) 键盘输入方式：MID。

(2) 说明。可以捕捉到直线或圆弧等对象的中点。移动光标靠近对象中点所在位置，在中点处出现三角形捕捉符号，表明 AutoCAD 已经捕捉到对象的中点。中点捕捉方式如图 2.32 所示。

3. 圆心捕捉方式

(1) 命令调用方式。

1) 图标方式：。

2) 键盘输入方式：CEN。

(2) 说明。可以捕捉到圆、圆弧、椭圆、椭圆弧的中心点。移动光标靠近对象所在位置，在中心点处出现圆形捕捉符号，表明 AutoCAD 已经捕捉到对象的圆心点。圆心捕捉方式如图 2.33 所示。

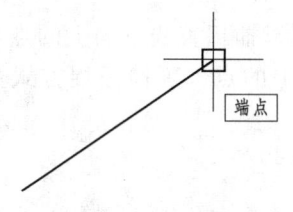
图 2.31 端点捕捉

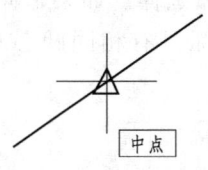
图 2.32 中点捕捉

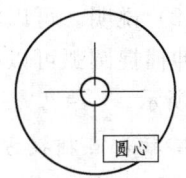
图 2.33 圆心捕捉

4. 节点捕捉方式

(1) 命令调用方式。

1) 图标方式：。

2) 键盘输入方式:NOD。

(2) 说明。可以捕捉到点实体对象。节点捕捉方式如图 2.34 所示。

5. 象限点捕捉方式

(1) 命令调用方式。

1) 图标方式:◇。

2) 键盘输入方式:QUA。

(2) 说明。可以捕捉到圆、圆弧、椭圆、椭圆弧上的象限点,即位于 0°、90°、180°、270°位置上的点,但是对直线段不起作用。移动光标靠近对象的象限点所在位置,在象限点处出现旋转 90°的矩形,表示捕捉符号,表明 AutoCAD 已经捕捉到对象的象限点。象限捕捉方式如图 2.35 所示。

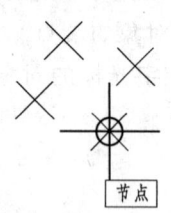
图 2.34 节点捕捉

图 2.35 象限点捕捉

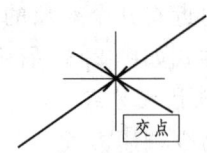
图 2.36 交点捕捉

6. 交点捕捉方式

(1) 命令调用方式。

1) 图标方式:✕。

2) 键盘输入方式:INT。

(2) 说明。可以捕捉到两条或两条以上直线、圆、多段线等对象的交点。移动光标靠近对象交点所在位置,在交点处出现十字标记表示捕捉符号,表明 AutoCAD 已经捕捉到对象的交点。交点捕捉方式如图 2.36 所示。

7. 延伸捕捉方式

(1) 命令调用方式。

1) 图标方式:┄。

2) 键盘输入方式:EXT。

(2) 说明。可以将直线或圆弧延伸。如果延伸捕捉直线可以捕捉直线方向上的点,如果延伸捕捉圆弧可以捕捉与此圆弧具有相同圆心和半径的圆上的点。延伸捕捉方式如图 2.37 所示。

8. 插入点捕捉方式

(1) 命令调用方式。

1) 图标方式:⌘。

2) 键盘输入方式:INS。

(2) 说明。可以捕捉到块、属性、文本对象的插入点。有时对块、属性、文本对象进行操作时,需要找到插入点,用这种捕捉方式可以很方便地找到。插入点捕捉方式如图

2.38 所示。

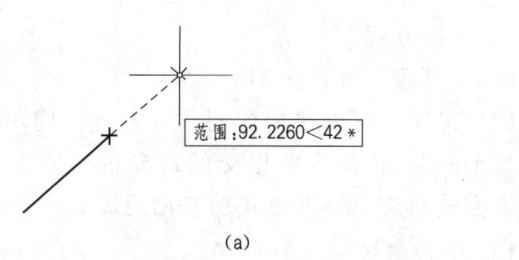

(a)   (b)

图 2.37 延伸捕捉

9. 垂足捕捉方式

(1) 命令调用方式。

1) 图标方式：⊥。

2) 键盘输入方式：PER。

(2) 说明。可以捕捉从预定点到所选择对象的垂足点。用垂足捕捉方式可以绘制直线的垂线或是圆、圆弧、椭圆、椭圆弧、多段线、样条曲线的法线。垂足捕捉方式如图 2.39 所示。

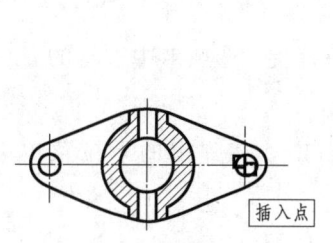
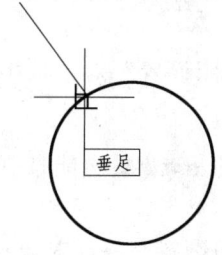
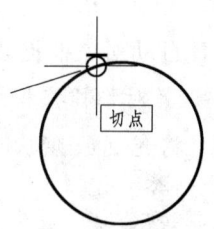

图 2.38 插入点捕捉   图 2.39 垂足捕捉   图 2.40 切点捕捉

10. 切点捕捉方式

(1) 命令调用方式。

1) 图标方式：⊙。

2) 键盘输入方式：TAN。

(2) 说明。可以捕捉到与圆、圆弧、椭圆、椭圆弧相切的点，该切点与上一个或下一个点的连线应该与所选对象相切。切点捕捉方式如图 2.40 所示。

11. 最近点捕捉方式

(1) 命令调用方式。

1) 图标方式：⊠。

2) 键盘输入方式：NEA。

(2) 说明。可以捕捉到对象上离十字光标最近的点。最近点捕捉方式如图 2.41 所示。

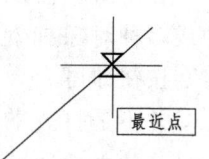

图 2.41 最近点捕捉

12. 外观交点捕捉方式

(1) 命令调用方式。

1) 图标方式：⊠。

2) 键盘输入方式：APP。

(2) 说明。可以捕捉到两个在三维空间不相交，但是在当前视图中看起来相交的对象的交点。在二维空间，该方式与交点捕捉方式功能相同。

13. 平行捕捉方式

(1) 命令调用方式。

1) 图标方式：∥。

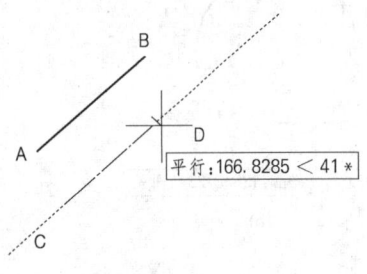

图 2.42 平行捕捉

2) 键盘输入方式：PAR。

(2) 说明。这种可以捕捉方式的实际作用是可以绘制某一条直线的平行线。如图 2.42 所示通过 C 点作一条与直线 AB 平行的直线 CD。

2.5.3.3 自动对象捕捉方式

自动对象捕捉是指将一个和多个对象捕捉模式打开，当把光标放在一个对象上的特征点附近时，系统就会根据光标的位置和设定的自动对象捕捉方式，捕捉倒该对象上所有符合条件的几何特征点，并显示出相应的标记，而不必再去选取，这样就提高了捕捉点的效率。

设置自动对象捕捉是在"草图设置"对话框中"对象捕捉"选项卡中进行的。

1. 设置对象捕捉模式

(1) 将光标放在状态栏中的 对象捕捉 功能按钮上，右击，在弹出的下拉菜单中单击"设置"命令。

(2) 菜单：[工具] → [草图设置] → [对象捕捉]。

(3) 键盘输入方式：OSNAP。

以上方式均可打开"对象捕捉"选项卡，如图 2.43 所示。

2. 对话框说明

在"草图设置"对话框中，如果勾选"启用对象捕捉"复选框，则可以打开自动捕捉模式。当然也可以通过单击状态栏中的 对象捕捉 功能按钮或按 F3 键来控制对象捕捉功能的开关。

在"对象捕捉模式"选项组内可以选择一种或多种对象捕捉模式。设置完毕，单击"确定"按钮即可。

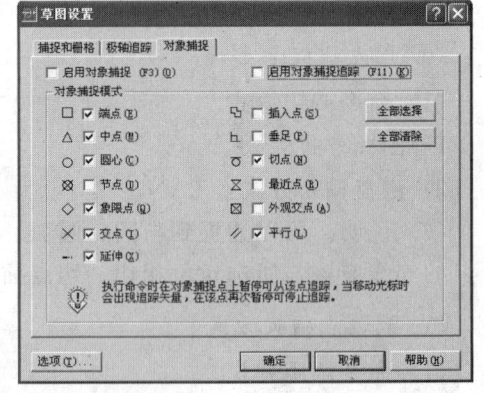

图 2.43 "草图设置"对话框

并不是打开的自动捕捉模式越多越好，因为打开的自动捕捉模式太多会使系统无法识别选定点。一般可以根据需要选择自动捕捉模式，例如，在绘制的图形中端点和交点较多，就可以打开端点和交点组合模式。但有些组合反而并不能很好地工作,实践证明,最近点捕捉模式与其他任何模式都不能很好地组合。

2.5.4 对象追踪

对象追踪是指当自动捕捉到图形中一个特征点后,再以这个点为基点沿设置的极坐标角度增量追踪另一点,并在追踪方向上显示一条辅助线,可以在该辅助线上定位点。在使用对象追踪时,必须打开对象捕捉,首先捕捉一个点作为追踪参考点。

1. 命令调用方式

状态栏:对象追踪。

2. 设置对象追踪模式

对象追踪模式也是在"草图设置"对话框中进行设置的。在弹出"草图设置"对话框中,选择"极轴追踪"选项卡,如图 2.44 所示。

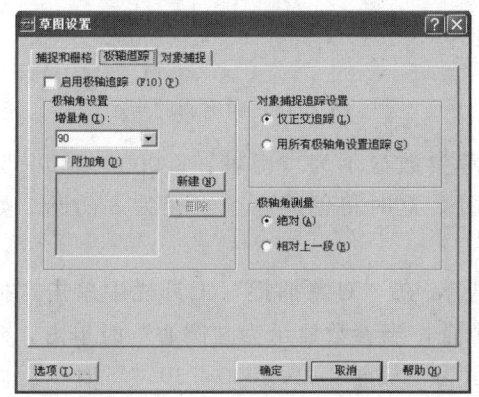

图 2.44 "极轴追踪"选项卡

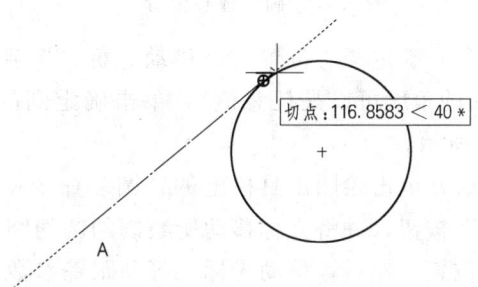

图 2.45 对象追踪

在"对象捕捉追踪设置"选项组内有两个选项,选中"仅正交追踪"选项,表示对象追踪仅按正交方式进行,即只出现 0°和 90°追踪线。选中"用所有极轴角设置追踪"选项,表示对象追踪可以按所有的极轴角进行追踪。

如图 2.45 所示为过 A 点作圆的切线时的对象追踪。

在实际绘图中,如果想沿着设定的极轴角度方向追踪,可以将对象追踪与极轴追踪结合起来使用。

【例 2.1】 使用对象追踪与极轴追踪绘制如图 2.46 所示的图形。

操作步骤如下:

(1) 选择"工具"→"草图设置"菜单,打开"草图设置"对话框,在"捕捉与栅格"选项卡的"捕捉类型和样式"选项组内,勾选"极轴捕捉"项,设置"极轴距离"为 1。然后,在"极轴追踪"选项卡中,勾选"用所有极轴角设置追踪"。

(2) 在状态栏中打开"捕捉"、"对象捕捉"、"对象

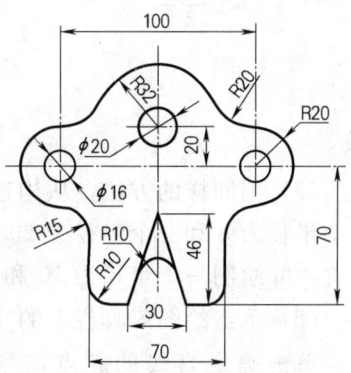

图 2.46 绘制图形

追踪"、"极轴"开关,启动捕捉与追踪功能。

(3) 单击绘图工具栏上的"构造线"命令按钮,绘制一条水平构造线和一条垂直构造线。

(4) 单击绘图工具栏上的"圆"命令按钮,将光标移动到构造线的交点 O,向左侧水平拖动,此时将显示跟踪线,并显示跟踪参数。等到跟踪参数显示为"交点:50.0000<180*"时,单击确定圆心位置,如图 2.47 所示。

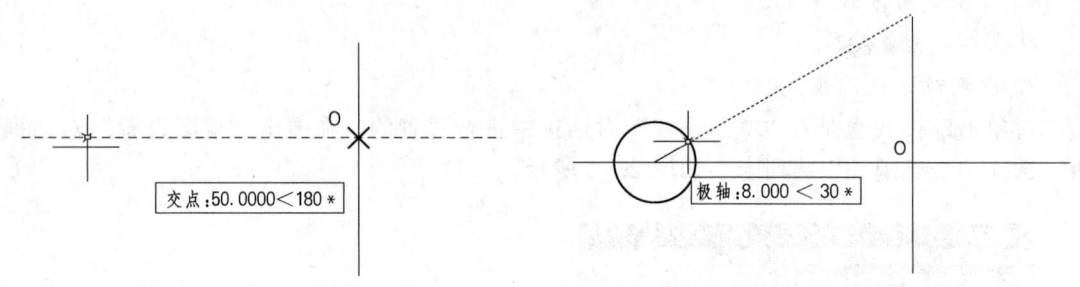

图 2.47 确定圆心位置　　　　　图 2.48 确定圆的半径

(5) 确定圆心位置后,移动光标,等到跟踪参数显示为"极轴:8.0000<30*"时(后面的角度可以是任意值),单击确定圆的半径,这时将创建一个半径为 8 的圆,如图 2.48 所示。

(6) 单击绘图工具栏上的"圆"命令按钮,在"对象捕捉"工具栏中单击"捕捉圆心"按钮,并将光标移动所绘制的圆的圆心位置,当参数显示为"圆心"时单击,确定圆心位置。然后,移动光标,等到跟踪参数显示为"极轴:20.0000<30*"时(后面的角度可以是任意值),单击确定圆的半径,这时将创建一个半径为 20 的圆,如图 2.49 所示。

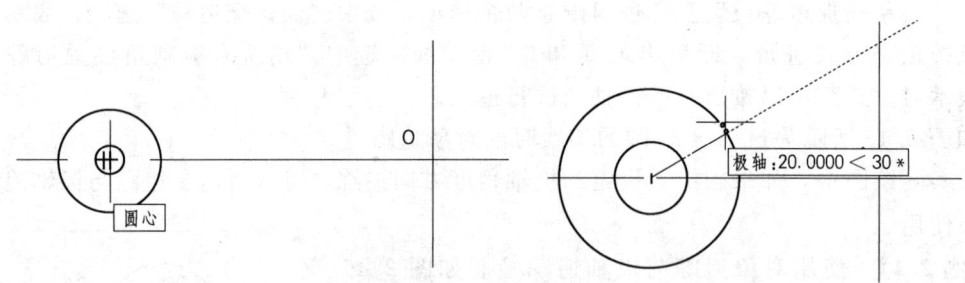

图 2.49 捕捉圆心位置并绘制圆

(7) 用同样的方法,从构造线的交点 O 向右追踪 50 个单位,确定圆心位置,并绘制一个半径为 8 和一个半径为 20 的圆;从构造线的交点 O 向上追踪 20 个单位,确定圆心位置,并绘制一个半径为 10 和一个半径为 32 的圆,结果如图 2.50 所示。

(8) 单击绘图工具栏上的"直线"命令按钮,从构造线的交点 O 向左追踪 35 个单位,单击确定直线的起点,然后向下追踪 70 个单位,此时跟踪参数显示为"极轴:70.0000<270*",单击确定直线的另一个端点,如图 2.51 所示。

2.5 精确绘图辅助工具

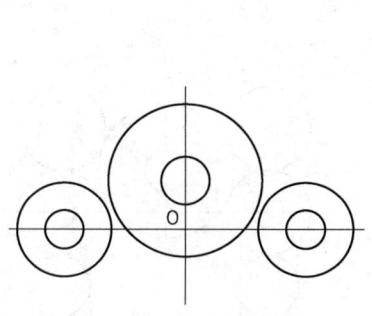

图 2.50　绘制圆　　　　　　　图 2.51　绘制直线

（9）参照上一步，用同样的方法，在构造线的交点 O 的右边绘制一条长度为 70 的直线段。

（10）选择"绘图"→"射线"菜单，从构造线交点 O 向下追踪 24 个单位，单击确定射线的起点，再在"对象捕捉"工具栏中单击"捕捉自"按钮，并从射线的起点向下追踪 46 个单位，单击然后左追踪，当跟踪参数显示为"极轴：15.0000＜180＊"时单击，即可绘制一条射线，如图 2.52 所示。

（11）参照上一步，用同样的方法，在构造线交点 O 的右边绘制一条射线，如图 2.53 所示。

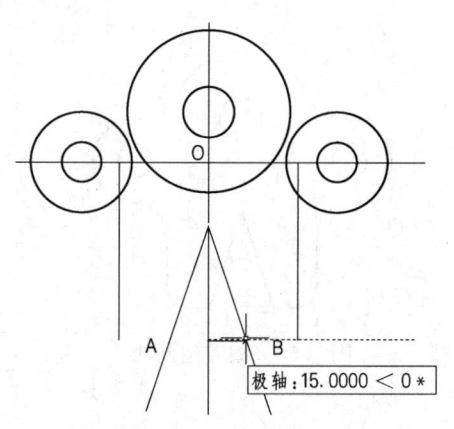 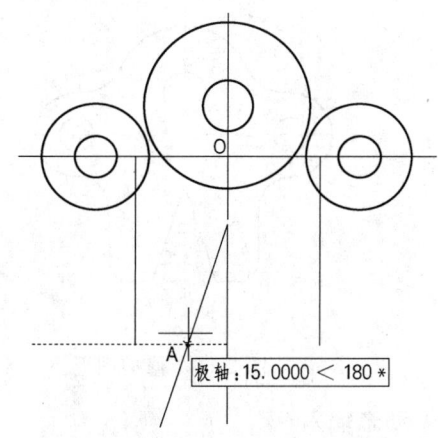

图 2.52　绘制左侧射线　　　　　　　图 2.53　绘制右侧射线

（12）单击绘图工具栏上的"直线"命令按钮，以直线端点 A、B 为端点绘制一条直线。

（13）单击绘图工具栏上的"圆"命令按钮，选择"相切、相切、半径"命令，以圆 M 和圆 N 为相切对象，绘制一个半径为 20 的相切圆，如图 2.54 所示。

（14）用同样的方法，参照图 2.46 所示图形的尺寸绘制其他相切圆，结果如图 2.55 所示。

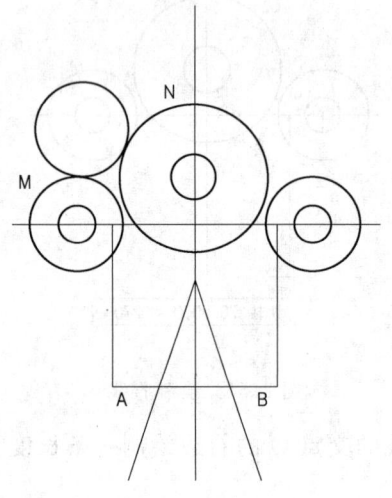 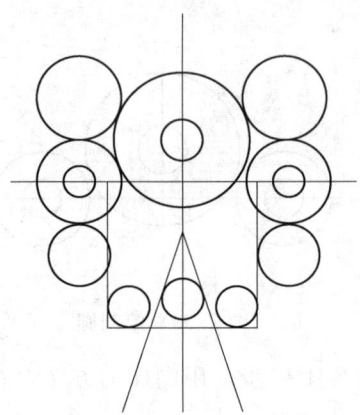

图 2.54　绘制相切圆　　　　　　图 2.55　绘制其他相切圆

（15）单击修改工具栏上的"修剪"按钮，参照图 2.46 所示图形的尺寸，修剪图形中多余的线条，如图 2.56 所示。

（16）删除所绘制的水平构造线和垂直构造线，如图 2.57 所示。

（17）关闭绘图窗口，并保存图形。

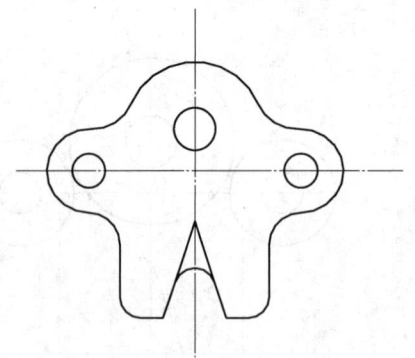 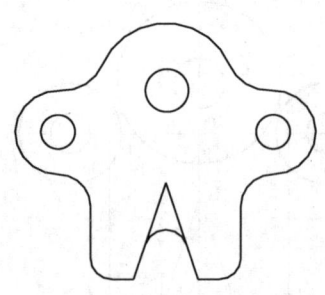

图 2.56　修剪图形　　　　　　图 2.57　删除辅助线

2.5.5　动态输入

在 AutoCAD 2007 中，使用动态输入功能可以在指针位置处显示标注输入和命令提示等信息，从而极大地方便了绘图。

1. 启用指针输入

在"草图设置"对话框的"动态输入"选项卡中，选中"启用指针输入"复选框可以启用指针输入功能，如图 2.58 所示。可以在"指针输入"选项组中单击"设置"按钮，使用打开的"指针输入设置"对话框设置指针的格式和可见性，如图 2.59 所示。

2. 启用标注输入

在"草图设置"对话框的"动态输入"选项卡中，选中"可能时启用标注输入"复选

2.6 帮助系统辅助绘图

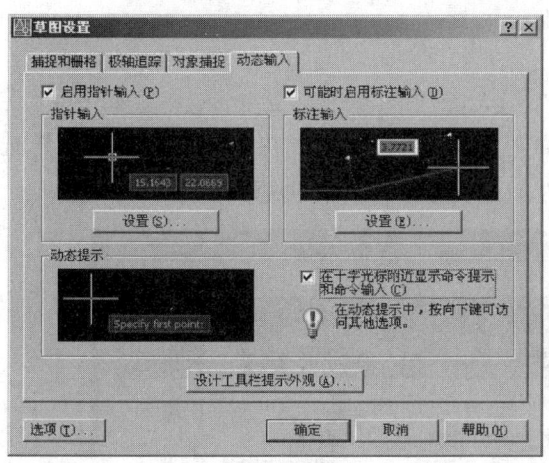

图 2.58 启用指针输入

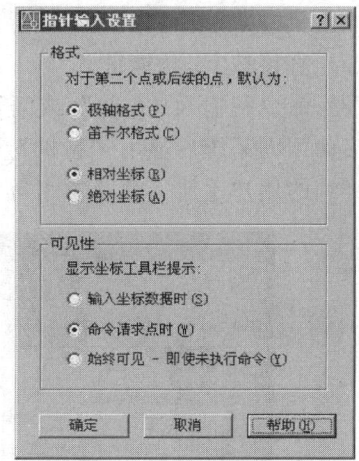

图 2.59 指针输入设置

框可以启用标注输入功能，如图 2.60 所示。在"标注输入"选项组中单击"设置"按钮，使用打开的"标注输入的设置"对话框可以设置标注的可见性。

3. 显示动态提示

在"草图设置"对话框的"动态输入"选项卡中，选中"动态提示"选项组中的"在十字光标附近显示命令提示和命令输入"复选框，如图 2.61 所示，可以在光标附近显示命令提示。动态提示可以与指针输入、标注输入一起使用，但不能单独使用。

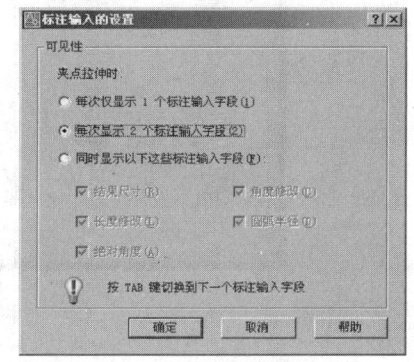

图 2.60 启用标注输入

从以上介绍看出，"动态输入"几乎取代了 AutoCAD 传统的命令行，因此可以关闭命令行，方法是按 "Ctrl" ＋ "9" 组合键（再次按该组合键即可打开），会弹出警告提示，单击"是"即可。

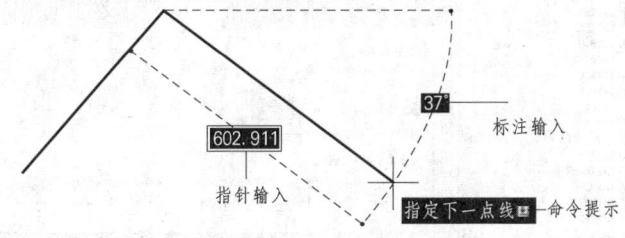

图 2.61 显示动态提示

2.6 帮助系统辅助绘图

AutoCAD 2007 中文版提供了详细的中文在线帮助，内含用户手册、命令参考等。在学习和使用过程中碰到的各种问题，及时调用系统帮助是解决问题的有效途径。

以下任何一种方法都可以激活在线帮助系统：

(1) 单击菜单栏"帮助"→寻求帮助。
(2) 直接按 F1 功能键。
(3) 命令行输入"help"或问号"?", ↙。

启动帮助系统后显示"帮助"主界面,如图 2.62 所示。在主界面的"目录"选项卡中有详细的用户手册、命令参考等,展开后可以查找到所需的内容。

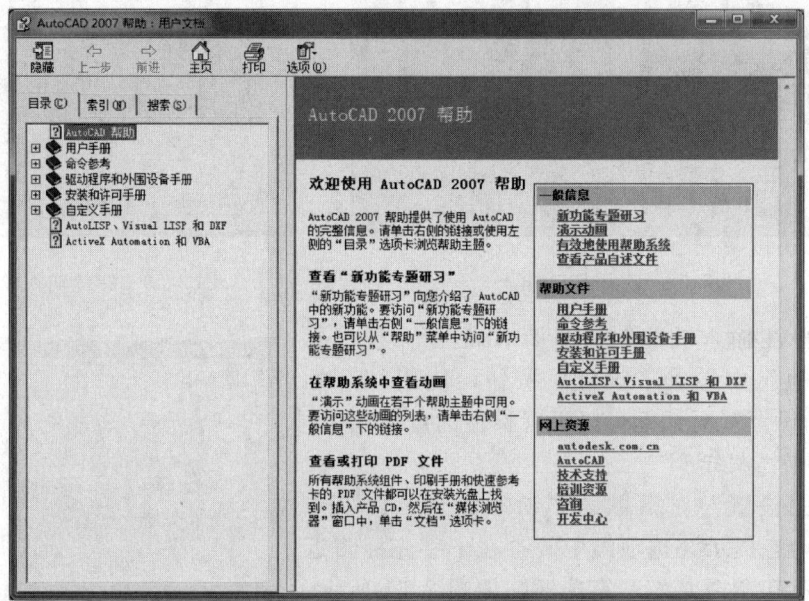

图 2.62 "帮助"主界面

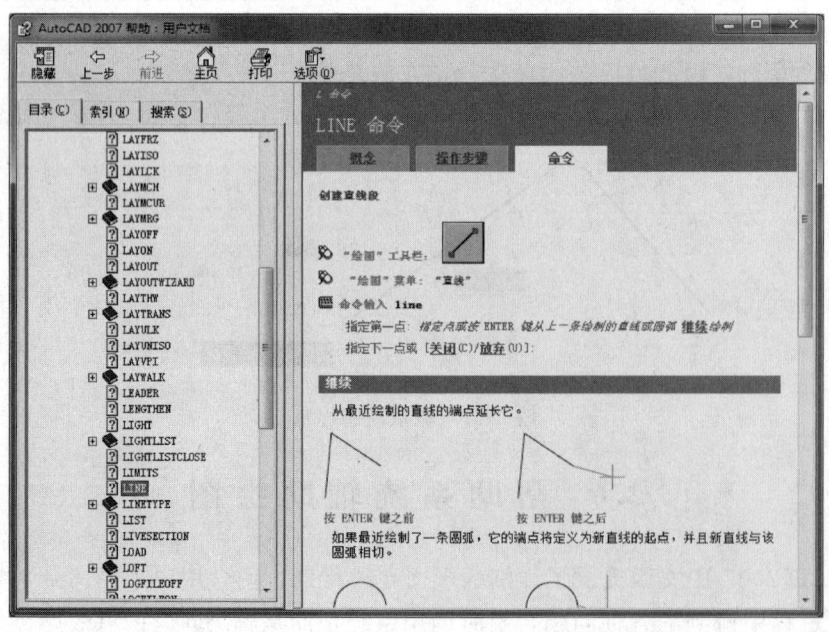

图 2.63 "直线"的帮助

小 结

系统还提供了更为便捷的获得所需帮助的方法：先激活需要帮助的命令，再启动帮助系统。例如，执行直线命令，命令行提示如下：

命令：_line 指定第一点：

此时按下 F1 键，在线帮助系统被激活，而且刚好打开了解释直线命令的位置，如图 2.63 所示。

另一种便捷方法是在命令对应的对话框界面激活帮助系统，例如，打开"选项"对话框，单击"选项"对话框界面上标题栏右端单击"?"按钮，光标旁边出现一个问号"?"，用此光标单击需要帮助的项，此时显示该项内容的"浮动"帮助信息，如图 2.64 所示。

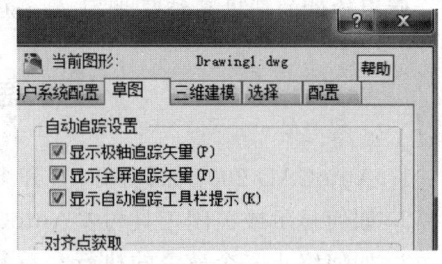

图 2.64 "浮动"帮助信息

单击"选项"对话框界面上"帮助"按钮，可以获得与该对话框相关的全部帮助信息，如图 2.65 所示。

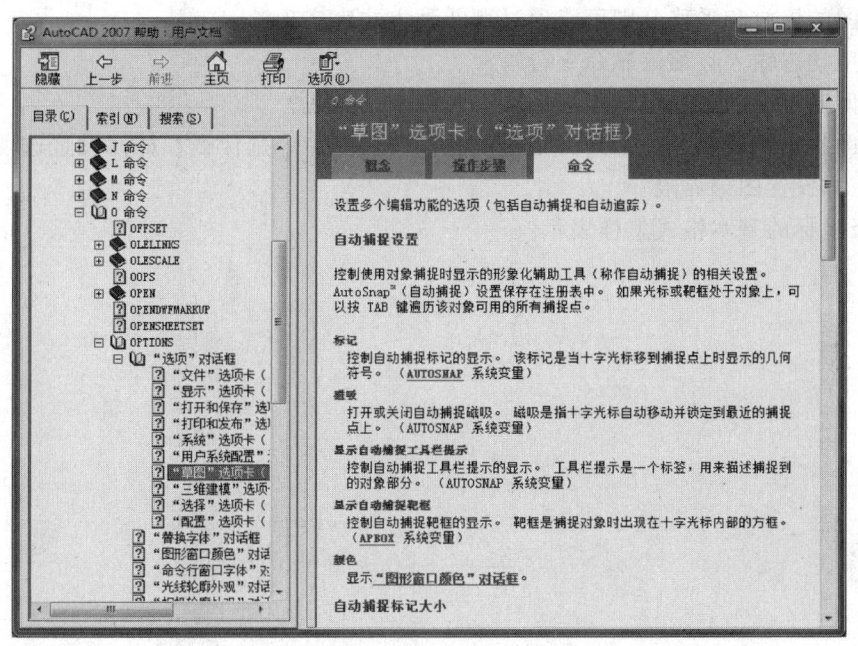

图 2.65 "选项"对话框的帮助信息

小　　结

本章先认识了 AutoCAD 的操作界面，介绍了打开/关闭"工具栏"或定制"面板"的方法。了解命令的提示格式及交互式操作方法是正确响应命令提示基础。点的输入方式有多种，输入相对坐标、输入直接距离是基础，极轴、对象捕捉、对象追踪是精确绘图的有效工具，动态输入是更为直观的输入方式，辅助工具在第 3 章还有详细介绍。

设置专业化的绘图环境并创建 AutoCAD 样板文件是规范设计图纸所必需的，但对于初学者在基础学习阶段，只要能利用系统默认样板文件 acadiso.dwt 建新图，根据需要设置必要的图层即可。

使用软件的帮助系统是学习 AutoCAD 软件和解决使用中的问题的便捷途径。

思 考 题

1. AutoCAD 2007 如何同时打开多个窗口？
2. 如何显示或关闭工具栏？AutoCAD 常用的工具栏有哪些？
3. 如何终止一个命令的执行？重复执行上一个命令的方法是什么？响应命令的操作过程中"回车"键和"空格"键作用一样吗？
4. 图层 A 的设置为：红色、点划线、默认宽度，可是以"A"为当前层，发现绘制的图线为蓝色粗实线，这是为什么？
5. 样板文件有什么用？如何定制样板文件？
6. 视图的缩放和平移分别可以通过哪几种方式来实现？
7. 使用动态输入必须依靠命令行吗？
8. 如何通过帮助系统绘制多边形？有几种求助方法？
9. 帮助我们精确绘图的工具有哪些，它们的快捷命令是什么？如何设置选项？
10. 怎样设置图形界限？
11. 极坐标的基本格式怎样表示？

第 3 章　AutoCAD 基本绘图技术

学习目标

1. 熟练掌握 AutoCAD 基本绘图命令（点、线、圆和圆弧等）。
2. 熟练掌握 AutoCAD 基本编辑命令（复制、镜象、偏移、阵列、平移、旋转、比例、拉伸、修剪、延伸、打断、倒角、圆角和分解）。

3.1　二维图形绘制

3.1.1　直线类对象的绘制

1. 直线

(1) 命令调用方式。

1) 菜单方式：[绘图] → [直线]。

2) 图标方式：╱。

3) 键盘输入方式：LINE (L)。

(2) 命令操作。下面以图 3.1 为例介绍直线的画法。

命令：LINE。

指定第一点：80，70↙（指定 A 点坐标）

指定下一点或 [放弃 (U)]：@0，100↙（指定 B 点坐标）

指定下一点或 [放弃 (U)]：@60，0↙（指定 C 点坐标）

指定下一点或 [闭合 (C) /放弃 (U)]：@40，-60↙（指定 D 点坐标）

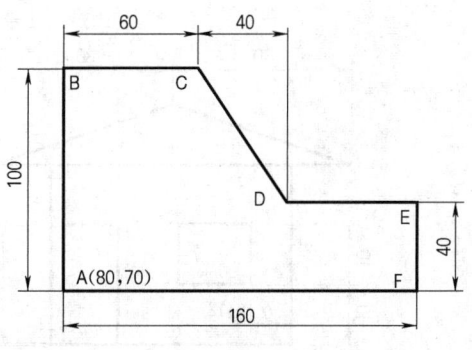

图 3.1　平面图形

指定下一点或 [闭合 (C) /放弃 (U)]：@60<0↙（指定 E 点坐标）

指定下一点或 [闭合 (C) /放弃 (U)]：@0，-40↙（指定 F 点坐标）

指定下一点或 [闭合 (C) /放弃 (U)]：C↙

(3) 说明。

1) 最初由两点决定一直线，若继续输入第三点，则画出第二条直线，依此类推。

2) 坐标输入时可用光标指点输入坐标，或用绝对坐标和相对坐标直接输入。

3) 在 "From Point:" 处直接按回车表示：下一条直线的起点将自动连接上次直线的终点；若最后作出的是弧，则从其终点及其切线方向作图，要求输入长度。

4) U (Undo)——撤销一次操作，即取消最后画的那条线；C (Close)——自动闭合，即下一点自动捕捉该直线命令的起点，使同一命令下所有线条形成封闭图形，同时命令结束。

【例 3.1】 绘制图 3.2 所示小屋立面轮廓图。

(1) 默认样板 acadiso.dwt 新建图形,创建图层"轮廓线",设线宽为 0.35。

(2) 以"轮廓线"为当前层,颜色、线型、线宽特性"Bylayer"。

(3) 作图次序:先屋顶三角形,再屋外框,后门窗线。

命令:LINE。

指定第一点:(在绘图区域光标确定点 1)

指定下一点或 [放弃 (U)]:@-30,-10(输入点 2 相对坐标)

指定下一点或 [放弃 (U)]:60(直接输入距离绘出点 3)

指定下一点或 [闭合 (C) /放弃 (U)]:C(闭合起点和终点,形成屋顶三角形)

命令:LINE(指定第一点)

指定第一点:10(从点 2 追踪至点 4)

…… 直接距离输入完成屋外框线。

命令:LINE。

指定第一点:fro(捕捉自,可以用来确定与已知点不相连接的点)

基点:光标选择 A 点。

〈偏移〉:@7,10(输入点 5 与 A 点的相对坐标,捕捉到点 5)

…… 直接距离输入完成窗外框线。

……

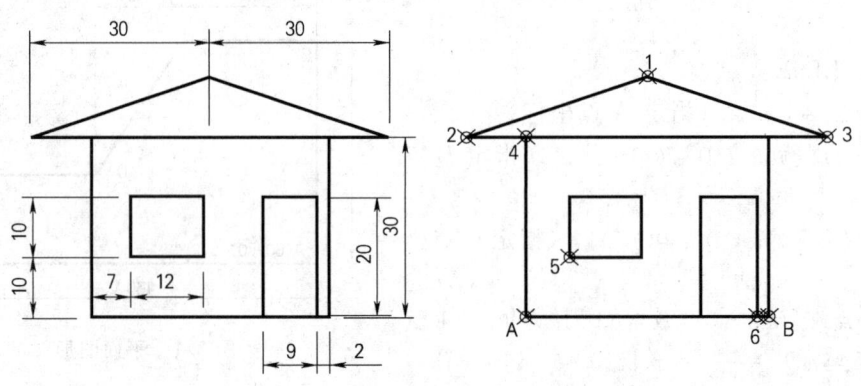

图 3.2 用直线命令绘制小屋立面

2. 矩形

(1) 命令功能。根据已知的两个角点或者长度和宽度绘制矩形。

(2) 命令调用方式。

1) 菜单方式:[绘图] → [矩形]。

2) 图标方式:▫。

3) 键盘输入方式:RECTANGLE。

(3) 操作步骤。

命令:RECTANGLE。

3.1 二维图形绘制

指定第一个角点或［倒角（C）/标高（E）/圆角（F）/厚度（T）/线宽（W）］。

选择各选项的方法有两种：一是直接输入相应的字母；二是右击，弹出快捷菜单，在快捷菜单中选取。

(4) 选项说明。

1) 指定第一角点。这是该命令的缺省项，可用光标拾取，或直接输入点的绝对坐标和相对坐标。

2) 倒角（C）。可以设置所画矩形倒角尺寸。

3) 圆角（F）。可以设置所画矩形圆角的半径。

4) 标高（E）。可以设置三维矩形的高度。

5) 厚度（T）。可以设置三维矩形的厚度。

6) 线宽（W）。可以设置构成矩形的直线宽度，其默认值为0。

【例3.2】 绘制圆角矩形，绘制第一角点（20,30），第二角点（80,60），圆角半径为5，直线宽度为1 的矩形。所绘图形如图3.3所示。

单击绘图工具栏上的"矩形"命令按钮。

指定第一个角点或［倒角（C）/标高（E）/圆角（F）/厚度（T）/线宽（W）］：F（确定绘制圆角矩形）

指定矩形的圆角半径〈缺省值〉：5（确定矩形圆角半径为5）

指定第一个角点或［倒角（C）/标高（E）/圆角（F）/厚度（T）/线宽（W）］：W（选择设置矩形线宽）

指定矩形的线宽〈缺省值〉：1（设置矩形线宽为1）

指定第一个角点或［倒角（C）/标高（E）/圆角（F）/厚度（T）/线宽（W）］：20,30（矩形第一个角点坐标输入）

指定另一个角点：80,60（矩形第二个角点坐标输入，从而确定一个矩形）

3. 多边形

(1) 命令功能。绘制 3～1024 条边正多边形，正多边形的大小可由与其内接、外切圆的半径或者以边的长度来确定。

(2) 命令调用方式。

1) 菜单方式：［绘图］→［正多边形］。

2) 图标方式：⬟。

3) 键盘输入方式：POLYGON（POL）

图3.3 绘制矩形实例

(3) 操作步骤。

命令：_ POLYGON 。

输入边的数目〈4〉：

输入要绘制的多边形的边数后，AutoCAD继续提示：

指定正多边形中心点或［边（E）］：

(4) 选项说明。

1) 指定正多边形中心点。输入正多边形中心点后，AutoCAD继续提示：

输入选项［内接于圆（I）/外切于圆（C）]〈I〉：

内接于圆（I）——可以绘制与圆内接的正多边形。

47

外切于圆（C）——可以绘制与圆外切的正多边形。

确定选项后，AutoCAD 继续提示：

指定圆的半径：

输入半径后，系统会假设由一圆心为指定的中心点，以指定半径为半径的圆，所绘制的正多边形与该圆内接或外切。例如，绘制指定假想内接圆或外切圆的正六边形，如图 3.4 所示。

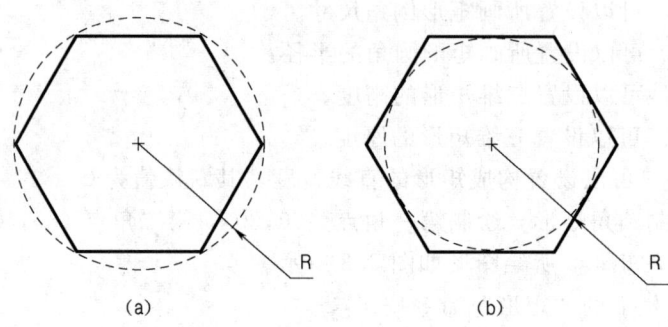

图 3.4　通过假想圆绘制正六边形

2) 边（E）。选择该选项后，AutoCAD 继续提示：

指定边的第一个端点：

指定要绘制的多边形的某一条边的第一个端点后，AutoCAD 继续提示：

指定边的第二个端点：指定要绘制的多边形的某一条边的第二个端点后，AutoCAD 会以两个端点的连线作为多边形的一条边，并按指定的边数沿逆时针方向绘制多边形。

【例 3.3】　绘制图 3.5 所示边长为 50 的正五边形。

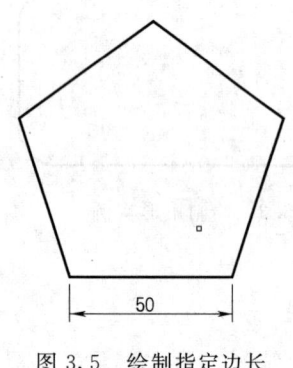

图 3.5　绘制指定边长正五边形

命令：POL。

输入边的数目〈6〉：5（确定做正五边形）

指定正多边形的中心点或［边（E）］：e（确定用"边"的选项作图）

指定边的第一个端点：鼠标单击一点作为边的起点。

指定边的第二个端点：50（直接输入距离 50，确定边长为 50，即可形成正五边形）

4. 射线

(1) 命令功能。绘制一条一端无限延长的直线，它不受缩放的影响，可用作绘图过程的辅助线。

(2) 命令调用方式。

1) 菜单方式：［绘图］→［射线］。

2) 键盘输入方式：RAY。

(3) 操作步骤。

命令：_RAY。

指定起点：

当指定射线的起始位置后，AutoCAD 继续提示。

指定通过点：

与构造线一样，可以通过指定多个通过点来绘制多条射线，所有的射线都具有相同的起点。

【例3.4】 使用构造线和射线绘制如图3.6所示图形中的辅助线。

操作步骤如下：

（1）单击绘图工具栏上的"构造线"命令按钮。

（2）指定点或［水平（H）/垂直（V）/角度（A）/二等分（B）/偏移（O）］：H↙

（3）指定通过点：在绘图窗口单击一点，绘制一条水平构造线。

（4）指定通过点：↙

（5）单击绘图工具栏上的"构造线"命令按钮。

（6）指定点或［水平（H）/垂直（V）/角度（A）/二等分（B）/偏移（O）］：H↙

（7）指定通过点：在绘图窗口单击一点，绘制一条垂直构造线。

（8）指定通过点：↙

（9）选择"工具"→"草图设置"菜单，打开"草图设置"对话框，在"极轴追踪"选项卡中，勾选"启用极轴追踪"，然后在"增量角"的下拉列表框中选择"30"，并单击"确定"按钮，如图3.7所示。

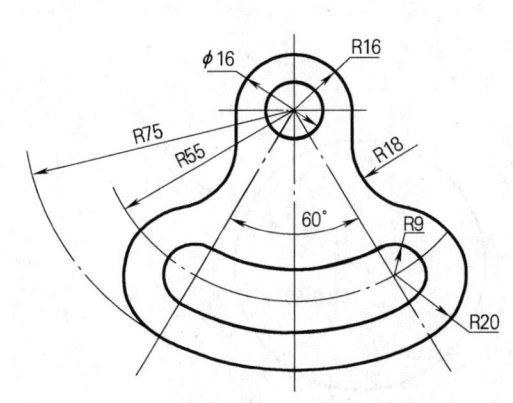

图3.6 样条曲线的调整点显示

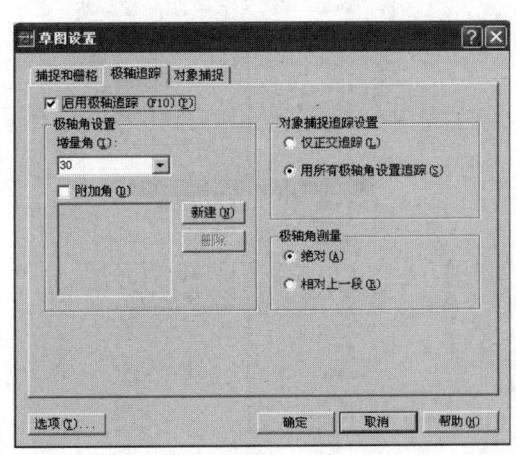

图3.7 "草图设置"对话框

（10）选择"绘图"→"射线"菜单。

（11）指定通过点：单击水平构造线与垂直构造线的交点O，然后移动光标，此时将显示跟踪线，并显示跟踪参数。等到跟踪参数显示为"极轴：300.0000＜300°"（前面的长度可以是任意值）时单击，绘制一条射线，如图3.8所示。

（12）指定通过点：移动光标，此时将显示跟踪线，并显示跟踪参数。等到跟踪参数显示为"极轴：300.0000＜240°"（前面的长度可以是任意值）时单击，绘制另外一条射线，如图3.8所示。

（13）指定通过点：↙

（14）关闭绘图窗口，并保存图形。

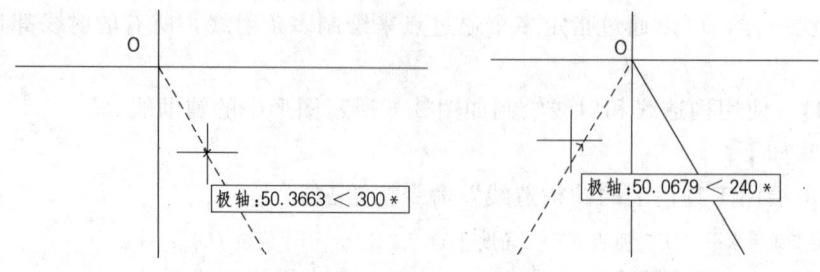

图 3.8 绘制另一条射线

3.1.2 曲线类对象的绘制

3.1.2.1 圆

1. 命令调用方式

(1) 菜单方式：[绘图]→[圆]（图 3.9）。

(2) 图标方式：。

(3) 键盘输入方式：CIRCLE（C）。

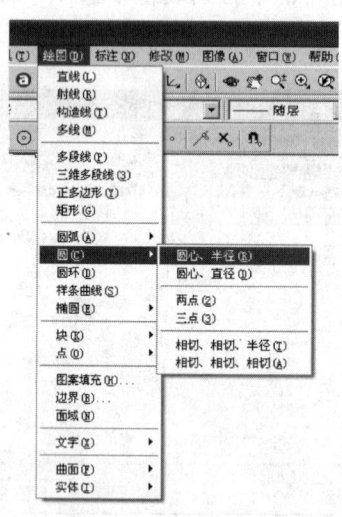

图 3.9 用下拉菜单绘制圆

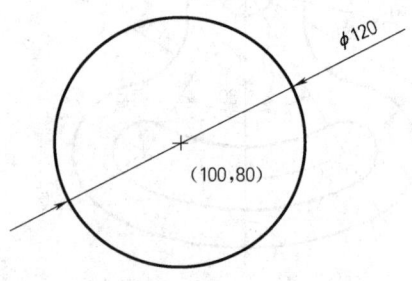

图 3.10 绘制圆

2. 命令操作

AutoCAD 2007 提供了 6 种绘制圆的方法。如图 3.9 中下拉菜单所示，下面分别介绍。

(1) 圆心、半径法。下面以图 3.10 为例介绍圆的画法。具体操作如下：

命令：CIRCLE。

指定圆的圆心或 [三点（3P）/两点（2P）/相切、相切、半径（T）]：100，80↙

指定圆的半径或 [直径（D）]：60↙

(2) 圆心、直径法。还以图 3.10 为例介绍圆的画法。具体操作如下：

命令：CIRCLE。

指定圆的圆心或 [三点（3P）/两点（2P）/相切、相切、半径（T）]：100，80↙

指定圆的半径或[直径（D）]：D✓
指定圆的直径：120✓

（3）三点法。以图 3.11 为例说明其画法。具体操作如下：
命令：CIRCLE。
指定圆的圆心或[三点（3P）/两点（2P）/相切、相切、半径（T）]：3p✓
指定圆上的第一个点：50，50✓
指定圆上的第二个点：100，100✓
指定圆上的第三个点：150，50✓

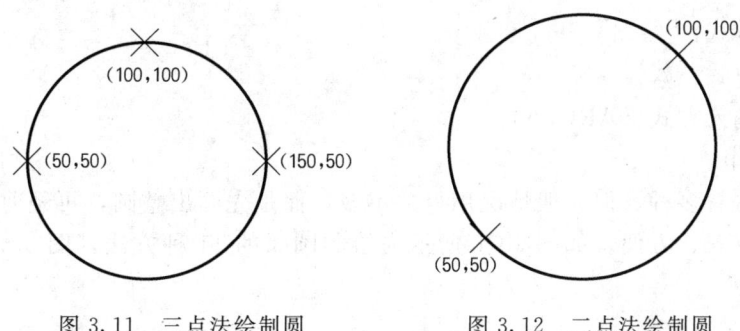

图 3.11 三点法绘制圆　　　　图 3.12 二点法绘制圆

（4）两点法。以图 3.12 为例说明其画法。具体操作如下：
命令：CIRCLE。
指定圆的圆心或[三点（3P）/两点（2P）/相切、相切、半径（T）]：2p✓
指定圆直径的第一个端点：50，50✓
指定圆直径的第二个端点：100，100✓

（5）相切、相切、半径法。以图 3.13 为例说明其画法。具体操作如下：
命令：CIRCLE。
指定圆的圆心或[三点（3P）/两点（2P）/相切、相切、半径（T）]：T✓
指定对象与圆的第一个切点：（选择第一个相切实体圆 O_1）
指定对象与圆的第二个切点：（选择第二个相切实体圆 O_2）
指定圆的半径，〈44.4197〉：40✓

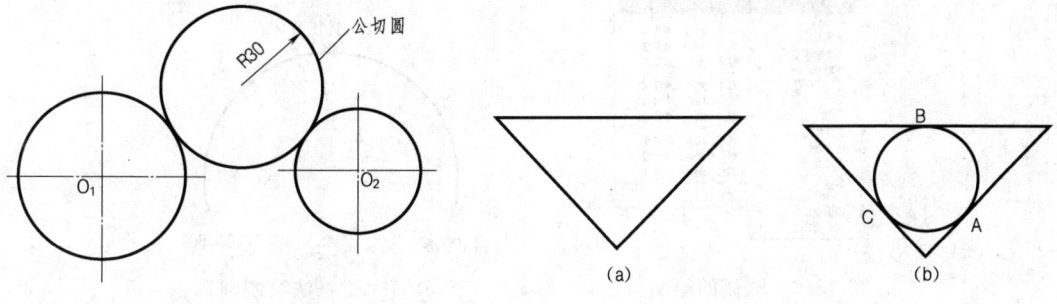

图 3.13 相切、相切、半径法绘制圆　　　　图 3.14 绘制图
　　　　　　　　　　　　　　　　　　　　　（a）原图；（b）完成

（6）相切、相切、相切法。以绘制如图 3.14 所示与三条直线相内切的圆为例。具体

操作如下：

命令：CIRCLE。

指定圆的圆心或［三点（3P）/两点（2P）/相切、相切、半径（T）］：3p↙

指定圆上的第一个点：_tan 到　（利用捕捉方式选择与圆相切的第一条直线）

指定圆上的第二个点：_tan 到　（利用捕捉方式选择与圆相切的第二条直线）

指定圆上的第三个点：_tan 到　（利用捕捉方式选择与圆相切的第三条直线）

3.1.2.2 圆弧

1. 命令调用方式

(1) 菜单方式：［绘图］→［圆弧］。

(2) 图标方式：

(3) 键盘输入方式：ARC(A)。

2. 命令操作

圆弧的画法有多种，但一般情况用得并不多，而是先画出整圆，再经剪断处理生成圆弧则显得更加直观、方便。如图 3.16 所示为绘制圆弧的 11 种方法，图 3.15 为几种绘制圆弧的方式。

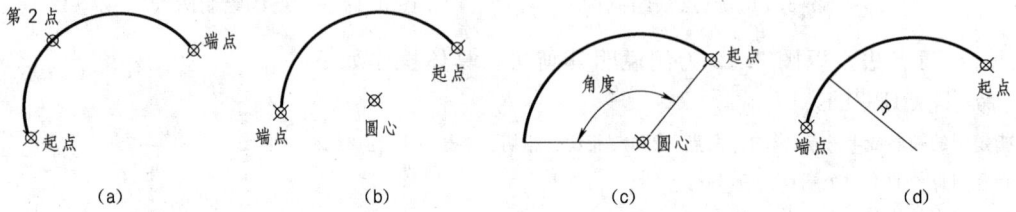

图 3.15　绘制圆弧几种方式

（a）三点（默认）；(b) 圆心、起点、端点；(c) 圆心、起点、角度；(d) 起点，端点，半径

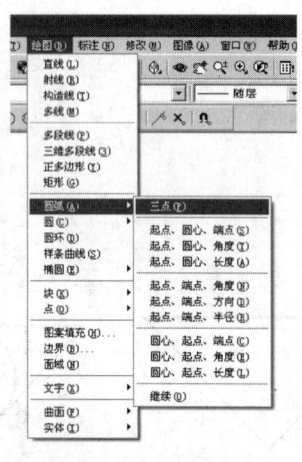

图 3.16　圆弧的绘制方法

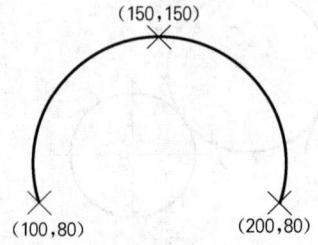

图 3.17　三点法绘制圆弧

下面介绍最常用的三种绘制圆弧的方法。

(1) 三点法。以绘制如图 3.17 所示的圆弧为例。具体操作如下：

命令：ARC。

指定圆弧的起点或[圆心(C)]：100，80↙

指定圆弧的第二个点或[圆心(C)/端点(E)]：150，150↙

指定圆弧的端点：200，80↙

（2）起点、端点、半径法。具体操作如下：

命令：ARC。

指定圆弧的起点或[圆心(C)]：220，100↙

指定圆弧的第二个点或[圆心(C)/端点(E)]：E↙

指定圆弧的端点：100，100↙

指定圆弧的圆心或[角度(A)/方向(D)/半径(R)]：R↙

指定圆弧的半径：90↙

结果绘出如图3.18所示的凸圆弧。

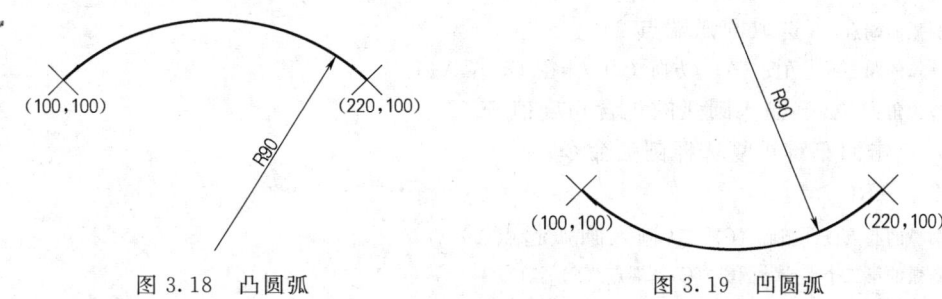

图3.18 凸圆弧　　　　　　　　图3.19 凹圆弧

如果输入的起点坐标为(100,100)，端点坐标为(220,100)，绘制出来的圆弧将如图3.19所示，这是因为AutoCAD中默认设置的圆弧正方向为逆时针方向，圆弧沿正方向生成。

（3）起点、端点、角度法。以绘制如图3.20所示的圆弧为例。具体操作如下：

命令：ARC。

指定圆弧的起点或[圆心(C)]：200，100↙

指定圆弧的第二个点或[圆心(C)/端点(E)]：E↙

指定圆弧的端点：100，100↙

指定圆弧的圆心或[角度(A)/方向(D)/半径(R)]：A↙

指定包含角：60°↙

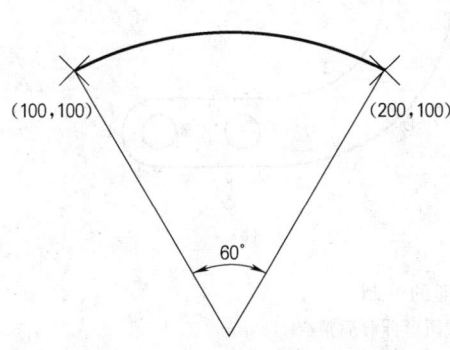

图3.20 起点、端点、角度法绘制圆弧

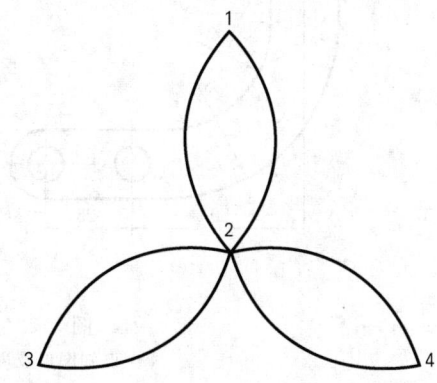

图3.21 三叶草图

3. 说明

（1）默认状态时，以逆时针画圆弧。若所画圆弧不符合需要，可以将起始点及终点倒换次序后再画。

（2）如果用回车键回答第一提问，则以上次所画线或圆弧的终点及方向作为本次所画弧的起点及起始方向。这种方法特别适用于与上次线或圆弧相切的情况。

【例 3.5】 绘制如图 3.21 所示的三叶草图。

具体操作如下：

（1）选用"起点、端点、角度"画圆弧方式。

命令：ARC。

指定圆弧的起点或 [圆心 (C)]：（选取圆弧起点 1）

指定圆弧的第二个点或 [圆心 (C) /端点 (E)]：E↙

指定圆弧的端点：（选取圆弧端点 2）

指定圆弧的圆心或 [角度 (A) /方向 (D) /半径 (R)]：A↙

指定包含角：90°↙（输入圆弧的包含角度值）

（2）点击回车键重复选择圆弧命令。

命令：ARC。

指定圆弧的起点或 [圆心 (C)]：（输入圆弧起点 2）

指定圆弧的第二个点或 [圆心 (C) /端点 (E)]：E↙

指定圆弧的端点：（输入圆弧端点 1）

指定圆弧的起点或 [角度 (A) /方向 (D) 半径 (R)]：A↙

指定包含角：90°↙（输入圆弧的包含角度值）

完成一片叶子的绘制。

（3）依此类推，绘制第二片、第三片叶子的绘制。

说明：所画圆弧是逆时针画弧。

【例 3.6】 按如图 3.22 所示尺寸，完成平面图形的绘制。

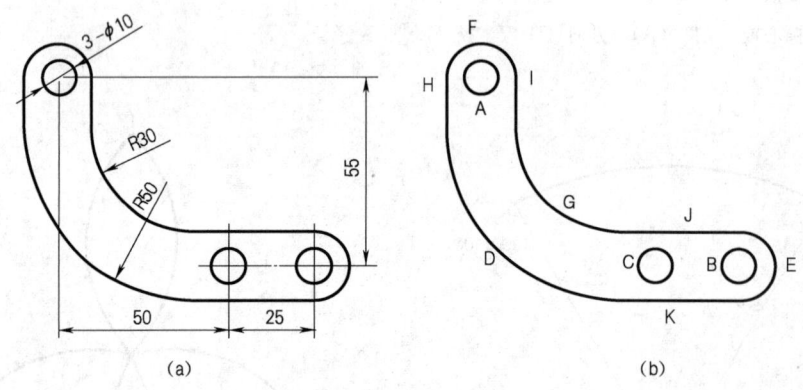

图 3.22 平面图形的绘制

(a) 已知图形及尺寸；(b) 图形分解后情况

（1）操作方法。首先根据已知图形进行图形的分解，该图形可分解由 A、B 和 C 圆，

D、E、F 和 G 圆弧，H、I、J、K 直线三部分构成。之后可按三部分的情况分别进行绘制。

(2) 具体操作。

1) 绘制 A、B、C 3 个圆

命令：CIRCLE。

指定圆的圆心或 [三点 (3P) /两点 (2P) /相切、相切、半径 (T)]：20，75✓

指定圆的半径或 [直径 (D)]＜5.0000＞：D✓

指定圆的直径〈10.0000〉：✓

命令：CIRCLE。

指定圆的圆心或 [三点 (3P) /两点 (2P) /相切、相切、半径 (T)]：@75，−55✓

指定圆的半径或 [直径 (D)]〈5.0000〉：✓

命令：CIRCLE。

指定圆的圆心或 [三点 (3P) /两点 (2P) /相切、相切、半径 (T)]：@−25，0✓

指定圆的半径或 [直径 (D)]〈5.0000〉：✓

2) 绘制 D、E、F、G 四段圆弧。

命令：ARC。

指定圆弧的起点或 [圆心 (C)]：C✓

指定圆弧的圆心：60，60✓

指定圆弧的起点：10，60✓

指定圆弧的端点或 [角度 (A) /弦长 (L)]：60，10✓

命令：ARC。

指定圆弧的起点或 [圆心 (C)]：95，10✓

指定圆弧的第二个点或 [圆心 (C) /端点 (E)]：E✓

指定圆弧的端点：95，30✓

指定圆弧的圆心或 [角度 (A) /方向 (D) /半径 (R)]：R✓

指定圆弧的半径：10✓

命令：ARC。

指定圆弧的起点或 [圆心 (C)]：10，75✓

指定圆弧的第二个点或 [圆心 (C) /端点 (E)]：E✓

指定圆弧的端点：30，75✓

指定圆弧的圆心或 [角度 (A) /方向 (D) /半径 (R)]：A✓

指定包含角：−180✓

命令：ARC。

指定圆弧的起点或 [圆心 (C)]：C✓

指定圆弧的圆心：60，60✓

指定圆弧的起点：30，60✓

指定圆弧的端点或 [角度 (A) /弦长 (L)]：60，30✓

3) 画 H、I、J、K 四段直线段。

命令：LINE。

指定第一点：10，75✓

指定下一点或［放弃（U）］：10，60 ✓
指定下一点或［放弃（U）］： ✓
命令：LINE。
指定第一点：30，75 ✓
指定下一点或［放弃（U）］：30，60 ✓
指定下一点或［放弃（U）］： ✓
命令：LINE。
指定第一点：60，30 ✓
指定下一点或［放弃（U）］：95，30 ✓
指定下一点或［放弃（U）］： ✓
命令：LINE。
指定第一点：60，10 ✓
指定下一点或［放弃（U）］：95，10 ✓
指定下一点或［放弃（U）］： ✓
结果如图 3.22（b）所示。

3.1.2.3 椭圆

1. 命令功能

绘制椭圆或椭圆弧。

2. 命令调用方式

（1）菜单方式：［绘图］→［椭圆］。

（2）图标方式：。

（3）键盘输入方式：ELLIPSE。

3. 操作步骤

命令：ELLIPSE。

指定椭圆轴的端点或［圆弧（A）/中心点（C）］：

4. 选项说明

（1）指定椭圆轴的端点。指定椭圆上某轴的一个端点后，AutoCAD 继续提示：

指定轴的另一端点：

指定轴的另一个端点后，AutoCAD 继续提示：

指定另一条半轴的长度或［旋转（R）］：

1）指定另一条半轴的长度。输入另一轴的长度值或者用光标点取距离，都可绘制出椭圆并结束命令。

2）旋转（R）。选择该选项后，AutoCAD 继续提示：

指定绕长轴旋转的角度：

根据椭圆生成原理：圆绕其一条直径旋转一定角度后的投影即是椭圆。作为轴的这条直径就是椭圆的长轴。当旋转角度为 0°时，就是圆。当旋转角度为 90°时，是一条直线。输入角度范围为 0°～89.4°，随着角度的增加，椭圆越来越扁。

这种绘制椭圆的方法如图 3.23（a）所示。

（2）中心点（C）。选择该选项后，AutoCAD 继续提示：

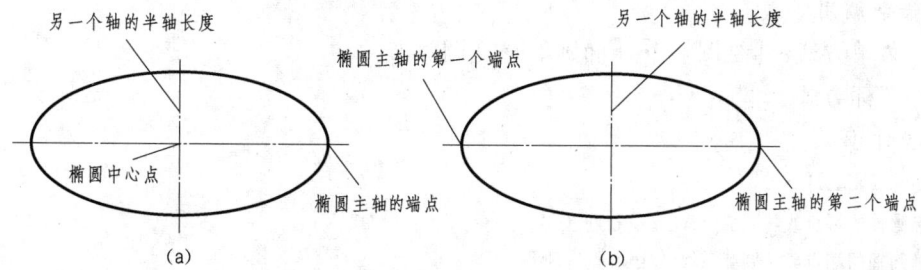

图 3.23 椭圆的绘制方法

指定椭圆中心点：

椭圆的中心点确定后，椭圆的位置就随之确定。此时，只要再为两轴各确定一个端点，便可确定椭圆的形状。AutoCAD 继续提示：

指定轴的端点：（指定椭圆某一轴的一个端点）

指定椭圆某一轴的一个端点后，AutoCAD 继续提示：

指定另一条半轴的长度或［旋转（R）］：

回答与上述相同。

这种绘制椭圆的方法如图 3.23（b）所示。

（3）圆弧（A）。此选项用于绘制椭圆弧。它需要先画出椭圆再截取一段弧，因而开始的提示及应答与绘制椭圆一样。AutoCAD 提示：

指定椭圆轴的端点或［圆弧（A）/中心点（C）］：

指定轴的另一端点：

指定另一条半轴的长度或［旋转（R）］：

上述命令用于绘制一个椭圆，当椭圆确定后，AutoCAD 继续提示：

指定起始角度或［参数（P）］：

1）指定起始角度。输入起始角度后，AutoCAD 继续提示：

指定终止角度或［参数（P）/包含角度（I）］：

a. 输入终止角后，将画出起始角至终止角之间（逆时针为正）的椭圆弧。

b. 指定包含角后，则画出自起始角开始包含指定角度（逆时针为正）的椭圆弧。

2）选择参数（P）选项时，AutoCAD 提示：

指定起始参数或［角度（A）］：

指定终止参数或［角度（A）/包含角度（I）］：

参数的作用仍然是用来计算椭圆弧的起始角和终止角。

一般而言，绘制椭圆弧需要确定一系列参数，比较烦琐，所以应用机会不多，实际绘图时，往往通过编辑修改椭圆来得到满足要求的椭圆弧。

3.1.2.4 椭圆弧

绘制椭圆弧的途径与绘制椭圆相同。它需要先画出一个母体椭圆，然后再指定起始角与终止角或者指定起始角与夹角来截取一段弧。

1. 命令功能

绘制一段椭圆弧。

2. 命令调用方式

(1) 菜单方式：[绘图]→[椭圆]→[圆弧]。

(2) 图标方式：。

3. 操作步骤

命令：ELLIPSE。

指定椭圆轴的端点或[圆弧（A）/中心点（C）]：

指定椭圆轴的端点或[圆弧（A）/中心点（C）]：

指定轴的另一端点：

指定另一条半轴的长度或[旋转（R）]：

指定终止角度或[参数（P）/包含角度（I）]：

指定起始参数或[角度（A）]：

指定终止参数或[角度（A）/包含角度（I）]：

可见，此命令与椭圆命令中的"圆弧（A）"相同。

3.1.2.5 圆环

1. 命令功能

绘制实心或空心的圆或圆环。

2. 命令调用方式

(1) 菜单方式：[绘图]→[圆环]。

(2) 键盘输入方式：DONUT（DO）。

3. 操作步骤

命令：DONUT。

指定圆环的内径〈10〉：输入圆环的内径。如果内径值设为0，则绘制的圆环为填充的实心圆。

指定圆环的外径〈20〉：输入圆环的外径后在绘图区光标处会出现一个满足指定内径和外径的没有填充的圆环。

指定圆环的中心点：此时可以给定圆环的中心位置，如果直接按回车键，会退出圆环的绘制命令。给定圆环的中心位置后，AutoCAD会不断提示：

指定圆环的中心点：

在该提示下可以绘制多个相同的圆环，直到按下回车键，退出圆环的绘制命令为止。

4. 圆环的填充控制

圆环是否填充，可以用FILL命令来控制。

命令：FILL。

输入模式[开（ON）/关（OFF）]〈开〉：系统默认值为"开"。此时如果输入"OFF"，则可取消填充方式，在此之后绘制多个相同的圆环，便不再有填充。如图3.24所示。

  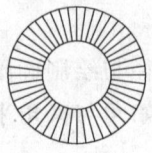

图 3.24 圆环和实心圆

3.1.2.6 样条曲线

1. 命令功能

绘制一条平滑相连的样条曲线。

2. 命令调用方式

(1) 菜单方式：[绘图] → [样条曲线]。

(2) 图标方式：～。

(3) 键盘输入方式：SPLINE (SPL)。

3. 操作步骤

命令：SPLINE。

指定第一个点或 [对象 (O)]：

4. 选项说明

(1) 指定第一个点。输入第一点后，出现一橡皮筋线，并提示：

指定下一点：

指定下一点或 [闭合 (C) /拟合公差 (F)] 〈起点切向〉：

1) 按回车键或右键确认，则结束线段控制点的选择，并提示：

指定起点切向：

如选择一点，则起点至该点的方向就决定了起点切向。直接回车则以第一点至第二点的方向决定起点切向。AutoCAD 继续提示：

指定端点切向：

如选择一点，则末端点至该点的方向就决定了终点切向。直接回车则以最后一点至倒数第二点的方向决定终点切向。

2) 下一点。拾取下一点后，则下一段加入样条曲线，再拾取一点又加入一段。直至退出命令。

3) 闭合 (C) 选项。选择该选项后，AutoCAD 用第一段样条的起点作为最后一段样条的终点并结束样条曲线的绘制。然后提示：

指定切向：

可以选择一点决定闭合点处的切向，也可直接回车，由 AutoCAD 计算切向。

4) 拟合公差 (F)。拟合公差用于控制样条曲线对数据点的接近程度，拟合公差的大小对当前图形有效。拟合公差越小，样条曲线越接近数据点，如为 0，表明样条曲线精确通过数据点。如图 3.25 所示。

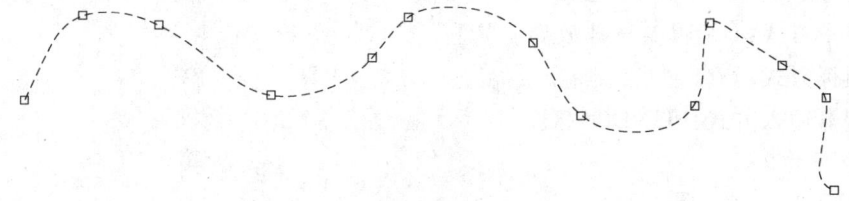

图 3.25　样条曲线示例

(2) 对象 (O)

此选项用于将经过样条曲线拟合的多义线变成样条曲线。

3.2 二维图形编辑

3.2.1 构建选择集的方式

AutoCAD 具有高效的图形编辑功能,而要对对象进行编辑,首先必须准确便捷地选择需要编辑的对象:

1. 点选

用光标点取要选择的对象。

2. 窗口(Window)

从左至右拉出选择窗口,则被窗口完全框选住的所有对象被选择,图形有任何一部分在窗外都不能被选中。

3. 窗交(Crossing)

从右至左拉出选择窗口,则被窗口完全框选住或者窗口边框接触到的所有对象被选择。

3.2.2 删除命令

1. 命令功能

使用删除命令可以删除图形中的所选对象。

2. 命令调用方式

(1) 菜单方式:[修改]→[删除]。

(2) 图标方式: 。

(3) 键盘输入方式:ERASE (E)。

3. 命令操作

命令:ERASE↙。

选择对象:↙

4. 说明

当应用删除命令删除对象时,可以采用多种方法选择对象。

3.2.3 取消命令

1. 命令功能

使用取消命令可以逐步取消本次进入绘图状态后的操作。

2. 命令调用方式

(1) 菜单方式:[编辑]→[放弃]。

(2) 图标方式: 。

(3) 键盘输入方式:UNDO (U)。

3. 命令操作

命令:Undo。

输入要放弃的操作数目或[自动(A)/控制(C)/开始(BE)/结束(E)/标记(M)/后退(B)]〈1〉:

4. 说明

(1) UNDO 命令对于同时打开的多个图形文件具有独立性,即使用撤消命令只能对当前图形文件所进行的操作有效。

（2）可以在命令行中输入"U"，"U"命令是 UNDO 命令的单个使用方式没有命令选项，它撤销的只是上一次操作。

（3）UNDO 命令具有多个功能，现将各个功能介绍如下。

1）输入要放弃的操作数目：输入一个正数表示撤销相应数目的命令操作。与输入相同次数的"U"命令的效果相同。

2）自动（A）：打开和关闭自动功能。

3）控制（C）：限制"U"或"UNDO"的使用次数。

4）开始（BE）、结束（E）：使用"开始"和"结束"选项可以放弃一组预先定义的操作。

5）标记（M）、后退（B）："标记"和"后退"两个行期通常配合使用，使用"标记"选项可以在绘图过程中设置标记，使用"后退"选项可取消在"标记"后所作的操作，返回至标记处。

3.2.4 重作命令

1. 命令功能

使用重作命令可以恢复使用 UNDO 命令或 U 命令撤销的操作。

2. 命令调用方式

（1）菜单方式：［编辑］→［重作］。

（2）图标方式：。

（3）键盘输入方式：REDO。

3. 命令操作

命令：REDO。

4. 说明

重作命令无任何选项，执行 REDO 命令后，刚刚用 UNDO 命令放弃的结果立即被恢复。REDO 命令必须紧跟在 U 或 UNDO 命令后面执行，且只能对最近执行的 UNDO 命令起作用。

3.2.5 复制对象命令

1. 命令功能

使用复制对象命令可以在当前图形中复制单个或多个对象，而且可以在图形文件间或图形文件与其他 Windows 应用程序间进行复制。

2. 命令调用方式

（1）菜单方式：［修改］→［复制］。

（2）图标方式：。

（3）键盘输入方式：COPY。

3. 命令操作

命令：COPY。

选择对象：（选择要复制的实体）

指定基点或位移，或者［重复（M）］：（定"基点"）

指定位移的第二点或〈用第一点作位移〉：（给定位移第二点或用鼠标导向直接给距离）

结果如图 3.26（a）所示。
4. 选项：
要复制的对象选择完毕后选项有：

（1）基点和位移。如果以回车键确定位移的第二点，则 AutoCAD 2007 将基点的坐标作为复制的相对位移。即已拾取的基点坐标或是输入的基点坐标作为相对位移量。

（2）多重（M）。缺省方式为单个复制。回应 M 可以对所选目标进行多次复制，如图 3.26（b）所示。

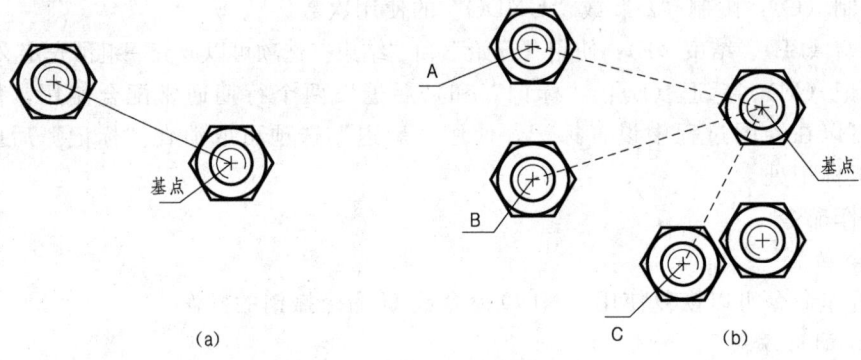

图 3.26 复制命令
（a）单个复制示例；（b）多重复制示例

3.2.6 镜像命令

制图中经常遇到对称图形，可以只画 1/2 甚至 1/4 的图形，再使用镜像复制得到完全图形，达到事半功倍的目的。

1. 命令功能

使用镜像命令可以对选择的对象作镜像处理，生成两个相对镜像线完全对称的对象，原始对象可以保留，也可以删除。

2. 命令调用方式

（1）菜单方式：［修改］→［镜像］。

（2）图标方式：。

（3）键盘输入方式：MIRROR（MI）。

3. 操作步骤

命令：MIRROR。

选择对象：

选取某一个或几个对象后，AutoCAD 继续提示：

指定镜像线的第一点：拾取镜像线上 A 点；

指定镜像线的第二点：拾取镜像线上 B 点。

AutoCAD 继续提示：

是否删除对象？［是（Y）/否（N）］〈N〉：

默认选项为"否（N）"，按回车键或者右键确认即可完成操作；如果只需要得到新出现的源对象，选择"是（Y）"按回车键或者右键确认即可。

镜像命令的操作如图 3.27 所示。

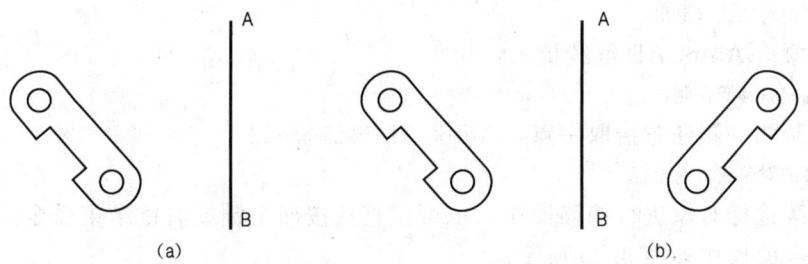

图 3.27 用镜像命令复制图形
(a) 镜像前的图形；(b) 镜像后的图形

【例 3.7】 使用镜像命令绘制如图 3.28（c）所示的图形。

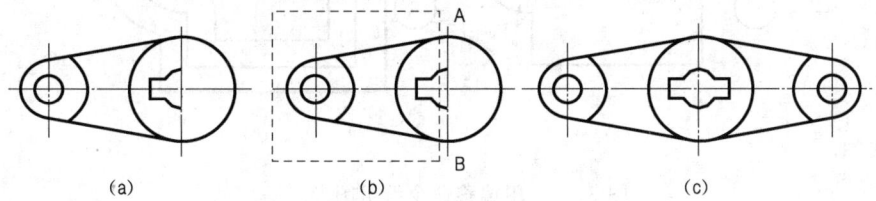

图 3.28 用镜像命令绘制图形

操作步骤如下：
（1）先用已学过的绘图和编辑命令绘制出如图 3.28（a）所示的图形。
（2）单击修改工具栏上的"镜像"命令按钮 。
（3）选择对象：用窗口选择方式选取要创建镜像的对象，如图 3.28（b）所示。
（4）指定镜像线的第一点：拾取中心线上 A 点。
（5）指定镜像线的第二点：拾取中心线上 B 点。
（6）是否删除对象？[是（Y）/否（N）]〈N〉：↙
即可得到如图 3.28（c）所示的图形。

3.2.7 偏移命令

1. 命令功能

使用偏移命令可以对指定的直线、二维多段线、圆弧、圆和椭圆等对象作相似复制，即可复制生成平行直线和多段线以及同心的圆弧、圆和椭圆等。

2. 命令调用方式
（1）菜单方式：[修改] → [偏移]。
（2）图标方式： 。
（3）键盘输入方式：OFFSET。

3. 操作步骤
命令：OFFSET。
指定偏移距离或 [通过（T）]：

4. 选项说明
（1）指定偏移距离。可用鼠标在屏幕上指定两点作为偏移距离或输入偏移距离值。

AutoCAD 继续提示：

选择要偏移的对象或〈退出〉：

选择对象后 AutoCAD 继续提示：

指定点以确定偏移所在侧：

在要复制的一侧任意拾取一点，AutoCAD 继续提示：

选择要偏移的对象或〈退出〉：

可以继续选择对象进行偏移操作，也可以直接按回车键或右键结束命令。

偏移命令的操作如图 3.29 所示。

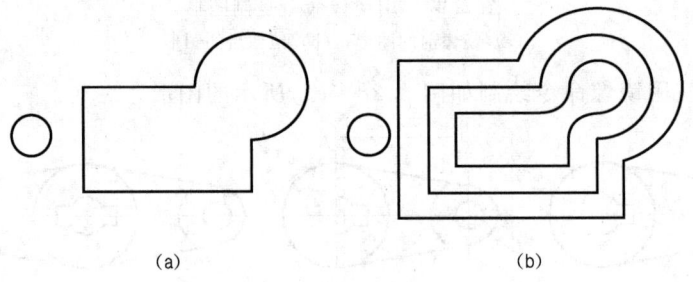

图 3.29　用偏移命令编辑图形（一）
(a) 偏移前的图形；(b) 偏移后的图形

（2）通过（T）。选择该选项后，AutoCAD 继续提示：

选择要偏移的对象或〈退出〉：

选择对象后，AutoCAD 继续提示：

指定通过点：

用鼠标在屏幕上拾取复制对象要通过的点即可。

如图 3.30 所示，可指定通过左侧小圆的圆心。

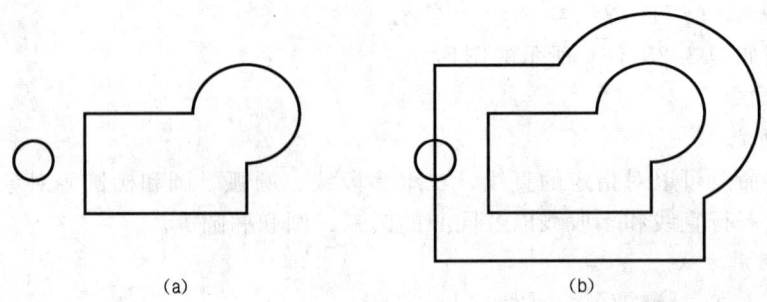

图 3.30　用偏移命令编辑图形（二）
(a) 偏移前的图形；(b) 偏移后的图形

3.2.8　阵列命令

1. 命令功能

使用阵列命令可以按矩形或环形方式多重复制对象。

2. 命令调用方式

（1）菜单方式：[修改] → [阵列]。

(2) 图标方式：。

(3) 键盘输入方式：ARRAY（AR）。

3．操作步骤

命令：ARRAY。

AutoCAD 会弹出的"阵列"对话框，如图 3.31 所示。

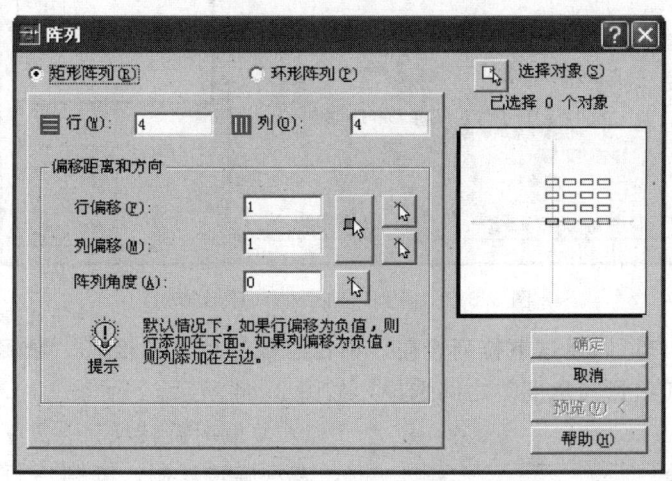

图 3.31 "阵列"对话框（矩形阵列）

在该对话框中，可以完成"矩形阵列"和"环形阵列"的设置和操作。

4．对话框说明

(1)"矩形阵列"。如图 3.31 所示，在矩形阵列的设置中，可以根据需要设置矩形阵列的行数、列数、行偏移（即行间距）、列偏移（即列间距）、阵列角度（即矩形阵列整体与 X 轴正方向的夹角），除了可以直接输入数值以外，还可以通过单击选择按钮在屏幕上指定点来确定。

需要注意的是：如果输入的行偏移和列偏移为负数，表示偏移方向为所选对象的下方或左侧。

单击右上角的"选择对象"按钮，系统会返回屏幕绘图状态，提示选择要进行阵列的对象，选择对象后按回车键，系统又回到对话框状态，可以继续进行设置。

用户可以随时在对话框的预览区内预览所选对象矩形阵列后的大致效果。如果本次设置完毕，可以单击"确定"按钮。如果要预览所选对象矩形阵列后的准确效果，可以单击"预览"按钮，这时系统会返回屏幕，在绘图区显示出矩形阵列的效果，并弹出如图 3.32 话框，用户可以根据需要选择"接受"或"修改"。

图 3.32 "阵列"对话框

(2)"环形阵列"。如图 3.33 所示在环形阵列的设置中，可以根据需要设置环形阵列的中心点、方法、项目总数（即阵列个数）、填充角度（即阵列总角度）、项目间角度（即阵列对象间的夹角）、阵列复制时是否旋转对象等，除了可以直接输入数值以外，还可以通过单击选择按钮在屏幕上指定点来确定。

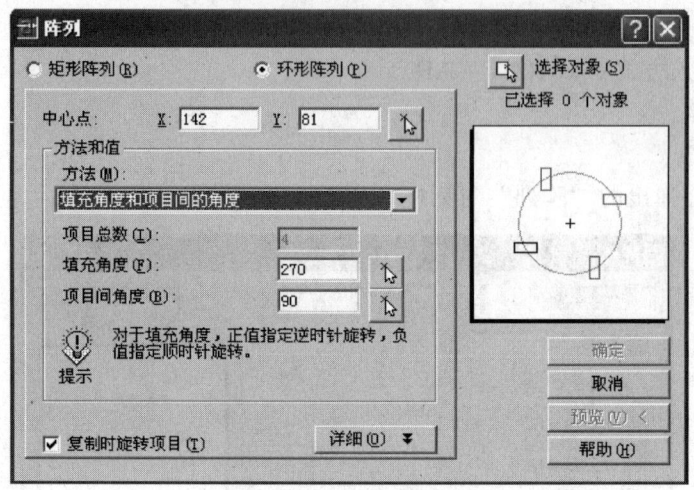

图 3.33 "阵列"对话框（环形阵列）

1）方法。用户可以通过下拉列表在"项目总数和填充角度"、"项目总数和项目间角度"、"填充角度和项目间角度"之间选择，如图 3.34 所示。

图 3.34 "方法"下拉列表框

2）复制时旋转项目（T）。如果勾选此复选框，表示旋转复制，阵列后每个实体对象的方向均朝向环形阵列的中心；如果不勾选此复选框，表示平移复制，阵列后每个实体对象均保持原实体对象的方向。

其他操作与"矩形阵列"的设置相同。

图 3.35 所示为"矩形阵列"和"环形阵列"的实例。

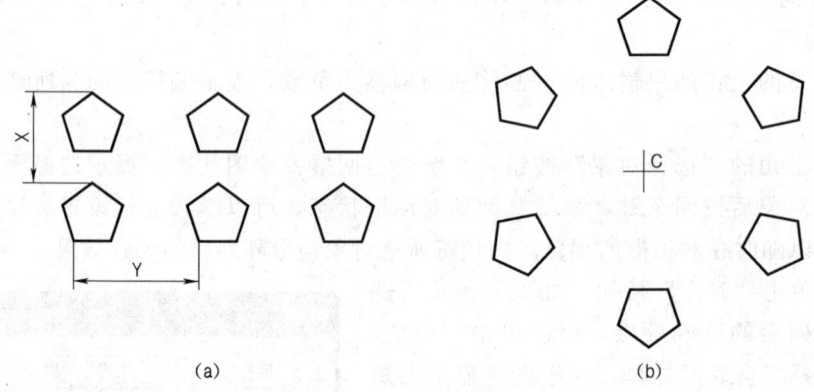

图 3.35 用阵列命令编辑图形
(a) 矩形阵列；(b) 环形阵列

【例 3.8】 使用旋转阵列命令绘制如图 3.36 所示的图形。

操作步骤如下：

（1）单击绘图工具栏上的"构造线"命令按钮，在绘图窗口中分别绘制一条水平和一条垂直构造线。

（2）单击绘图工具栏上的"圆"命令按钮⊙，并以构造线的交点为圆心，绘制半径分别为 40、60、80 的同心圆 A、B、C，如图 3.37 所示。

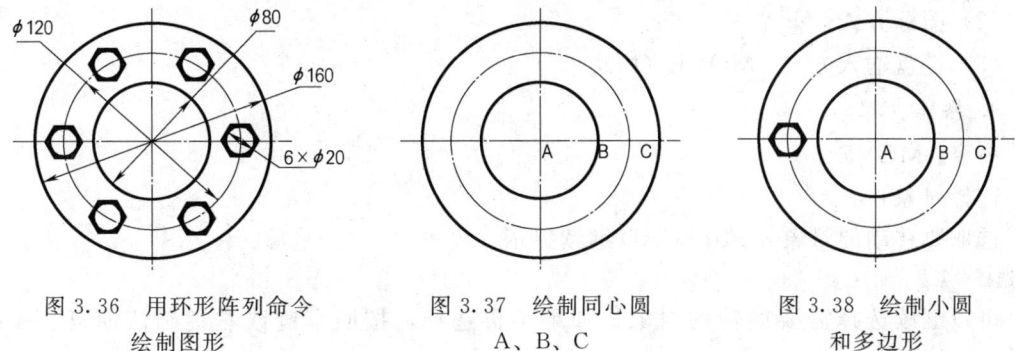

图 3.36 用环形阵列命令　　图 3.37 绘制同心圆　　图 3.38 绘制小圆
　　　绘制图形　　　　　　　　A、B、C　　　　　　　和多边形

（3）以圆 B 与水平构造线的交点为圆心，绘制一个为 10 的圆。单击绘图工具栏上的"多边形"命令按钮⬡，在命令行输入"6"（表示绘制六边形），捕捉小圆的圆心为在中心点，然后输入"C"（表示外切于圆），按回车键，输入"10"（表示内切圆的半径），如图 3.38 所示。

（4）单击修改工具栏上的"阵列"命令按钮▦，打开"阵列"对话框，选择"环形阵列"。

（5）单击"中心点"按钮后面的"拾取中心点"按钮，然后在绘图窗口中选择圆 B 的圆心。

（6）在"方法和值"设置区中选择创建方法为"项目总数和填充角度"，并设置"项目总数"为 6，"填充角度"为 360，如图 3.39 所示。

（7）单击"选择对象"按钮，然后在绘图窗口中选择六边形和内切圆，按回车键或右键确认，返回"阵列"对话框。

（8）单击"确定"按钮，关闭"阵列"对话框，阵列结果如图 3.40 所示。

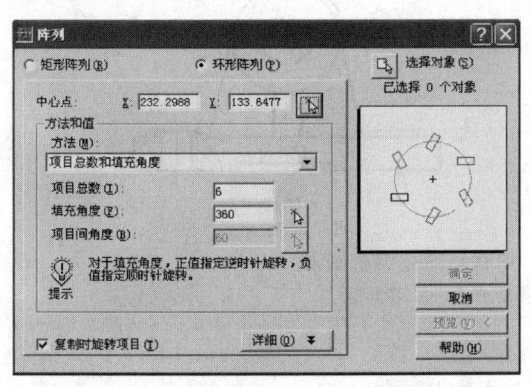　　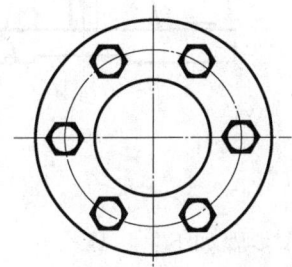

图 3.39 设置环形阵列参数　　　　　　　图 3.40 环形阵列的结果

3.2.9 移动命令

1. 命令功能

使用移动命令可以将一个或多个对象从当前位置按指定方向平移到一个新位置。

2. 命令调用方式

(1) 菜单方式：［修改］→［移动］。

(2) 图标方式：。

(3) 键盘输入方式：MOVE（M）。

3. 操作步骤

命令：MOVE。

选择对象：

选取要移动的对象。AutoCAD 继续提示：

选择对象：

可以继续选择需要旋转的对象，如果不再选择，按回车键或右键确认即可。AutoCAD 继续提示：

指定基点或位移：

可以拾取移动的起始点。AutoCAD 继续提示：

指定位移的第二点或〈用第一点作位移〉：

此时若拾取移动的第二点，则系统将所选对象按第一点和第二点之间的距离和两点连线方向作为位移进行移动；如果直接按回车键，则系统会将第一点的各坐标分量作为位移来移动对象。

【例 3.9】 使用移动命令将图 3.41（a）所示的图形从当前坐标系（0,0）移动到（-30,-22）点。

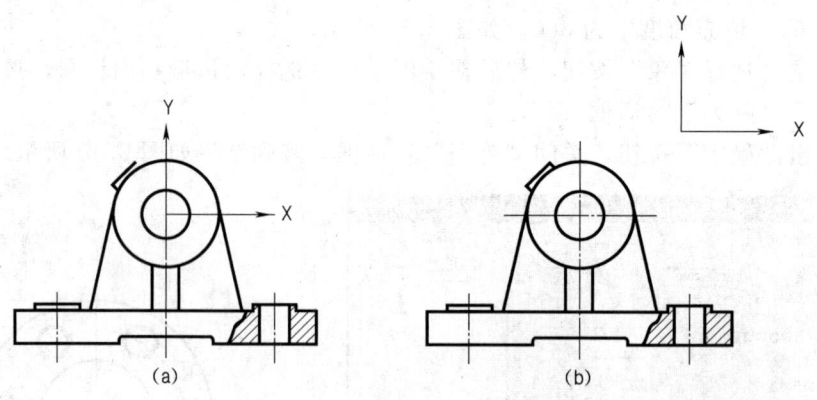

图 3.41 用移动命令编辑图形
(a) 移动前；(b) 移动后

操作步骤如下：

(1) 单击修改工具栏上的"移动"命令按钮。

(2) 选择对象：在绘图窗口中选择整个图形，按回车键或右键确认。

(3) 指定基点或位移：0，0↙

(4) 指定位移的第二点或〈用第一点作位移〉：-30，-22↙

即可将图形移动到指定位置，如图 3.41（b）所示。

3.2.10 旋转命令

1. 命令功能

使用旋转命令可以将编辑对象绕指定的基点，按指定的角度及方向旋转。

2. 命令调用方式

(1) 菜单方式：[修改]→[旋转]。

(2) 图标方式：。

(3) 键盘输入方式：ROTATE (RO)。

3. 操作步骤

命令：ROTATE。

UCS 当前的正角方向：ANGDIR＝逆时针，ANGBASE＝0（意思是当前的正角度方向为逆时针方向，零角度方向为 X 轴方向）。

选择对象：

选取某一个对象，例如在图 3.42（a）中选择三角形和圆。AutoCAD 继续提示：

选择对象：

可以继续选择需要旋转的对象，如果不再选择，按回车键或右键确认即可。AutoCAD 继续提示：

指定基点：

拾取 A 点为旋转基点。AutoCAD 继续提示：

指定旋转角度或 [参照 (R)]：

各选项说明如下：

(1) 指定旋转角度。如在图 3.42（a）中要求将圆和三角形绕 A 点逆时针旋转 45°，则输入"45"。

按回车键或右键确认，结束旋转操作。命令执行结果如图 3.42（b）所示。

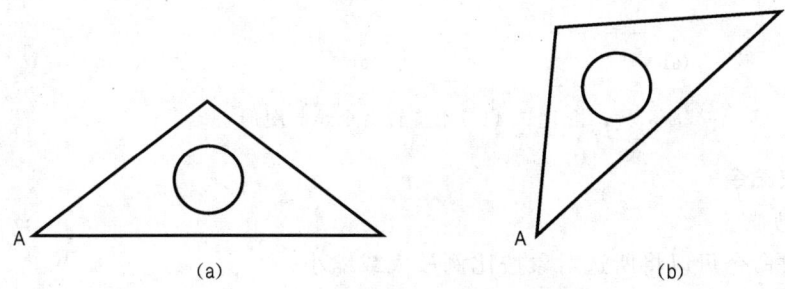

图 3.42　用旋转命令编辑图形
(a) 旋转前；(b) 旋转后

(2) 参照 (R)。在此提示下以 R 响应，AutoCAD 继续提示：

指定参考角：

可以输入参考方向的角度值，或者用鼠标拾取两点所确定的直线与 X 轴的夹角为参考方向角。AutoCAD 继续提示：

指定新角度：

输入相对参考方向的角度，按回车键或右击确认，结束旋转操作。此执行结果实际旋转的角度值是：新角度—参考角度。

【例 3.10】 使用旋转命令将图 3.43（a）所示图形的右边部分旋转 60°，如图 3.43（b）所示。

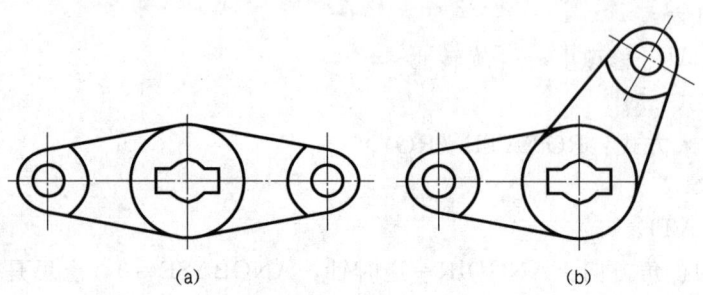

图 3.43 旋转图形

操作步骤如下：

(1) 单击修改工具栏上的"旋转"命令按钮。

(2) 选择对象：用窗口选择方式选取要创建镜像的对象，如图 3.44（a）所示。

(3) 指定基点：拾取圆心 A 点为旋转基点，如图 3.41（b）所示。

(4) 指定旋转角度或 [参照（R）]：60↙

即可得到如图 3.44（c）所示的图形。

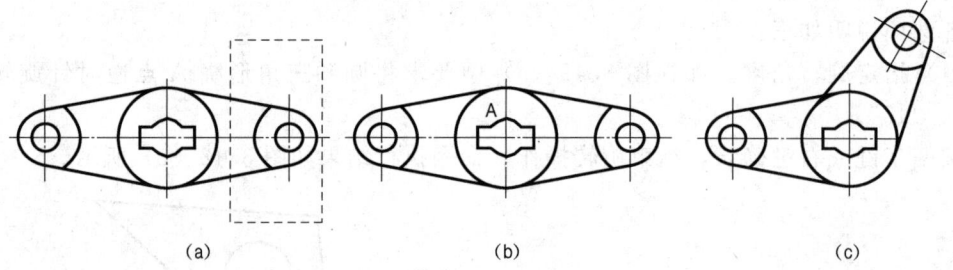

图 3.44 用旋转命令绘制图形

3.2.11 缩放命令

1. 命令功能

使用缩放命令可以将所选对象按比例放大或缩小。

2. 命令调用方式

(1) 菜单方式：[修改] → [缩放]。

(2) 图标方式： 。

(3) 键盘输入方式：SCALE（SC）。

3. 操作步骤

命令：SCALE。

选择对象：

选择要缩放的图形对象。AutoCAD 继续提示：

3.2 二维图形编辑

选择对象：

可以继续选择需要缩放的图形对象，如果不再选择，按回车键或右键确认即可。AutoCAD继续提示：

指定基点：

拾取某一点为缩放基点。AutoCAD继续提示：

指定比例因子或［参照（R）］：

各选项说明如下：

（1）指定比例因子。比例因子就是缩放的系数，比例因子大于1时将放大对象，比例因子大于0小于1时将缩小对象。输入比例因子后按回车键或右键确认，结束缩放操作。

【例3.11】 使用旋转命令将图3.45（a）所示的图形缩小为一半。

操作步骤如下：

（1）单击修改工具栏上的"缩放"命令按钮。

（2）选择对象：在绘图窗口中选择整个图形，按回车键或右键确认。

（3）指定基点：拾取圆心A点为旋转基点。

（4）指定比例因子或［参照（R）］：0.5↙

即可得到如图3.45（b）所示的图形。

（2）参照（R）。选择该选项后，AutoCAD继续提示：

指定参照长度：

可以输入一个参照长度值，或者用光标直接拾取两点。AutoCAD继续提示：

指定新长度：

可以输入一个新长度值，或者拖动光标确定缩放的新尺寸。系统自动以新长度值除以参照长度值作为比例因子对图形进行缩放。

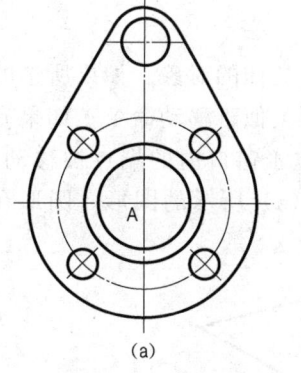  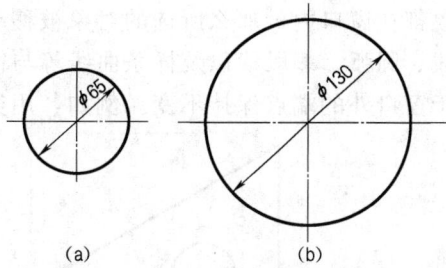

图3.45 用缩放命令编辑图形
(a) 缩放前；(b) 缩放后

图3.46 用缩放命令编辑有尺寸标注的图形
(a) 缩放前；(b) 缩放后

必须注意的是：在缩放对象时，如果其中含有尺寸标注，只要在选择对象时将尺寸标注一起选中，则在缩放操作完成之后能自动修正其尺寸数值。如图3.46（a）所示要求圆形放大一倍，命令执行结果如图3.46（b）所示。

3.2.12 拉伸命令

1. 命令功能

使用拉伸命令可以拉伸、缩短、移动对象,编辑过程中除被拉伸、缩短的对象外,其他图元之间的几何关系将保持不变。

2. 命令调用方式

(1) 菜单方式:[修改]→[拉伸]。

(2) 图标方式:。

(3) 键盘输入方式:STRETCH (STR)。

3. 操作步骤

命令:STRETCH。

以交叉窗口或交叉多边形选择要拉伸的对象。

选择对象:

选取某一个对象后 AutoCAD 提示:

找到一个

选择对象:

可以继续选择需要拉伸的对象,如果不再选择,按回车键或右键确认即可。AutoCAD 继续提示:

指定基点或位移:

可以拾取拉伸的起始点,AutoCAD 继续提示。

指定位移的第二点或〈用第一点作位移〉:

此时若拾取拉伸的第二点,则系统将所选对象按第一点和第二点之间的距离和两点连线方向作为位移进行拉伸;如果直接按回车键,则系统会将第一点的各坐标分量作为位移来拉伸对象。

4. 注意

在拉伸对象时,只能用交叉窗口或交叉多边形的方法选择要拉伸的对象。如果所选的对象都在窗口内,那么所选的对象被移动,这时拉伸命令的功能类似于移动命令;如果有直线、圆弧、多段线以及样条曲线等与窗口的边界相交,那么位于窗口内的端点被移动,位于窗口外的端点保持不变。例如,用交叉窗口选择如图 3.47 (a) 所示的图形,圆形在

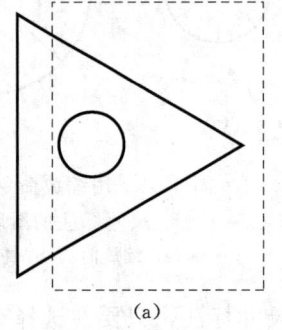
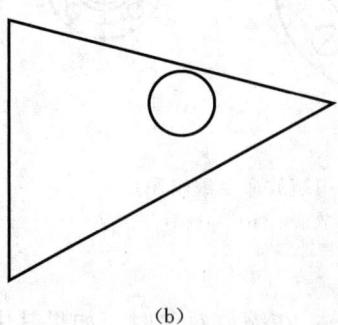

(a)   (b)

图 3.47 用拉伸命令编辑图形

(a) 拉伸前;(b) 拉伸后

窗口内，三角形两条斜边与窗口的边界相交，三角形的竖直边在窗口外，命令执行结果是：圆形移动，三角形两条斜边拉伸变形，三角形的竖直边不动，如图 3.47（b）所示。

【例 3.12】 使用拉伸命令拉伸如图 3.48（a）所示的图形。

操作步骤如下：

(1) 单击修改工具栏上的"拉伸"命令按钮。

(2) 选择对象：用交叉窗口选择要拉伸的图形部分，按回车键或右键确认。如图 3.48（b）所示。

(3) 指定基点或位移：拾取圆心 A 点为拉伸基点。

(4) 指定位移的第二点或〈用第一点作位移〉：拾取 C 点为位移点。

拉伸结果如图 3.48（c）所示。

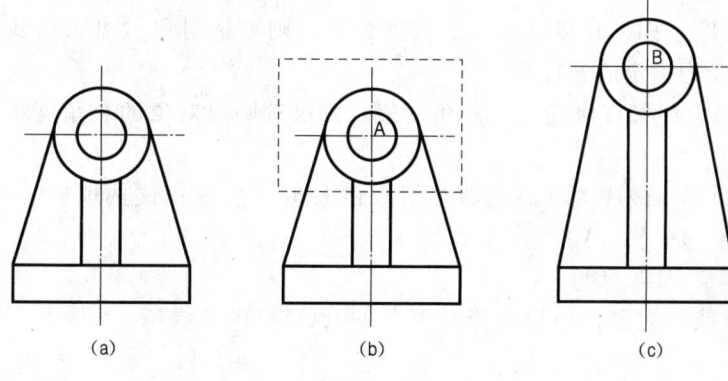

图 3.48 拉伸图形

3.2.13 拉长命令

1. 命令功能

使用拉长命令可以改变线段的长度，或改变圆弧的长度和圆心角，但不改变圆弧的半径。

2. 命令调用方式

(1) 菜单方式：［修改］→［拉长］。

(2) 图标方式：。

(3) 键盘输入方式：LENGTHEN。

3. 操作步骤

命令：LENGTHEN。

选择对象或［增量（DE）/百分数（P）/全部（T）/动态（DY）］

4. 选项说明

(1) 选择对象。当选择一个线段对象后，AutoCAD 显示其长度值；若选择一个圆弧对象后，AutoCAD 则显示其长度值（弧长）和角度值（圆心角），且上述提示继续出现。

(2) 增量（DE）。该选项以输入的数值（长度或角度）为增量来改变对象的长度。当以 DE 响应后，AutoCAD 提示：

输入长度增量或［角度（A）］：

1) 输入长度增量。如果直接输入一长度数值,则被选对象(可以是线段也可以是圆弧)按指定的长度增量在离拾取点近的一端变长或变短。

2) 角度(A)。如果输入一角度值,则被选圆弧对象按指定的角度值在离拾取点近的一端变长或变短。输入值(长度或角度)为正时对象变长,为负时变短。

(3) 百分数(P)。该选项以百分比改变对象的长度。当选择该选项后,AutoCAD 提示:

输入长度百分数:

若输入一个大于 100(实际为大于 100%)的数,则对象在离拾取点近的一端变长;反之,则变短。

(4) 全部(T)。该选项使对象按指定的长度或角度改变。当选择该选项后,Auto-CAD 提示:

指定总长度或[角度(A)]:

1) 输入总长度。如果直接输入一总长度数值,则被选对象(可以是线段也可以是圆弧)的总长度将变为指定的长度值。

2) 角度(A)。如果直接输入一总角度值,则被选圆弧对象的总角度将变为指定的角度值。

(5) 动态(DY)。该选项动态地改变对象的长度。当选择该选项后,AutoCAD 继续提示:

选择要修改的对象或[放弃(U)]:

1) 选择要修改的对象。可以选择对象,AutoCAD 继续提示:

指定新端点:

拖动光标确定对象的新长度。

2) 放弃(U)。取消上一次的操作。

【例 3.13】 使用拉长命令拉长如图 3.49(a)所示的图形的水平中心线。

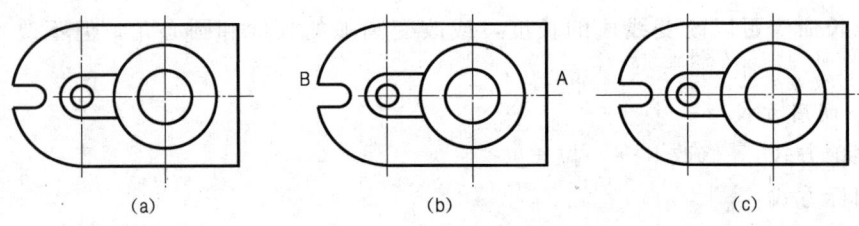

图 3.49 拉长对象

操作步骤如下:

(1) 单击修改工具栏上的"拉长"命令按钮。

(2) 选择对象或[增量(DE)/百分数(P)/全部(T)/动态(DY)]:T↙

(3) 指定总长度或[角度(A)]:依次拾取 A 点和 B 点,即以 AB 线段的长度为总长,如图 3.49(b)所示。

(4) 选择要修改的对象或[放弃(U)]:拾取水平中心线。

(5) 选择要修改的对象或[放弃(U)]:↙

命令执行结果如图 3.49(c)所示。

3.2.14 延伸命令

1. 命令功能

使用延伸命令可以延长所选定的对象，使其准确地到达指定的对象（或边界）。作为边界的对象可以是直线、圆弧、圆、椭圆弧、多段线、射线、构造线、文字和区域等。

2. 命令调用方式

（1）菜单方式：［修改］→［拉长］。

（2）图标方式：。

（3）键盘输入方式：EXTEND（EX）。

3. 操作步骤

命令：EXTEND。

当前设置：投影＝UCS，边＝无（当前延伸操作设置）。

选择边界的边…

选择对象：

这里选择的是作为边界的对象。当选取某一个对象后 AutoCAD 提示：

找到一个   AutoCAD 继续提示：

选择对象：

可以继续选择作为边界的对象，如果不再选择，按回车键或右击确认即可。AutoCAD 继续提示：

选择要延伸的对象，按住 SHIFT 键选择要修剪的对象，或［投影（P）/边（E）/放弃（U）］：

4. 选项说明

（1）选择要延伸的对象。选择需要延伸的对象后，该对象即可延伸到作为边界的对象上。并且 AutoCAD 连续提示：

选择要延伸的对象，按住 SHIFT 键选择要修的对象，或［投影（P）/边（E）/放弃（U）］：

可以继续选择需要延伸的对象，如果不再选择，按回车键或右击确认即可结束延伸命令。

（2）按住 SHIFT 键选择要修剪的对象。这是 AutoCAD 2007 新增加的功能，因为修剪命令和延伸命令应用频率很高，所以 AutoCAD 2007 软件设计可以用 SHIFT 键在这两个命令之间切换，而不用退出命令运行，即在延伸命令的执行过程中也能完成修剪操作，其操作过程与修剪命令相同。

（3）投影（P）。用以确定延伸操作的空间。选择此项后，AutoCAD 提示：

输入投影选项［无（N）/UCS（U）/视图（V）］：

1）无（N）：按三维关系延伸，即只有在三维空间中实际相交的对象才能延伸。

2）UCS（U）：在当前 UCS 的 XOY 平面上延伸，即按投影关系延伸在三维空间中并不相交的对象。

3）视图（V）：在当前视图平面上延伸。

AutoCAD 默认项为 UCS。这 3 个选项在平面图形的编辑操作中没有区别。

（4）边（E）。用以确定延伸的模式。选择此项后，AutoCAD 提示：

输入隐含边延伸模式［延伸（E）/不延伸（N）］：

1) 延伸（E）：延伸与短的边界不能相交的对象至边界延长线。
2) 不延伸（N）：按边界实际位置延伸，即不延伸与短的边界不能相交的对象。
在两种模式下延伸命令的执行结果如图 3.50 所示。

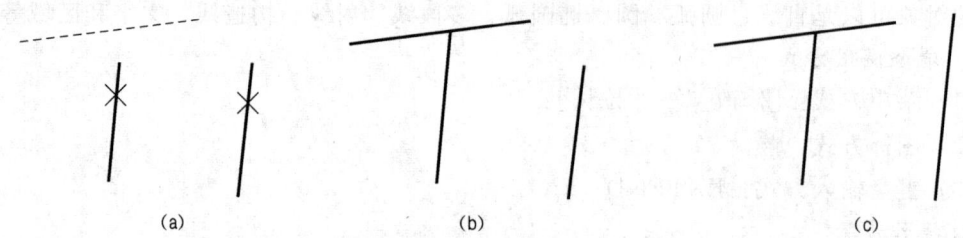

图 3.50　用延伸命令编辑图形
(a) 延伸前；(b) 在"不延伸"模式下延伸；(c) 在"延伸"模式下延伸

（5）放弃（U）。在延伸对象过程中可以随时使用该选项取消上一次的操作。

5．注意

（1）选择要延伸的对象时，应将拾取框靠近延伸边界的那一端来选择实体目标。

（2）延伸命令可以用于延伸尺寸标注，并且操作完成后能自动修正其尺寸值，如图 3.51 所示。

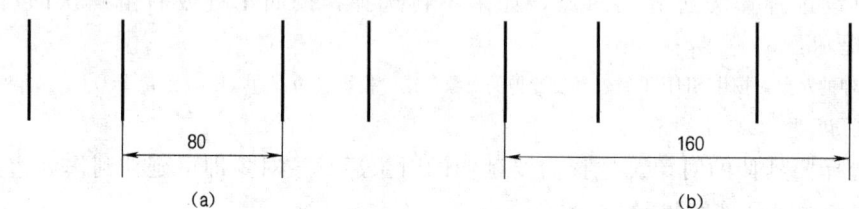

图 3.51　用延伸命令编辑尺寸标注
(a) 延伸前；(b) 延伸后

（3）直线可以延伸到切点，如图 3.52 所示。

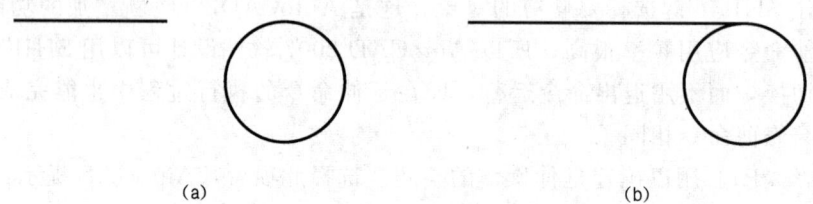

图 3.52　直线延伸到切点
(a) 延伸前；(b) 延伸后

（4）如果选择了多个边界，那么拾取要延伸的对象后，被延伸的对象首先延伸到离它最近的边界上，再次拾取，被延伸的对象继续延伸到离它次近的边界上，依次类推。

3.2.15　打断命令

1．命令功能

使用打断命令可以把选定的对象实体进行部分删除，或把它断开为两个实体。该命令可以操作的对象有：直线、圆弧、圆、宽度线、椭圆、构造线、射线和圆环等。

2. 命令调用方式

(1) 菜单方式：[修改]→[打断]。

(2) 图标方式：。

(3) 键盘输入方式：BREAK（BR）。

3. 操作步骤

命令：BREAK。

选择对象：

此时点选拾取对象，此点被作为第一打断点。AutoCAD 继续提示：

指定第二个打断点或 [第一点 (F)]：

4. 选项说明

(1) 指定第二个打断点。

1) 在此提示下，若直接在对象上拾取了第二个断点，则位于两个断点之间的那部分对象被删除（对象若为圆或弧，则沿逆时针方向从第一断点至第二断点之间的那段弧被删除）。

2) 若在对象的一端之外拾取了第二个点，则位于两个拾取点之间的那部分对象被删除。

3) 若键入"@"，表示指定的第二断点与第一断点是同一点，则将对象在第一断点出一分为二。

(2) 第一点 (F)。当选择该选项后，则重新确定第一打断点。AutoCAD 继续提示：

指定第一个打断点：

指定第二个打断点：

3.2.16 修剪命令

1. 命令功能

使用修剪命令可以将所选对象的一部分切断或切除。

2. 命令调用方式

(1) 菜单方式：[修改]→[修剪]。

(2) 图标方式：。

(3) 键盘输入方式：TRIM（TR）。

3. 命令操作

命令：TRIM。

当前设置：投影=UCS，边=无。

选择剪切边…

选择对象：

选择要修剪的对象，或 [投影 (P) /边 (E) /放弃 (U)]：

4. 选项说明

当 AutoCAD 提示选择剪切边时，按回车键，然后即可选择待修剪的对象。在两个或更多相交对象中，先选一个或若干对象作为边界，再选其他对象作为被切对象，则被切对象在与边界交点处被切断,靠近选择点的部分被切除。

(1) 要修剪的对象:指定待修剪对象。AutoCAD 重复修剪对象的提示,所以可以修剪多个对象。

(2) 投影:指定修剪对象时 AutoCAD 使用的"投影"模式。

(3) 边:确定修剪对象的位置,是在剪切边的延伸处,还是在与它在三维空间中相交的对象处。

(4) 放弃:放弃最近作的一次修改。

【例 3.14】 应用 TRIM 命令修剪图 3.53 (a),修剪结果如图 3.53 (b) 所示。

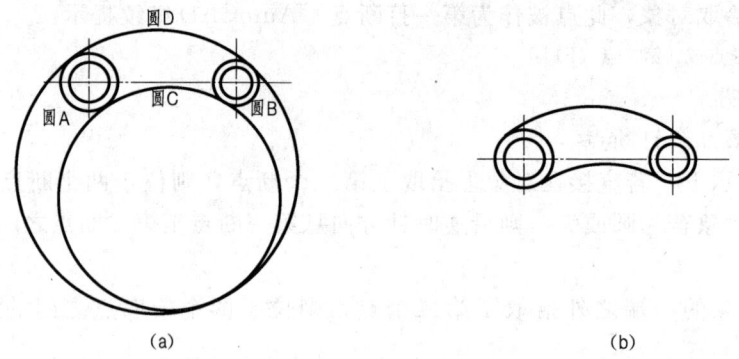

图 3.53 TRIM 实例
(a) 原图;(b) 剪切完成

命令操作如下。

命令:TRIM。

当前设置:投影=UCS,边=无。

选择剪切边…

选择对象:找到 1 个(选择圆 A 作为剪切边界)。

选择对象:找到 1 个,总计 2 个(选择圆 B 作为剪切边界)。

选择对象:

选择要修剪的对象,按住 Shift 键选择要延伸的对象,或[投影(P)/边(E)/放弃(U)]:(选择要修剪的对象圆 C)

选择要修剪的对象,按住 Shift 键选择要延伸的对象,或[投影(P)/边(E)/放弃(U)]:(选择要修剪的对象圆 D)

选择要修剪的对象,按住 Shift 键选择要延伸的对象,或[投影(P)/边(E)/放弃(U)]:↙结果如图 3.54 (b) 所示。

3.2.17 倒角命令

1. 命令功能

使用倒角命令可以在一对相交直线或多段线上按指定的距离或角度构造倒角,即将两个不平行的对象用直线相连。

2. 命令调用方式

(1) 菜单方式:[修改]→[倒角]。

(2) 图标方式：。

(3) 键盘输入方式：CHAMFER 或 CHA。

3. 操作步骤

命令：CHAMFER。

("修剪"模式) 当前倒角距离 1=10.0000，距离 2=10.0000（当前设置信息）

选择第一条直线或 [多段线（P）/距离（D）/角度（A）/修剪（T）/方法（M）]：

4. 选项说明

(1) 选择第一条直线。此时用点选方式拾取第一条直线。AutoCAD 继续提示：

选择第二条直线：

在此提示下选择要和第一条直线构造圆角的另一条直线，AutoCAD 按当前设置值对它们进行倒角处理。

(2) 多段线（P）。该选项可实现对二维多段线构造倒角。AutoCAD 继续提示：

选择二维多段线：

注意：对于一个多段线对象而言，倒角的大小必须一致。

(3) 距离（D）。该选项用以确定倒角距离。倒角距离指的是倒角的两个角点与两条直线的交点之间的距离，如图 3.54（a）所示。在构造倒角时，可以先响应此选项重新指定倒角距离，AutoCAD 提示：

指定第一个倒角距离〈10.0000〉：（输入第一个倒角距离）

选择第二个倒角距离〈10.0000〉：（输入第二个倒角距离）

选择第一条直线或 [多段线（P）/距离（D）/角度（A）/修剪（T）/方法（M）]：

可以继续选择要构造倒角的对象。

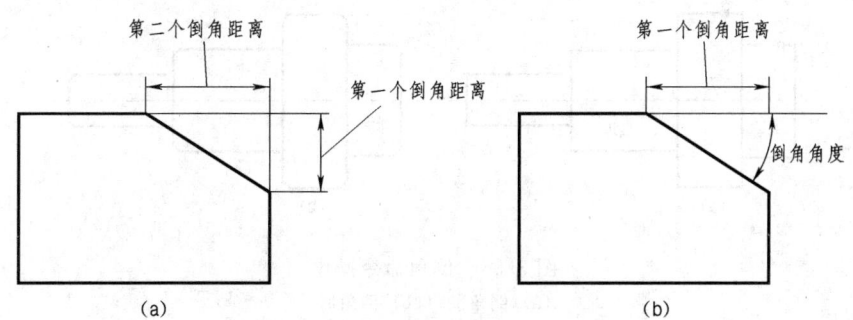

图 3.54 倒角距离和角度
(a) 倒角距离值；(b) 倒角距离和角度值

(4) 角度（A）。该选项用以确定第一条直线的倒角距离和角度，如图 3.54（b）所示。在构造倒角时，也可以先响应此选项，来重新指定倒角距离和角度，AutoCAD 继续提示：

指定第一条直线的倒角长度〈10.0000〉：（输入第一条直线的倒角长度）

指定第一条直线的倒角角度〈45〉：（输入第一条直线的倒角角度）

选择第一条直线或 [多段线（P）/距离（D）/角度（A）/修剪（T）/方法（M）]：

可以继续选择要构造倒角的对象。

(5) 修剪（T）。倒角设置模式有两种：修剪模式和不修剪模式。该选项用以改变构造倒角的设置模式。AutoCAD 提示：

输入修剪模式选项 [修剪（T）/不修剪（N）]：

选择"不修剪（N）"为不修剪模式；选择"修剪（T）""T"为修剪模式。

在两种模式下倒角命令的执行结果如图 3.55 所示。

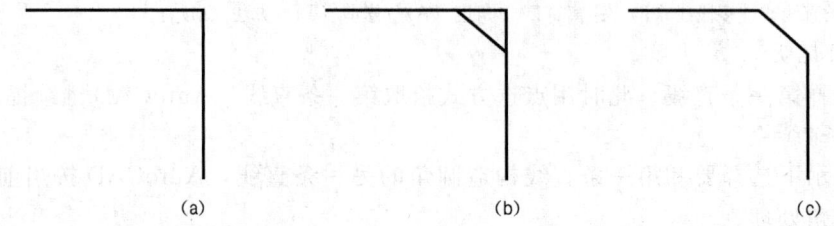

图 3.55　倒角修剪模式和不修剪模式的比较
(a) 倒角连接前；(b) 不修剪模式；(c) 修剪模式

(6) 方法（M）。该选项用以确定按"距离"方法或"角度"方法构造倒角。AutoCAD 提示：

输入修剪方法 [距离（D）/角度（A）]：

选择"距离（D）"为用"距离"方法构造倒角，选择"角度（A）"为用"角度"方法构造倒角。

【例 3.15】　应用倒角命令将图 3.56（a）中直角变成图 3.56（b）中倒角距离为 2 的斜角。

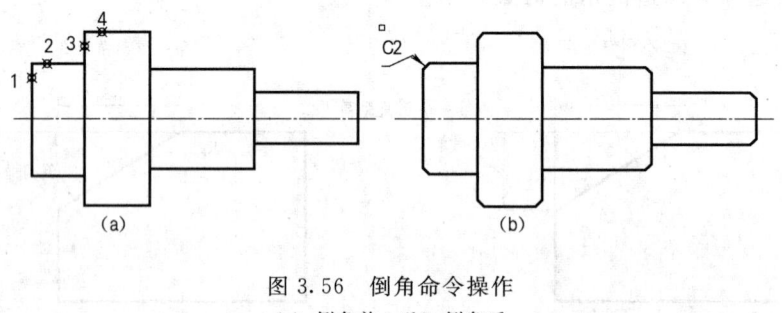

图 3.56　倒角命令操作
(a) 倒角前；(b) 倒角后

命令：CHA 或 CHAMFER

（"修剪"模式）当前倒角距离 1=0.0000，距离 2=0.0000

选择第一条直线或 [放弃（U）/多段线（P）/距离（D）/角度（A）/修剪（T）/方式（E）/多个（M）]：d（设置新的倒角距离）。

指定第一个倒角距离 〈0.0000〉：2（设置第一个倒角距离为 2）

指定第二个倒角距离 〈2.0000〉：↙（设置第二个倒角距离为 2）

选择第一条直线或 [放弃（U）/多段线（P）/距离（D）/角度（A）/修剪（T）/方式（E）/多个（M）]：m（启用一次倒多个角）。

选择第一条直线或 [放弃（U）/多段线（P）/距离（D）/角度（A）/修剪（T）/方式（E）/多个（M）]：选

择边1。

选择第二条直线，或按住Shift键选择要应用角点的直线：选择边2，倒第一个角。

选择第一条直线或[放弃（U）/多段线（P）/距离（D）/角度（A）/修剪（T）/方式（E）/多个（M）]：选择边3。

选择第二条直线，或按住Shift键选择要应用角点的直线：选择边4，倒第二个角。

……

依次选择需要倒角的两条边。

3.2.18 圆角命令

1．命令功能

使用圆角命令可以按指定半径在选定的两个实体对象（直线、圆弧、圆、椭圆、多段线、射线和构造线等）之间构造圆角，即用一个圆弧来光滑的连接两个对象，如果被圆角连接的两对象位于同一图层，圆角弧线创建于该层，反之，圆角弧线在当前层并具有当前层的颜色、线型和线宽等。

2．命令调用方式

(1) 菜单方式：[修改]→[圆角]。

(2) 图标方式：。

(3) 键盘输入方式：FILLET（F）。

3．操作步骤

命令：FILLET。

当前设置：模式＝修剪，半径＝10.0000（当前设置的信息）。

选择第一个对象或[多段线（P）/半径（R）/修剪（T）]：（选择第一条线）

选择第二个对象，或按住Shift键选择要应用角点的对象：（选择第二条线）

4．选项说明

(1) 选择第一个对象。此时用点选方式拾取第一个对象。AutoCAD继续提示：

选择第二个对象：

在此提示下选择要和第一个对象构造圆角的另一个对象，AutoCAD按当前设置值对它们进行圆角处理。

(2) 多段线（P）。该选项可实现对二维多段线的顶点构造圆角。AutoCAD继续提示：

选择二维多段线：

注意：对于一个多段线对象而言，圆角的半径必须一致。

(3) 半径（R）。该选项用以确定圆角半径。特别要注意：在构造圆角时，一般需先响应此项重新指定圆角半径，AutoCAD提示：

指定圆角半径〈10.0000〉：输入圆角半径后，按回车键或右击确认，AutoCAD继续提示：选择第一个对象或[多段线（P）/半径（R）/修剪（T）]：

可以继续选择要构造圆角的对象。

(4) 修剪（T）。圆角设置模式有两种：修剪模式和不修剪模式。该选项用以改变构造圆角的设置模式。AutoCAD提示：

输入修剪模式选项[修剪(T)/不修剪(N)]:

选择"不修剪(N)"为不修剪模式;选择"修剪(T)""T"为修剪模式。

在两种模式下圆角命令的执行结果如图3.57所示。

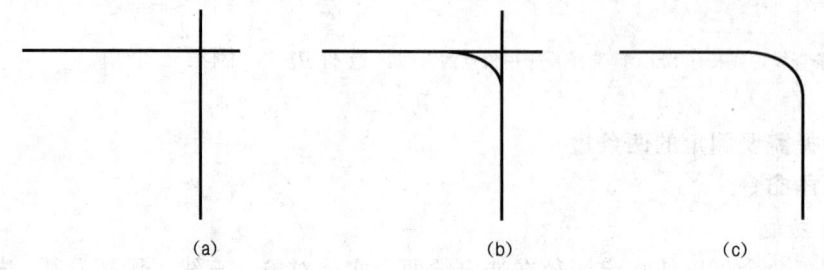

图3.57 圆角修剪模式和不修剪模式的比较
(a) 圆弧连接前;(b) 不修剪模式;(c) 修剪模式

(5) 多个(M)。选择该选项可以在同一命令下对多个边进行圆角构造,不会构造好一个圆角后就退出圆角指令。

【例3.16】 应用圆角命令将图3.58(a),进行半径为2的圆角构造,形成图3.58(b)的结果。

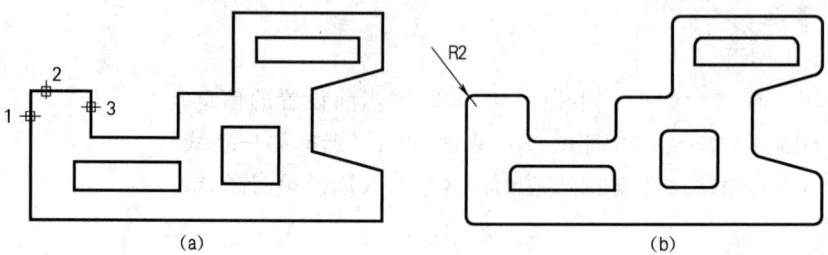

图3.58 圆角命令操作
(a) 圆角构造前;(b) 圆角构造后

命令:FILLET。

当前设置:模式=修剪,半径=0.0000。

选择第一个对象或[放弃(U)/多段线(P)/半径(R)/修剪(T)/多个(M)]:r(选择设置新的圆角半径)

指定圆角半径<0.0000>:2(设置本次圆角半径为2)。

选择第一个对象或[放弃(U)/多段线(P)/半径(R)/修剪(T)/多个(M)]:m(启用一次构造多个圆角)。

选择第一个对象或[放弃(U)/多段线(P)/半径(R)/修剪(T)/多个(M)]:在图上选择边1。

选择第二个对象,或按住Shift键选择要应用角点的对象:选择边2,构造第一个圆角。

选择第一个对象或[放弃(U)/多段线(P)/半径(R)/修剪(T)/多个(M)]:在图上选择边2。

选择第二个对象,或按住Shift键选择要应用角点的对象:选择边3,构造第二个圆角。

……

依次选择需要构造圆角的两条边。

按回车键结束命令。

3.2.19 分解

1. 命令功能

使用分解命令可以把多段线分解成各自独立的直线和圆弧等对象。

2. 命令调用方式

(1) 菜单方式：［修改］→［分解］。

(2) 图标方式：。

(3) 键盘输入方式：EXPLODE (X)。

3. 操作步骤

命令：EXPLODE。

选择对象：（选取一个对象）

选择对象： ✓ （结束）

可以继续选择要分解的对象，如果不再选择，按回车键或右键确认，选中的对象即被分解。此时从对象的外形上看不出变化，如果拾取该对象，即可看出效果。

注意：一般情况下分解命令不可以逆转，所以分解命令只有在不得不使用的情况下才被执行。

3.2.20 夹点编辑

1. 夹点状态

在 AutoCAD 中，当用户选择了某个对象后，对象的控制点上将出现一些小的蓝色正方形框，这些正方形框被称为对象的夹点（Grips）。例如，选择一个圆后，圆的四个象限点和圆心点处将出现夹点（图 3.59）。

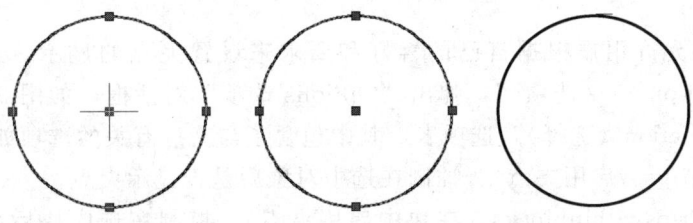

图 3.59 夹点状态

当光标经过夹点时，AutoCAD 自动将光标与夹点精确对齐，从而可得到图形的精确位置。光标与夹点对齐后单击可选中夹点，并可进一步进行移动、镜像、旋转、比例缩放、拉伸和复制等操作。

使用夹点进行编辑要先选择一个作为基点的夹点，这个被选定的夹点显示为红色实心正方形，称为基夹点，也称为热点；其他未被选中的夹点称为温点。如果选择了某个对象后，在按 Shift 键的同时再次选择该对象，则其将不处于选择状态（即不亮显），但其夹点仍然显示，这时的夹点被称为冷点。关于夹点的各种状态的例子如图 3.59 所示。

如果某个夹点处于热点状态，则按 Esc 键可以使之变为温点状态，再次按 Esc 键可取消所有对象的夹点显示。如果仅仅需要取消选择集中某个对象上的夹点显示，可按 Shift 键的同时选择该对象，使变为冷点状态；按 Shift 键的同时再次选择该对象将清除夹点。此外，如果调用 AutoCAD 其他命令时也将清除夹点。

2．使用夹点编辑对象

在 AutoCAD 中使用夹点编辑选定的对象时，首先要选中某个夹点作为编辑操作的基准点（热点）。这时命令行中将出现 STRETCH（拉伸）、MOVE（移动）、ROTATE（旋转）、SCALE（比例缩放）和 MIRROR（镜像）等操作命令提示，用户可按 Space 键或 Enter 键循环显示这些操作模式，也可右击调用快捷菜单进行选择，如图 3.60 所示。

直接使用这些操作命令时系统自动以基夹点为操作基点（起点），操作过程与相应的 AutoCAD 命令类似。

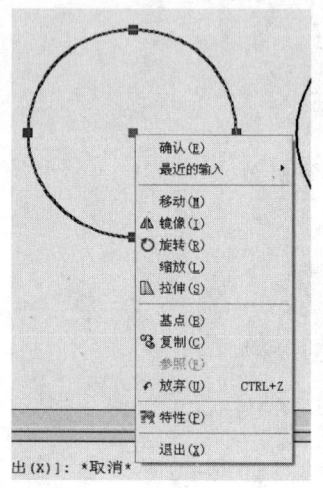

图 3.60　夹点编辑快捷菜单

此外，这些操作命令还提供了其他一些选项，其具体功能如下：

（1）BasePoint（基点）。该选项要求用户重新指定操作基点（起点），而不再使用基夹点。

（2）Copy（复制）。该选项可以在进行对象编辑时，同一命令可多次重复进行并生成对象的多个副本，而原对象不发生变化。

（3）Undo（放弃）。在使用 Copy 选项进行多次重复操作时可选择该选项取消最后一次的操作。

（4）Exit（退出）。退出编辑操作模式，相当于按 Esc 键。

3．夹点设置

AutoCAD 还允许用户根据自己的喜好和要求来设置夹点的显示。选择菜单"Tool（工具）"→"Options…（选项）"，弹出"Options 选项"对话框，如图 3.61 所示。选择对话框中的"Selection（选择）"选项卡，其中包含了与夹点有关的选项如下：

（1）Enablegrips（启用夹点）。控制在选中对象后是否显示夹点。

（2）Enablegripswithinblocks（在块中启用夹点）。控制在选中块后如何在块上显示夹点。如果选中此选项，AutoCAD 显示块中每个对象的所有夹点；否则只在块的插入点位置显示一个夹点。

（3）Unselectedgripcolor（未选中夹点颜色）。指定未被选中的夹点的颜色。

（4）Selectedgripcolor（选中夹点颜色）。指定选中的夹点的颜色。

（5）GripSize（夹点大小）。控制点的显示尺寸，默认的尺寸设置为 3 像素点，有效值的范围为 1～20。

3.2.21　对齐

1．命令功能

使用对齐命令可以将一个对象与另一个对象对齐，对齐的对象可以是二维图像也可以是三维实体。

3.2 二维图形编辑

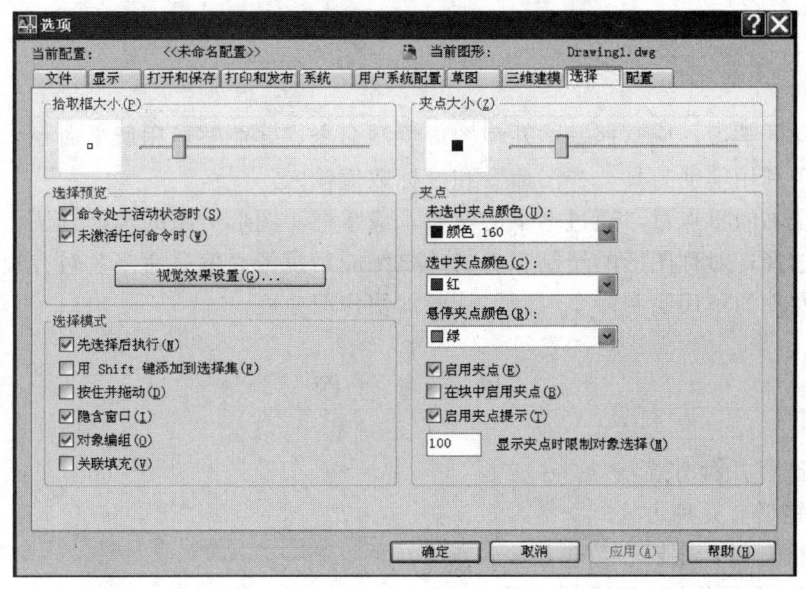

图 3.61 夹点设置选项

2．命令调用方式

(1) 菜单方式：[修改]→[三维操作]→[对齐]。

(2) 键盘输入方式：ALIGN (AL)。

3．操作步骤

操作步骤如图 3.62 所示。

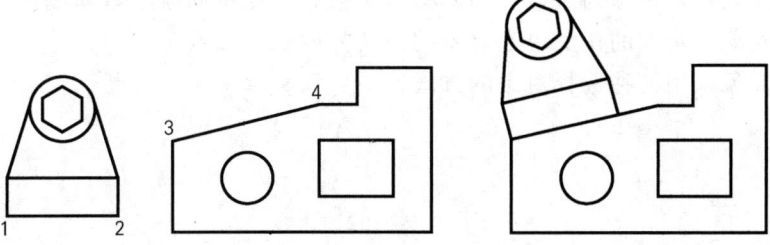

图 3.62 对齐操作

命令：AL 或 ALIGN。

选择对象：(选择要对齐的对象，要移动位置的对象为源对象)

　按回车键结束选择。

指定第一个源点：(源对象上第一个点，如图 3.62 中点 1)

指定第一个目标点：(目标位置的第一个点，如图 3.62 中点 3)

指定第二个源点：(源对象上第二个点，如图 3.62 中点 2)

指定第二个目标点：(目标位置的第二个点，如图 3.62 中点 4)

指定第三个源点或〈继续〉：✓

是否基于对齐点缩放对象？[是(Y)/否(N)]，〈否〉：(如果不需要缩放，直接回车完成指令)

85

小 结

通过本章的学习,应掌握基本几何图形绘制命令,并能够运用所学命令,灵活绘制各种图形,善于利用辅助工具、视图命令和坐标数值输入。

本章为全书的重点章,通过本章的学习,应掌握:图形对象的选择方法;图形位置变化时的基点选择;对称图形的绘制和编辑;熟练应用镜像、偏移命令;对有规律的图形能用编辑命令实现的不用绘制命令绘制,从而加快作图速度。

思 考 题

1. 绘制圆有几种方式?
2. 绘制矩形有几种方式?
3. 绘制椭圆时,主要参数包括哪几项?
4. 精确选择物体应该用哪种选择方式?
5. 镜像命令与复制命令的差别在哪里?
6. 如何恢复被误删除的对象?
7. 环形阵列与矩形阵列的差异有哪些?
8. 一个圆形被偏移一定距离后,半径是否变化?
9. 使用夹点可以快速地对对象实现哪些编辑操作?
10. 延长命令是否可以将对象延长到其他对象的延长线上?
11. 矩形阵列中行偏移为负数、列偏移为正数,对象将向哪个方向偏移?
12. 旋转对象,角度的正负决定对象的旋转方向是什么?
13. 拉伸对象采用何种选择对象的方式?

第4章 AutoCAD 高级绘图技术

学习目标

1. 重点掌握绘制多线、多段线的设置、绘制及编辑。
2. 掌握文本的标注与编辑（字体、字型和高度的设置）、尺寸的标注与编辑。
3. 重点掌握了解图形信息及改变图形对象特性的方法和步骤。
4. 掌握图案填充。
5. 掌握图块的创建和使用。
6. 了解三维图的基本作图方法。

4.1 多 段 线

4.1.1 绘制多段线

1. 命令功能

使用绘制多段线命令可以绘制任意宽度的直线、任意宽度任意形状的曲线或者直线与曲线的任意结合。

2. 命令调用方式

(1) 菜单方式：[绘图]→[多段线]。

(2) 图标方式：。

(3) 键盘输入方式：PLINE (PL)。

3. 操作步骤

命令：PLINE。

指定起点：

当前线宽是0.0000（或另外的数字）：

指定起点后，AutoCAD 继续提示：

指定下一点或[圆弧（A）/闭合（C）/半宽（H）/长度（L）/放弃（U）/宽度(W)]：

4. 选项说明

(1) 指定下一点。将画出两点间当前线宽度的线段，并重复以上提示，直至按回车键或右击确认，退出命令。

(2) 闭合（C）。闭合用于绘制由当前位置到起点位置的直线段，构成一个封闭图形，并结束命令。

(3) 放弃（U）。放弃用于删除多段线上最后绘出的线段，它可以重复使用，直至全部删除多段线并结束命令。

(4) 长度（L）。从当前点绘制指定长度的直线段。选择该选项后 AutoCAD 提示：

指定直线长度：输入长度值后，AutoCAD 将绘制以前一条线段的末端为起点、给定长度的线段。如前一条线段是直线，绘出的直线段与其方向相同；如前一条线段是圆弧，绘出的直线段沿着该圆弧终点的切线方向。

(5) 宽度 (W)。用于设定线宽，选择该选项后 AutoCAD 提示：

指定起始宽度：指定终止宽度：

可直接输入宽度值也可通过鼠标拾取宽度，即以最后一点到拾取点的距离，作为线宽。起始宽度与终止宽度的值可以相同也可以不同。终止宽度将作为后面绘制多段线的默认宽度，直至被重新设置。

注意：多段线线段的起点和终点坐标位于线宽度的中心。

(6) 半宽 (H)。其用法和提示与宽度 (W) 类似，但输入的数值应为线宽的一半。

(7) 圆弧 (A)。用于画多段线圆弧。选择该选项后 AutoCAD 提示：

指定圆弧的端点或[角度(A)/圆心(CE)/闭合 (CL)/方向 (D)/半宽(H) /直线(L)/半径 (R)/第二点 (S)/放弃(U)/宽度 (W)]：

1) 指定圆弧的端点。指定圆弧端点后，AutoCAD 将前一段的终点作为本次所画圆弧的起点，并以前一线段的终点的方向作为本次所画圆弧的起始方向，绘制圆弧。并重复以上提示，可以绘制多段圆弧。

2) 闭合 (CL)、放弃 (U)、宽度 (W) 和半宽 (H)。此提示下的这四个选项与上一层提示中的相应选项类似，故不再赘述。

3) 角度 (A)。选择该选项后，AutoCAD 提示：

指定包含角：

指定圆弧的端点或 [圆心（CE)/半径 (R)]：

输入正的角度，按逆时针方向画弧，否则按顺时针方向画弧。

4) 圆心 (CE)。选择该选项后，AutoCAD 提示：

指定圆弧的圆心：

指定圆弧的终点或 [角度 (A)/长度 (L)]：

以上选项与圆弧命令中的相应选项类似。

5) 方向 (D)。用来确定圆弧的方向。选择该选项后，AutoCAD 提示：

指定切线方向：

指定圆弧的另一端点：

重复响应，可以绘制一系列光滑过渡的圆弧。

6) 直线 (L)，将绘圆弧方式改为绘直线方式。

7) 半径 (R)，按半径绘制圆弧。选择后，AutoCAD 提示：

指定圆弧半径：

指定圆弧的端点或 [角度(A)]：

8) 第二点 (S)，根据三点画圆弧。选择后，AutoCAD 提示：

指定圆弧上的第二点：

指定圆弧的端点：

多段线绘制示例如图 4.1 所示。

【例 4.1】 使用多段线绘制如图 4.2 (a) 所示图形的边框线。

操作步骤如下：

4.1 多段线

(1) 单击绘图工具栏上的"多段线"命令按钮。

(2) 指定起点：在绘图窗口单击，确定多段线的起点为点1。

(3) 指定下一点或［圆弧（A）/闭合（C）/半宽（H）/长度（L）/放弃（U）/宽度（W）］：@-30,0↙（确定点2）

(4) 指定下一点或［圆弧（A）/闭合（C）/半宽（H）/长度（L）/放弃（U）/宽度（W）］：A↙

(5) 指定圆弧的端点或［角度（A）/圆心（CE）/闭合（CL）/方向（D）/半宽（H）/直线（L）/半径（R）/第二点（S）/放弃（U）/宽度（W）］：A↙

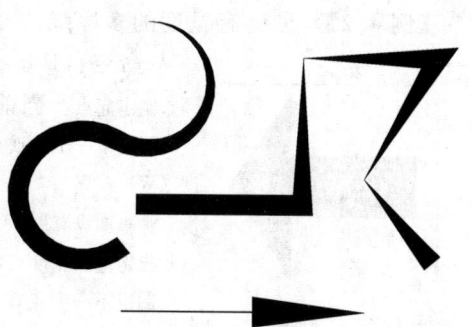

图4.1 绘制多段线示例

(6) 指定包含角：-180↙

(7) 指定圆弧的端点或［圆心（CE）/半径（R）］：R↙

(8) 指定圆弧半径：14↙

(9) 指定圆弧的弦方向：90↙（这时将确定点3）

(10) 指定下一点或［圆弧（A）/闭合（C）/半宽（H）/长度（L）/放弃（U）/宽度（W）］：L↙

(11) 指定下一点或［圆弧（A）/闭合（C）/半宽（H）/长度（L）/放弃（U）/宽度（W）］：@32,0↙（确定点4）

(12) 指定下一点或［圆弧（A）/闭合（C）/半宽（H）/长度（L）/放弃（U）/宽度（W）］：@0,-4↙（确定点5）

(13) 指定下一点或［圆弧（A）/闭合（C）/半宽（H）/长度（L）/放弃（U）/宽度（W）］：A↙

(14) 指定圆弧的端点或［角度（A）/圆心（CE）/闭合（CL）/方向（D）/半宽（H）/直线（L）/半径（R）/第二点（S）/放弃（U）/宽度（W）］：A↙

(15) 指定包含角：180↙

(16) 指定圆弧的端点或［圆心（CE）/半径（R）］：R↙

(17) 指定圆弧半径：40↙

(18) 指定圆弧的弦方向：270↙（这时将确定点6）

(19) 指定下一点或［圆弧（A）/闭合（C）/半宽（H）/长度（L）/放弃（U）/宽度（W）］：L↙

(20) 指定下一点或［圆弧（A）/闭合（C）/半宽（H）/长度（L）/放弃（U）/宽度（W）］：C↙

这时将得到一个封闭图形，如图4.2（b）所示。

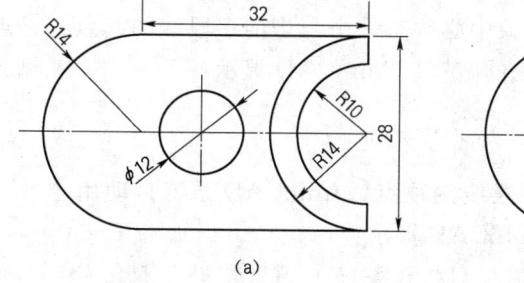
(a)

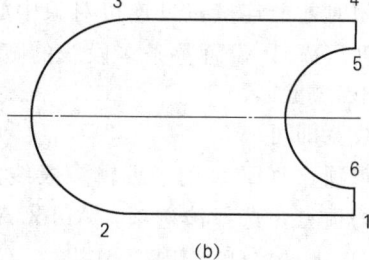
(b)

图4.2 使用多段线绘制图形

【例 4.2】 创建有宽度的多段线——用 PLINE 命令绘制一个大箭头（图 4.3）。

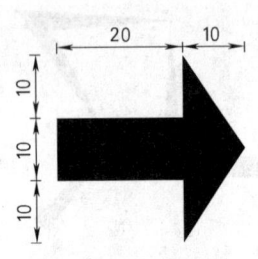

图 4.3 绘制箭头

命令：Pline。

制定起点：当前线宽为 0.0000。

制定下一个点或 [圆弧（A）/闭合（C）/半宽（H）/长度（L）/放弃（U）/宽度（W）]：W

指定起点宽度<0.0000>：10

指定端点宽度<10.0000>：✓（默认端点宽度与起点一致）

制定下一个点或 [圆弧（A）/半宽（H）/长度（L）/放弃（U）/宽度（W）]：20（绘制长度为 20 的等宽线段）

制定下一个点或 [圆弧（A）/闭合（C）/半宽（H）/长度（L）/放弃（U）/宽度（W）]：W

指定起点宽度<10.0000>：30（重新设置起点宽度为 30）

指定端点宽度<30.0000>：0（设置端点宽度为 0）

制定下一个点或 [圆弧（A）/半宽（H）/长度（L）/放弃（U）/宽度（W）]：10（绘制长度为 10 的箭头）

制定下一个点或 [圆弧（A）/半宽（H）/长度（L）/放弃（U）/宽度（W）]：✓

4.1.2 编辑多段线

1. 命令功能

使用编辑多段线命令可以对多段线实体进行编辑修改。

2. 命令调用方式

（1）菜单方式：［修改］→［多段线］。

（2）键盘输入方式：PEDIT（PE）。

3. 操作步骤

命令：PEDIT。

选择多段线：（用光标选取一条多段线）

输入选项 [闭合（C）/打开（O）/合并（J）/宽度（W）/拟合（F）/样条曲线（S）/非曲线化（D）/线型生成（L）/放弃（U）]：

使用这些选项可以对编辑调整点进行修改，从而改变多段线的形状。

4. 选项说明

（1）闭合（C）或打开（O）。用于闭合一条开式多段线或打开一条闭合多段线。如果选取的多段线是非闭合的，上述提示中会出现"闭合（C）"选项；如果选取的多段线是闭合的，上述提示中第一个选项则是"打开（O）"。

（2）合并（J）。将多个相连的线段、圆弧和多段线转换并连接到当前多段线上。当前多段线不封闭时才能连接，且连接对象中必须有一个与当前多段线的起点或终点连接。

（3）宽度（W）。设置整条多段线的宽度。AutoCAD 提示：

指定所有线段的新宽度：

输入新线宽即可。

（4）编辑顶点（E）。用于编辑多段线的顶点，AutoCAD 系统自动用"×"符号标记出当前编辑的顶点，选择该选项，AutoCAD 提示：

[下一个（N）/上一个（P）/打断（B）/插入（I）/移动（M）/重生成（R）/拉直（S）/切向（T）/宽度（W）/退出（X）]：

1) 下一个（N）/上一个（P）。选择下一个或上一个顶点作为当前编辑顶点。

2) 打断（B）。删除指定两顶点间的多段线，操作中将当前编辑顶点作为第一断开点，并出现提示：

输入选项［下一个（N）/上一个（P）/转至（G）/退出（X）］：<N>

其中，"下一个（N）/上一个（P）:"用来选择第二断开点；"转至（G）:"执行删除操作；"退出（X）:"退出删除操作。

3) 插入（I）。在当前顶点之后插入一个新顶点。

4) 移动（M）。移动当前顶点到用户指定的位置。

5) 重生成（R）。在屏幕上重新生成多段线。

6) 拉直（S）。删除所选两顶点间所有顶点并用一直线段代替。

7) 切向（T）。为当前编辑顶点指定一个切线方向，用于曲线拟合。

8) 宽度（W）。设置多段线中每一段的宽度。

9) 退出（X）。退出顶点编辑状态，回到多段线的编辑状态。

(5) 拟合（F）。创建一条平滑曲线，它由连接各对顶点的弧线段组成，曲线通过多段线的所有顶点并使用指定的切线方向。

(6) 样条曲线（S）。使用选定的多段线的顶点作为曲线的控制点或边框来生成曲线。

(7) 非曲线化（D）。将用"拟合（F）"或"样条曲线（S）"产生的多段线恢复成原来的多段线。但要注意：一条带有圆弧的多段线拟合后，愿圆弧已经修改，采取此项操作，无法还原成原来的多段线。

(8) 线型生成（L）。用于控制多段线为非实线状态时的显示方式，即控制虚线或细点划线等非实线型的多段线角点的连续性。选择该选项，AutoCAD 提示：

输入多段线线型生成选项［开（ON）/关（OFF）］：<默认项>选择"关（OFF）"，将使多段线角点封闭，反之，选择"开（ON）"，则多段线角点处是否封闭完全依赖于线型比例的控制。

(9) 放弃（U）。放弃操作，可一直返回到编辑多段线的开始状态。

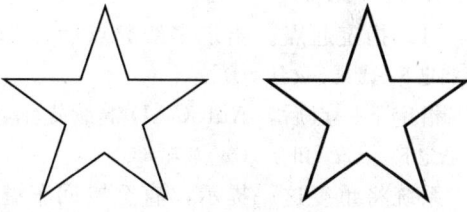

【例 4.3】 如图 4.4 所示，画一个五角星，将其编辑为一条多段线，并设置多段线的宽度为 5。

图 4.4 编辑多段线

编辑过程如下：

(1) 绘制一个正五边形，用直线将其不相邻顶点两两相连接，并修剪为五角星。

(2) 编辑多段线，操作如下。

命令：PL。

选择多段线或［多条（M）］：m（选择多条线段）

选择对象：指定对角点：找到 10 个。

是否将直线和圆弧转换为多段线？［是（Y）/（N）］? <Y>✓

输入选项［闭合（C）/打开（O）/合并（J）/宽度（W）/拟合（F）/样条曲线（S）/非曲线化（D）/线型生成（L）/放弃（U）］：J

合并类型＝延伸

输入模糊距离或［合并类型（J）］＜0.0000＞：✓

多段线已增加 9 条线段。

输入选项［闭合（C）/打开（O）/合并（J）/宽度（W）/拟合（F）/样条曲线（S）/非曲线化（D）/线型生成（L）/放弃（U）］：W

指定所有线段的新宽度：5

输入选项［闭合（C）/打开（O）/合并（J）/宽度（W）/拟合（F）/样条曲线（S）/非曲线化（D）/线型生成（L）/放弃（U）］：✓

4.2 多　　线

4.2.1 绘制多线

1. 命令功能

使用绘制多线命令可以绘制多行平行线，最多可达 16 条。

2. 命令调用方式

（1）菜单方式：［绘图］→［多线］。

（2）图标方式：。

（3）键盘输入方式：MLINE。

3. 操作步骤

命令：MLINE。

当前设置：对正＝上，比例＝1.00，样式＝STANDARD。

指定起点或［对正（J）/比例（S）/样式（ST）］：

4. 选项说明

（1）指定起点。指定多线起点后，AutoCAD 继续提示：

指定下一点或［放弃（U）］：

指定下一点后，AutoCAD 继续提示：

指定下一点或［闭合（C）/放弃（U）］：

系统将重复这一提示，直至按回车键或者右击确认，退出命令。

（2）对正（J）。执行该选项后，AutoCAD 提示：

输入对正类型［上（T）/无（Z）/下（B）］：

此处可以设置对正方式，有三种方式可选择，如图 4.5 所示

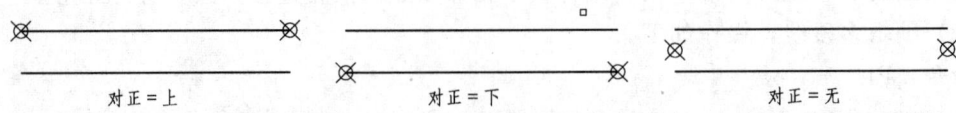

图 4.5　多线的三种"对正"方式

1）上（T）。使具有最大偏移量的线画在点定线（即通过指定点的线）上。从左向右画多线时，点定线在其他线上面。

2）无（Z）。使多线的中线与点定线重合。从左向右画多线时，具有正偏移量的线在

4.2 多 线

上面,具有负偏移量的线在下面。

3)下(B)。使具有最小偏移量的线画在点定线上。从左向右画多线时,点定线在其他线下面。

(3)比例(S)。选择该选项后,AutoCAD 提示:

输入多线比例<1.00>:

此处可以设置多线的比例系数,系统默认为 1.00。它将决定多线中各条线间的距离。

(4)样式(ST)。选择该选项后,AutoCAD 提示:

输入多线样式名或[?]:

此处可以输入定义过的多线的样式名,或输入"?"显示已有的多线的样式。

4.2.2 设置多线样式

系统默认的多线样式为"标准样式(STANDARD)",是由两条距离为 1 的平行线组成。用户还可以根据需要设置多线的样式。

命令调用方式为菜单方式:[格式]→[多线样式]。

AutoCAD 会弹出如图 4.6 所示的"多线样式"对话框。

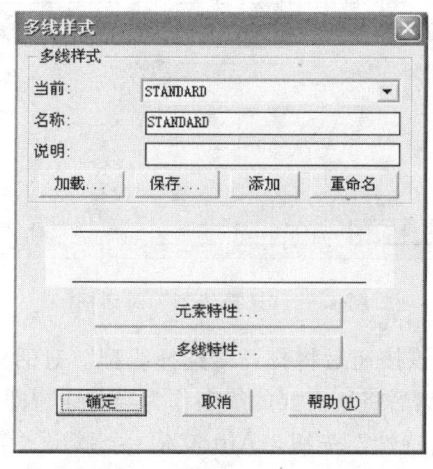
图 4.6 多线样式对话框

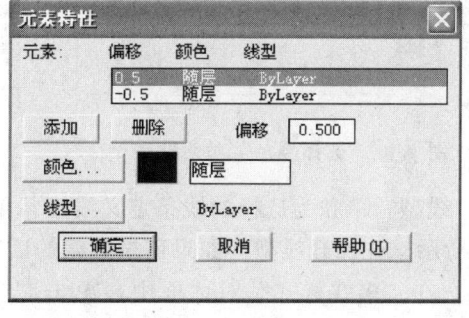
图 4.7 "元素特性"对话框

各选项使用说明:

(1)当前。在下拉列表框中可以选择已有的线型作为当前线型。

(2)名称。在添加新线型时,为新线型定义名称。

(3)加载。将以".MLN"为扩展名的多线线型文件加载系统中。

(4)保存。将定义的线型以".MLN"为扩展名存储在 SUPPORT 文件夹中,使该线型能够为其他文件所使用。

(5)添加。定义新的多线线型,方法是先在"名称"框中输入线型名称,然后单击该按钮,则在当前框中显示相应的线型名称,并以此作为当前线型。

(6)重命名。为已有的线型重新命名。

(7)在"多线样式"对话框中,单击"元素特性"按钮,AutoCAD 会弹出"元素特性"对话框,如图 4.7 所示。在该对话框中可以设置多线的数目、颜色和线型等。

各选项使用说明：

1) 添加。为多线添加一条线，添加的多线都将自动地放置在偏移为 0 的位置。在下拉列表框中可以选择已有的线型作为当前线型。

2) 删除。删除多线中的线条。

3) 偏移。设置所选线条的偏移量。偏移量以 0 为基准，以正、负表示向上或向下具体的移动量，例如，如果存在 3 条线，其偏移量分别为 0.5、0、−0.5，则这 3 条线之间的实际线宽为 1，每一条线之间的间距均为 0.5 个单位。设置偏移值以后，系统将自动根据每条线的数值大小进行排序。

4) 颜色。单独为选择的线条定义颜色。单击该按钮后将打开"选择颜色"对话框，如图 4.8 所示。"选择线型"直接选择其中的颜色即可。

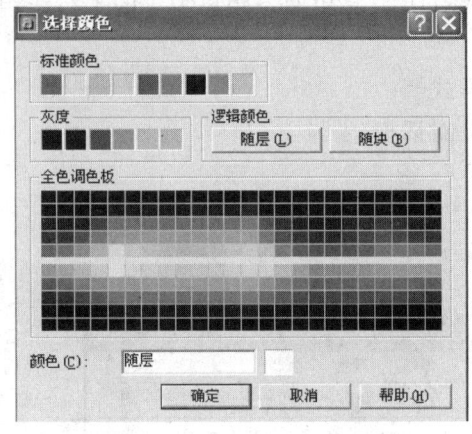

图 4.8 "选择颜色"对话框

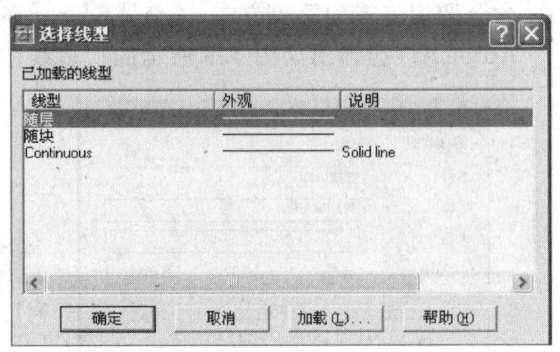

图 4.9 "选择线型"对话框

5) 线型。单独为选择的线条定义线型。单击该按钮后将打开"选择线型"对话框，如图 4.9 所示。先加载线型（如果还未加载的话），然后将所需要的线型作为当前线型即可。

(8) 在"多线样式"对话框中，单击"多线特性"按钮，AutoCAD 会弹出"多线特性"对话框，如图 4.10 所示。在该对话框中可以设置多线对象的特性，如显示多线的连接，起点和端点的封口及角度等。

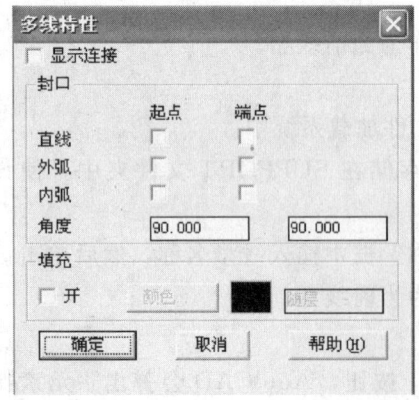

图 4.10 "多线特性"对话框

各选项使用说明：

1) 显示连接。控制在多线转折点是否显示线段。

2) 封口。控制多线起点与终点的封端形式。其中：

a. 直线：表示以直线形式封端。

b. 外弧：表示存在多线条时外端以圆弧形式封端。

c. 内弧：表示存在多线条时内端以圆弧形式封端。

d. 角度：表示按指定角度封端。

4.2 多 线

e. 填充：选择后将在多线中填充指定颜色。

修改多线样式后，在"多线样式"对话框中的"名称"文本框中输入新样式的名称，然后单击"添加"按钮，将新样式添加到当前图形中。

在"多线样式"对话框中，单击"确定"按钮，完成新样式的设置。

【例 4.4】 使用多线绘制如图 4.11 所示的管道图形，其中中线为红色虚线，边线为黑色实线，管道宽为 60。

操作步骤如下：

(1) 单击"格式"→"多线样式"菜单，弹出如图 4.6 所示的"多线样式"对话框。

(2) 在"名称"框中输入线型名为"管道"，并单击"添加"按钮将其作为当前线型。

(3) 单击"元素特性"按钮，打开如图 4.7 所示的"元素特性"对话框。

(4) 单击"添加"按钮，增加一条新线，其偏移量为"0"。

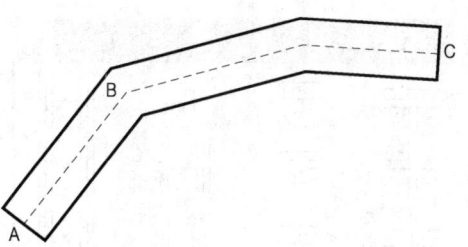

图 4.11 管道

(5) 单击中间线段（即偏移量为"0"的线段），其颜色变成蓝色，表示已被激活。单击"颜色"按钮，打开如图 4.8 所示的"选择颜色"对话框，选择红色，然后单击"确定"按钮。

(6) 单击"线型"按钮，打开如图 4.9 所示的"选择线型"对话框，再单击"加载"按钮，打开"加载或重载线型"对话框，从中选择"DASHED"作为中间线条的线型，然后单击"确定"按钮返回图 4.9 所示的"选择线型"对话框，选中该线型，单击"确定"按钮返回图 4.7 所示的"元素特性"对话框。最后单击"确定"按钮又返回图 4.6 所示的"多线样式"对话框。

(7) 单击"多线特性"按钮，打开如图 4.10 所示的"多线特性"对话框。

(8) 勾选"直线"行所对应的"起点"与"端点"开关，并在"角度"所在行中分别输入 90，以确定多线两端以直角封端。

(9) 线型设置完毕，单击"确定"按钮返回作图状态。

(10) 单击绘图工具栏上的"多线"命令按钮 ⌇。

(11) 当前设置：对正＝上， 比例＝1.00，样式＝STANDARD。

指定起点或 [对正 (J) /比例 (S) /样式 (ST)]：J✓

(12) 输入对正类型 [上 (T) /无 (Z) /下 (B)]：Z✓

(13) 指定起点或 [对正 (J) /比例 (S) /样式 (ST)]：S✓

(14) 输入多线比例<1.00>：60✓

(15) 指定起点或 [对正 (J) /比例 (S) /样式 (ST)]：拾取 A 点作为多线的起点。

(16) 指定下一点或 [放弃 (U)]：拾取 B 点后。

(17) 指定下一点或 [放弃 (U)]：拾取 C 点。

(18) 指定下一点或 [闭合 (C) /放弃 (U)]：C✓

即可绘制出如图 4.11 所示的图形。

4.2.3 编辑多线

1. 命令功能

使用编辑多线命令可以对多线实体进行编辑修改。

2. 命令调用方式

(1) 菜单方式：[修改]→[对象]→[多段线]。

(2) 键盘输入方式：MUTILINE。

弹出"多线编辑工具"对话框，如图 4.12 所示。

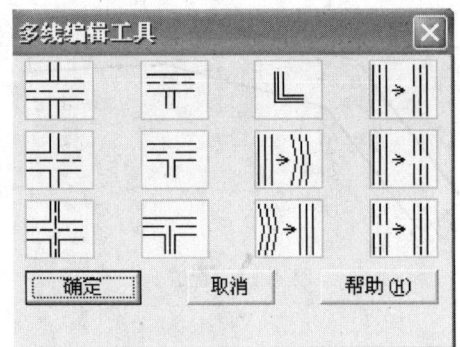

图 4.12 "多线编辑工具"对话框

3. 选项说明

(1) 十字闭合。闭合多线中的十字交叉点。

(2) 十字打开。打开多线中的十字交叉点。

(3) 十字合并。合并多线中的十字交叉点。

(4) T形闭合。闭合 T 形多线中的相交点。

(5) T形打开。打开 T 形多线中的相交点。

(6) T形合并。合并 T 形多线中的相交点。

(7) 角点结合。将两条多线剪切成 L 形多线。

(8) 添加顶点。在一条多线上加入一个顶点，改变多线的形状。

(9) 删除顶点。在一条多线上删除一个顶点，改变多线的形状。

(10) 单个剪切。删除一条多线上的某一个元素上的一段。

(11) 全部剪切。删除一条多线上的所有元素上的一段。

(12) 全部接合。接合一条多线上所选两点之间的任何切断部分。

4.3 点 与 等 分

4.3.1 点绘制命令

点是构成图形的最基本的元素，使用点绘制命令可以作出辅助点和标记点，以方便作图。

4.3.1.1 单点绘制命令

1. 命令功能

使用单点绘制命令可以在屏幕指定位置绘制一个点。

2. 命令调用方式

(1) 菜单方式：[绘图]→[点]→[单点]。

(2) 键盘输入方式：POINTE。

3. 操作步骤

命令：POINTE。

当前点模式：PDMODE=0，PDSIZE=0.000。

指定点：可以在绘图区直接指定点或输入点的坐标值。

4.3.1.2 多点绘制命令

1. 命令功能

使用多点绘制命令可以在屏幕上连续绘制多个点。

2. 命令调用方式

菜单方式：[绘图]→[点]→[多点]。

3. 操作步骤

激活命令后，AutoCAD 提示：

当前点模式：PDMODE=0，PDSIZE=0.000。

指定点：可以在绘图区直接指定点或输入点的坐标值。系统连续提示：

指定点：可以在绘图区不同的位置绘制一系列点。如果要退出命令，只有按下 ESC 键。

4.3.1.3 调整点的样式和大小

点的样式系统默认为一个小黑点，AutoCAD 提供了多种样式的点，用户可以根据需要设置点的样式。

命令调用方式为菜单方式："格式"→"点样式"。

AutoCAD 会弹出如图 4.13 所示的"点样式"对话框。在该对话框中，可以单击相应的点的图标来选择点的外观样式。点的大小是按照相对于绘图屏幕的百分比或者以绘图单位来设置的，可以在对话框中勾选"点大小"下面的两个单选框来设置点的尺寸样式，在点大小的文本框中输入不同的值则可以改变点的大小。

修改点样式后，单击"确定"按钮，这是图形中已有的点对象和将要绘制的点对象的样式都会发生改变。

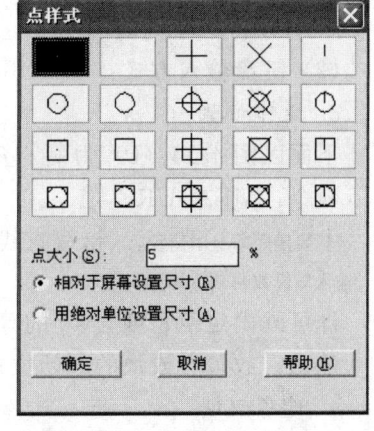

图 4.13 "点样式"对话框

4.3.2 定数等分点绘制命令

1. 命令功能

使用定数等分点绘制命令可以按指定的等分数将对象等分，并在该对象上绘制等分点，或在等分点处插入块。它适用的对象可以是直线、圆、圆弧、多段线和样条曲线等。

2. 命令调用方式

(1) 菜单方式：[绘图]→[点]→[定数等分]。

(2) 键盘输入方式：DIVIDE。

3. 操作步骤

下面以图 4.14（a）所示四等分线段为例，介绍定数等分点的画法。

命令：_ DIVIDE。

选择要定数等分的对象：拾取直线 AB。

输入线段数目或 [块(B)]：4

即可画出四等分线段。

4. 选项说明

块（B），将在等分点处插入块。

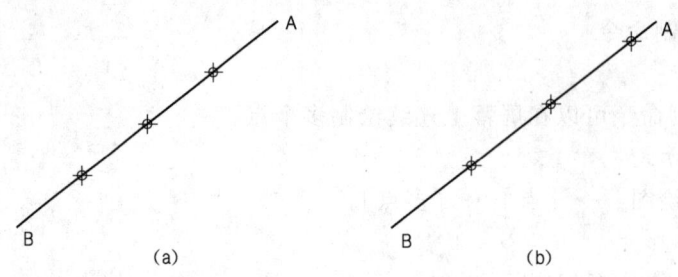

图 4.14 定数等分点定距等分点

4.3.3 定距等分点绘制命令

1. 命令功能

使用定距等分点绘制命令可以按指定的长度测量某一对象,并用点在该对象上的分点处作标记,或在分点处插入块。

它适用的对象可以是直线、圆、圆弧、多段线和样条曲线等。

2. 命令调用方式

(1) 菜单方式:[绘图]→[点]→[定距等分]。

(2) 键盘输入方式:MEASURE。

3. 操作步骤

下面以图 4.14(b)为例,介绍定距等分点的画法。

命令:MEASURE

选择要定距等分的对象:(拾取直线 AB)

输入线段数目或[块(B)]:40

即可画出定距长度为 40 的等分点。

注意:放置点或块的起始位置是从选择对象时离选择点最近的端点开始的。

4. 选项说明

块(B),将在等分点处插入块。

4.4 图 案 填 充

在剖视图和断面图中,经常需要在图中的某些指定的区域内填充某种图案或剖面线,以表示该区域的结构特点,并表示构成该物体的材料。填充图案是由直线或点构成的标准图案,用于突出显示图形中的某一区域,或者标识某种材质(如混凝土、钢铁或草)。填充图案也可以是实体填充。

4.4.1 AutoCAD 图案填充的基本概念

1. 边界定义

当进行图案填充时,首先要确定填充边界。定义边界的对象只能是直线、圆、圆弧等实体或由这些实体定义的块,而且作为边界的实体在当前屏幕上必须是可见的和封闭的。

2. 图案填充的 3 种方式

AutoCAD 允许以如下 3 种方式进行图案填充:

（1）一般方式。该方式为默认方式，填充效果如图 4.15（a）所示。在此方式下剖面图案中的每一条线从两端开始向区域内画，遇到内部实体时就断开，直到遇到下一个实体时再画线。采用这种方式时，要避免剖面图案在边界内与实体相交的次数为奇数。

（2）最外层方式。该方式从边界开始向里画，只要在边界内部遇到实体时就断开，不再画线。如图 4.15（b）所示。

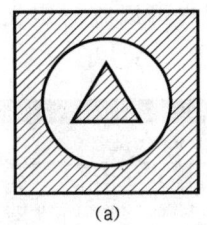 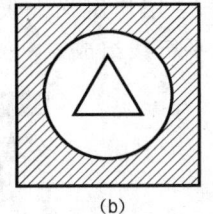 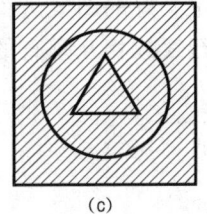

(a)   (b)   (c)

图 4.15 剖面图案的填充方式

（3）忽略方式。该方式忽略边界内的实体，所有内部结构都被剖面线覆盖，如图 4.15（c）所示。

4.4.2 图案填充的操作

1. 命令功能

使用图案填充的命令可以在指定的区域内，填充剖面图案。

2. 命令调用方式

（1）菜单方式：[绘图] → [图案填充]。

（2）图标方式：▨。

（3）键盘输入方式：HATCH（H）。

3. 操作步骤

命令：_ HATCH。

AutoCAD 会弹出如图 4.16 所示的"边界图案填充"对话框。

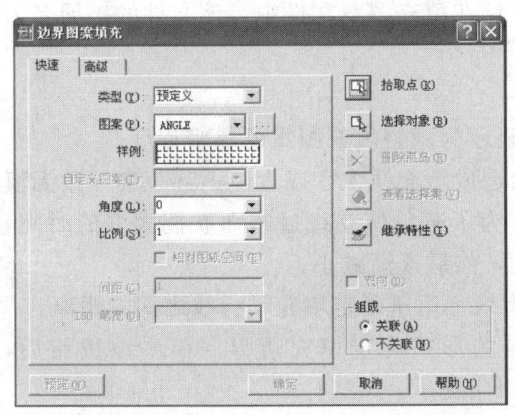 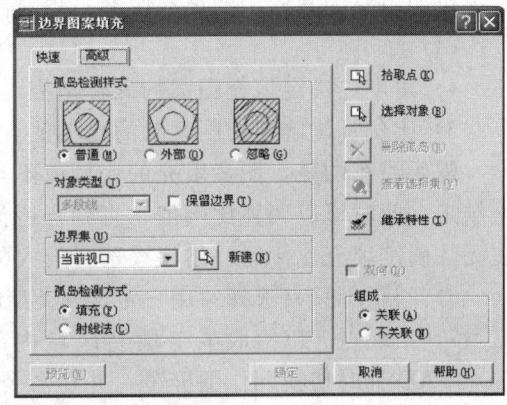

图 4.16 "边界图案填充"对话框的"快速"选项卡   图 4.17 "边界图案填充"对话框的"高级"选项卡

在该对话框中有"快速"和"高级"两个选项卡，前者用于快速设置，后者用于高级设置。如图 4.16 所示为"快速"选项卡对应的对话框，如图 4.17 所示为"高级"选项卡对应的对话框。

4. 选项卡说明

(1) "快速"选项卡的使用说明。

1) 类型。用户可以通过下拉列表在"预定义"、"自定义"、"用户定义"之间选择，如图 4.18 所示。其中"预定义"表示用 AutoCAD 提供的图案进行填充；"自定义"表示选择用户事先定义好的图案进行填充；"用户定义"表示用户可以临时定义填充图案，该图案由一组平行线或相互垂直的两组平行线组成。

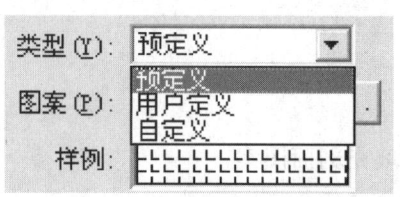

图 4.18　"图案类型"下拉列表

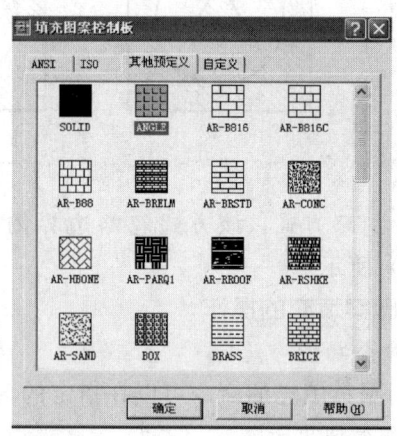

图 4.19　填充图案控制板

2) 图案。选择"预定义"填充类型时，用户可以从"图案"下拉列表中选择填充图案的名字，也可以单击右边的按钮，弹出如图 4.19 所示的"填充图案控制板"，从中选择所需要的填充图案样例。

3) 样例。单击样例图案，AutoCAD 会弹出其提供的每个填充图案样例。Design-Center 文件夹包含 60 多种工业标准 ISO 填充图案和英制填充图案。也可以使用由其他公司提供的填充图案库中的填充图案。填充图案存储在填充图案文件中，该文件的扩展名为 ".PAT"。

4) 角度。确定填充图案的旋转角度。

5) 比例。确定填充图案时的比例值。实际显示为调整填充图案的疏密程度。

需要注意的是，图案填充的比例值不当时会造成填充线太密或太疏，甚至会导致无填充结果，此时可以调整比例值，直到合适为止。为了避免填充线过密而耽搁太多的时间，在无法确定填充比例时，建议先选择较大的比例，然后逐渐减小。

6) 间距。只有选择"用户定义"类型时才有效，用于确定填充平行线之间的距离。

7) 拾取点。以拾取某个填充区域内部一点的形式确定填充边界。单击该按钮后，AutoCAD 临时切换到作图屏幕，并在命令行窗口中提示：

选择内部点：

此时用户可以在希望填充的区域内部任意拾取一点，AutoCAD 会自动确定出包围该点的封闭填充边界，同时亮显这些边界。如果在拾取一点后，不能形成封闭边界，则系统会给出相应的错误提示，如图 4.20 所示。

8) 选择对象。以选择对象的形式确定填充边界。单击该按钮后，AutoCAD 临时切换到作图屏幕，并在命令行窗口中提示：

选择对象：

图 4.20 "边界定义错误"提示框

此时用户可以在屏幕上选择构成填充区域的填充边界，被选中的边界会被亮显。如果选错了填充边界，可以键入"U"取消，也可以右击，从快捷菜单中选择"全部清除"或"放弃上次选择/拾取"。

9) 继承特性。选用已有的填充图案作为当前的填充图案。单击该按钮后，AutoCAD 临时切换到作图屏幕，并在命令行窗口中提示：

选择关联填充对象：

此时用户在选择屏幕上的某一填充图案后，系统自动返回到"边界图案填充"对话框，并在对话框中显示出该填充图案的相应设置及有关特性参数。

10) 关联填充。用于设置填充图案与填充边界的关系。选中"关联"复选框时，填充图案与填充边界保持关联关系，当对填充边界进行某些编辑操作时，系统会根据边界的位置重新生成填充图案；选中"不关联"复选框时，填充图案与填充边界没有关联关系。系统默认设置为"关联"。

对象的填充图案与填充边界之间关系分别为"关联"与"不关联"时的移动结果如图 4.21 所示。

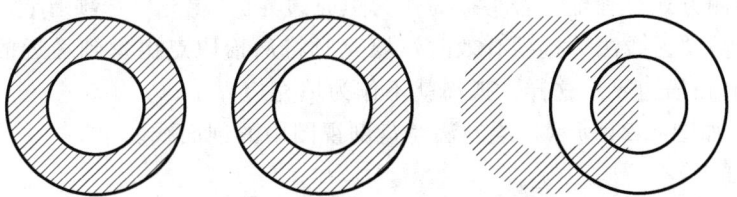

图 4.21 填充图案与填充边界的关系

(2) "高级"选项卡的使用说明。在填充操作前，若需要对填充方式或填充边界进行处理时，可单击"边界图案填充"对话框中的"高级"选项卡，其功能如下：

1) 孤岛检测样式。确定对孤岛的填充方式。所谓"孤岛"是指位于填充区域内部的封闭区域。此选项下有"普通"、"外部"、"忽略"3 种，分别对应于前面所述的图案填充的 3 种方式（一般方式、最外层方式、忽略方式）。

以普通方式填充时，如果填充边界内有诸如文字、属性这样的特殊对象，且在选择填充边界时也选择了它们，填充时图案填充在这些对象处会自动断开，就像用一个比它们略大的看不见的框子保护起来一样，使得这些对象更加清晰，如图 4.22 所示。

2) 边界集。当通过拾取点的方式定义填充边界时，用来选定那些可供 AutoCAD 产生填充边界的对象集合。在默认状态下，AutoCAD 将根据当前视口中所有可见对象确定边界对象集，如图 4.23 所示。

图案填充边界可以是任何对象的组合，如直线、圆弧、圆、多段线、文字和块。图案填充边界必须是一个封闭的区域，但可以包括孤岛（图案填充区域内的封闭区域），可以

图 4.22 填充有文字的区域

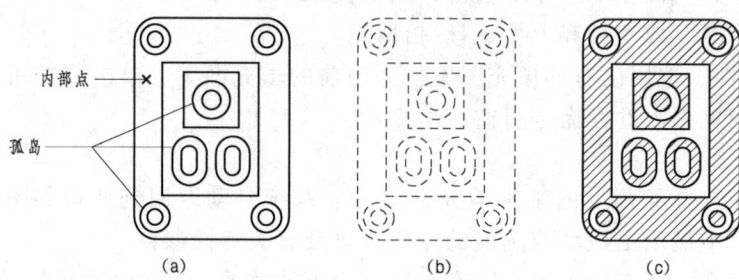

图 4.23 填充边界拾取

(a) 选定的内部点；(b) 检测到的边界；(c) 结果

选择填充或保留不填充孤岛。

3) 对象类型。选中"保留边界"复选框时，系统将填充边界以对象的形式保留，这是可在对象类型下拉列表框中选择边界保留的类型，可以在"面域"、"多段线"两个选项中选择。

4) 孤岛检测方式。确定是否将孤岛作为填充边界。"填充"选项有效时，填充时将孤岛作为填充边界；"射线法"选项有效时，填充时将从拾取点出发到最近的一个对象，然后按逆时针方向扫描边界。这样，孤岛就不作为填充边界了。

【例 4.5】 如图 4.24 所示，绘制法兰盘剖视图中的剖面线。

操作步骤如下：

（1）单击绘图工具栏上的"图案填充"按钮 ，打开如图 4.16 所示的"边界图案填充"对话框。

（2）在"快速"选项卡的"类型"下拉列表框中选取"预定义"。单击"样例"框，弹出如图 4.19 所示的"填充图案控制板"，在"ANSI"选项卡中选取"ANSI31"图案，单击对话框中的"确定"按钮返回"边界图案填充"对话框。

（3）在"快速"选项卡的"角度"下拉列表框中选取或输入旋转角度值"90"。

（4）在"快速"选项卡的"比例"下拉列表框中选取或输入比例值"3.5"。

设置结果如图 4.25 所示。

（5）单击"拾取点"按钮，对话框自动隐退，用光标在图中需要画剖面线的 1、2、3、4 区域内各点取一点，如图 4.24（a）所示，则选中的区域边界以虚线显示，按回车键或右键确认后返回对话框。

（6）单击"预览"按钮，预览填充效果，按回车键或右键确认后返回"边界图案填充"对话框。如果不合适，可以修改有关设置，直到合适后单击"确定"按钮完成，结果如图 4.24（b）所示。

4.4 图 案 填 充

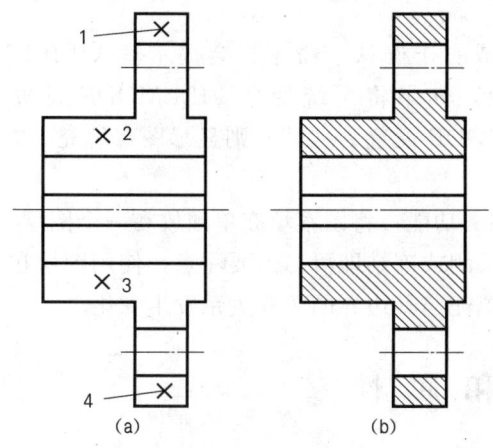
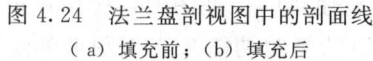

图 4.24 法兰盘剖视图中的剖面线
（a）填充前；（b）填充后

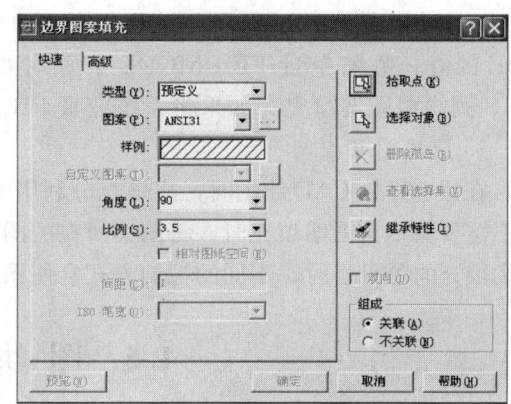

图 4.25 图案填充的参数设置

4.4.3 编辑图案填充的操作

当对一个图形进行图案填充以后，有时可能需要修改图案填充或修改图案填充的边界，这就需要使用图案填充的编辑命令。在默认的情况下，系统创建的都是关联图案填充，如果改变边界对象，关联图案会自动调整以适应边界的变化。但要注意，如果移动、删除了原边界对象、孤岛或图案，将造成图案与原边界之间失去关联。

编辑图案填充命令的打开方式：

（1）菜单方式：[修改]→[对象]→[图案填充]。

（2）键盘输入方式：HATCHEDIT。

执行命令后，AUTOCAD会提示：

选择关联填充对象：

选择了要编辑的填充图案后，会弹出"图案填充编辑"对话框，如图4.26所示。该对话框与"边界图案填充"对话框类似，不同之处在于有些选项不能使用。可以用前面介绍过的方法来修改对话框中的选项和参数。

4.4.4 控制图案填充的可见性

1. 使用 FILL 命令

命令：FILL。

输入模式[开（ON）/关（OFF）]<开>：系统默认的模式为"开"，在此模式下可以显示图案填充。此时如果输入"OFF"，则将显示模式设置为"关"，在此之后进行的图案填充的操作，就不再显示图案填充。在此之前进行的图案填充的操作，如果执行菜单方式："视图"→"重生成"命令，则图案填充也不再显示。

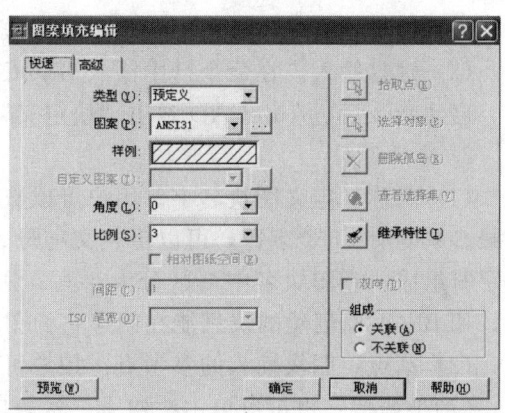

图 4.26 "图案填充编辑"对话框

2. 使用系统变量 FILLMODE

在命令行输入"FILLMODE"后按回车键或右击确认,命令行会提示输入 FILLMODE 的值。系统变量 FILLMODE 有两种取值,如果将系统变量 FILLMODE 设置为"0",则隐藏图案填充;如果将系统变量 FILLMODE 设置为"1",则显示图案填充。

3. 使用图层控制

在用 AUTOCAD 绘图时,应该充分利用图层的功能,将图案填充单独放在一个图层上。当不需要显示该图案填充时,将图案所在的图层关闭或冻结即可。但要注意,使用图层控制图案填充的可见性时,不同的控制方式会使图案填充与其边界的关联关系发生变化。

4.5 图块和属性

在绘制工程图的过程中,经常会遇到一些需要反复使用的标准图形,比如建筑工程图中的门、窗、家具、轴号标注等。可以利用 AutoCAD 的复制功能来实现图形的绘制,但这种方法在复制操作时不方便对图形进行即时的修改。AutoCAD 提供了图块操作,使得这些标准图形可以由绘制者自定义为图块,保存在模板文件当中或单独以一个图形文件的方式保存起来,在绘制其他图形时可以很方便地通过 AutoCAD 2007 "图块插入" 命令和 "设计中心" 窗口等方法随时调用插入。从而达到重复利用、提高绘图效率的目的。

图块是绘制在几个图层上的不同颜色、线型和线宽特性的对象的组合。图块定义后,用户可以方便地按照一定比例和给定角度重复使用,并可进行相应修改,同时图块的使用大大节省了绘图时间和空间。

AutoCAD 提供了两种图块创建的方法,一种是对话框方式,另一种是命令行方式。在这里主要介绍常用的对话框方式。

4.5.1 通过对话框创建图块

每个块定义都包括块名,一个或多个对象、用于插入块的基点坐标值和所有相关的属性数据。

1. 创建图块的方法

(1) 下拉菜单。在绘图菜单上单击"绘图"→"块"→"创建"命令项。

(2) 工具栏。在"绘图"工具栏上单击"创建块"图标。

(3) 键盘输入。在命令行中输入 BLOCK 或 B 命令。

启动命令后,AutoCAD 弹出"块定义"对话框,如图 4.27 所示。

2. 选项说明

(1) 名称:定义图块名字。用户可以直接在后面的输入框中输入块的名字。图块的名称最多只能有 31 个字符,可以由英文字母、数字、各种货币符号、连接符号以及下划线等字符组成。在图块名中不区分大小写;用户所定义的新的块名不能与已有的图块名相同;用 BLOCK 创建的块只能在创建它的图形中应用。

(2) 基点:图块插入的参考点。用户可以在 X/Y/Z 的输入框中直接输入插入点的 X、Y、Z 的坐标值;也可以单击按钮,然后用十字光标直接在绘图窗口中点取,一般情况下点取坐标值。

4.5 图块和属性

(3) 对象：选取定义成块的对象。在定义块时需要先选取对象。在该设置区中的 3 个选项，它们的含义如下：

1) 保留：创建块后，选定的图形在绘图窗户中保留显示。

2) 转化为块：创建块后，将选定对象转化为图中的块。

3) 删除：创建块后，从图中删除选定的对象。

(4) 设置。

1) 块单位：指定块参照插入单位。单击下拉箭头，将出现下拉列表选单，用户可从中选取单位。

2) 按统一比例缩放：指定块插入时是否按统一比例缩放。

3) 允许分解：指定块插入时是否可以被分解。

4) 说明：对块做文字说明。

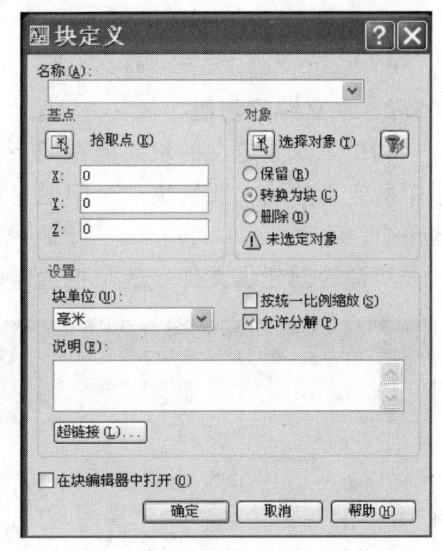

图 4.27 "块定义"对话框

【例 4.6】 创建一个窗户图块。

操作步骤：

(1) 绘制窗户图形如图 4.28（a）所示。

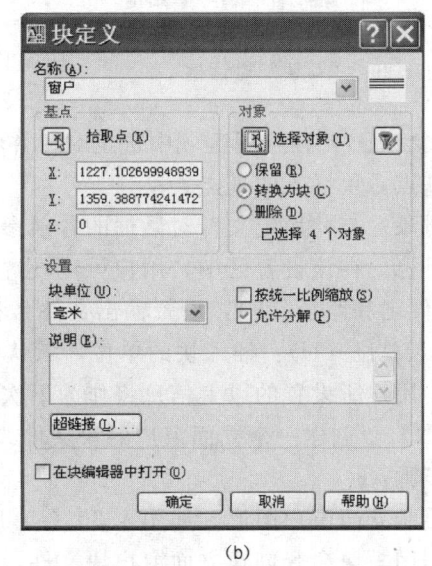

(a)　　　　　　　　　　　(b)

图 4.28 创建"窗户"图块

(2) 利用创建块命令创建窗户图块，操作步骤如下：

1) 输入命令：b（回车）打开"块定义"对话框，对话框设置如图 4.28（b）所示。

2) 输入块名为"窗户"。

3) 选取图块基点。

4) 单击"选择对象"按钮，选择绘制的窗户图形。

5）选择需要的设置。

6）单击"确定"块制作完成。

4.5.2 块文件的创建

利用 4.5.1 定义的块只能在同一张图中使用。用户在绘图过程中经常需要调用别的图形中所定义的块，要解决这个问题，就要用到 AutoCAD 提供的创建块文件（WBLOCK）的命令。

所谓的创建块文件，就是把选定图形定义为块，然后作为一个独立图形写入磁盘中，创建块文件的途径有两种，命令行方式和对话框方式。由于命令行方式不够直观，在这里仅介绍常用的对话框方式。

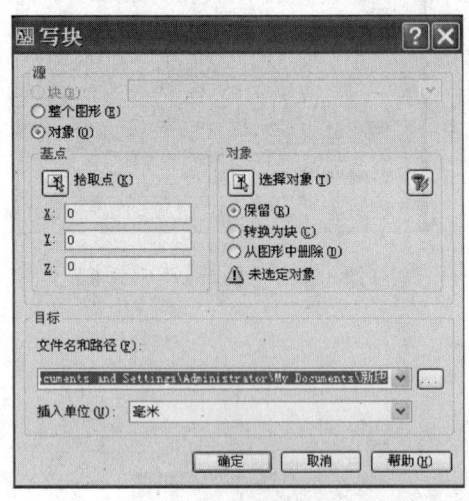

图 4.29 "写块"对话框

创建块文件的方法如下：

键盘输入：在命令行中输入 WBLOCK 或 W 命令。

启动命令后，AutoCAD 会弹出"写块"对话框，如图 4.29 所示。

对话框中各选项的含义：

（1）源。在该设置区中，用户可以通过如下几个选项来设置块的来源。

1）块（B）：选定已经定义好的图块输出为块文件。

2）整个图形（E）：将整张图定义为成块文件。

3）对象（O）：在绘图区域中选定对象并将其定义成块文件。

（2）基点。块插入的基点。

（3）对象。与"块定义"对话框的各项参数含义相同。

（4）目标。在该设置区中，用户可以设置块的以下几项信息：

1）文件名和路径（F）：设置输出文件名和路径。

2）插入单位（U）：插入块的单位，默认为 mm。

注意：用户所设置的以上信息将作为下次调用该块时的描述信息。

【例 4.7】 创建一个立面窗户的块文件。

操作步骤：

(1) 绘制立面窗户图形，如图 4.30（a）所示。

(2) 利用写块命令创建立面窗户块文件，操作步骤如下：

1）输入命令：W（回车）打开"写块"对话框，对话框设置如图 4.30（b）所示。

2）选取图块基点。

3）单击"选择对象"按钮，选择绘制的立面窗户图形。

4）单击  选择文件保存路径和定义块文件名如图 4.30（c）所示。

5）选择插入单位。

6）单击"确定"，块文件制作完成。

4.5 图块和属性

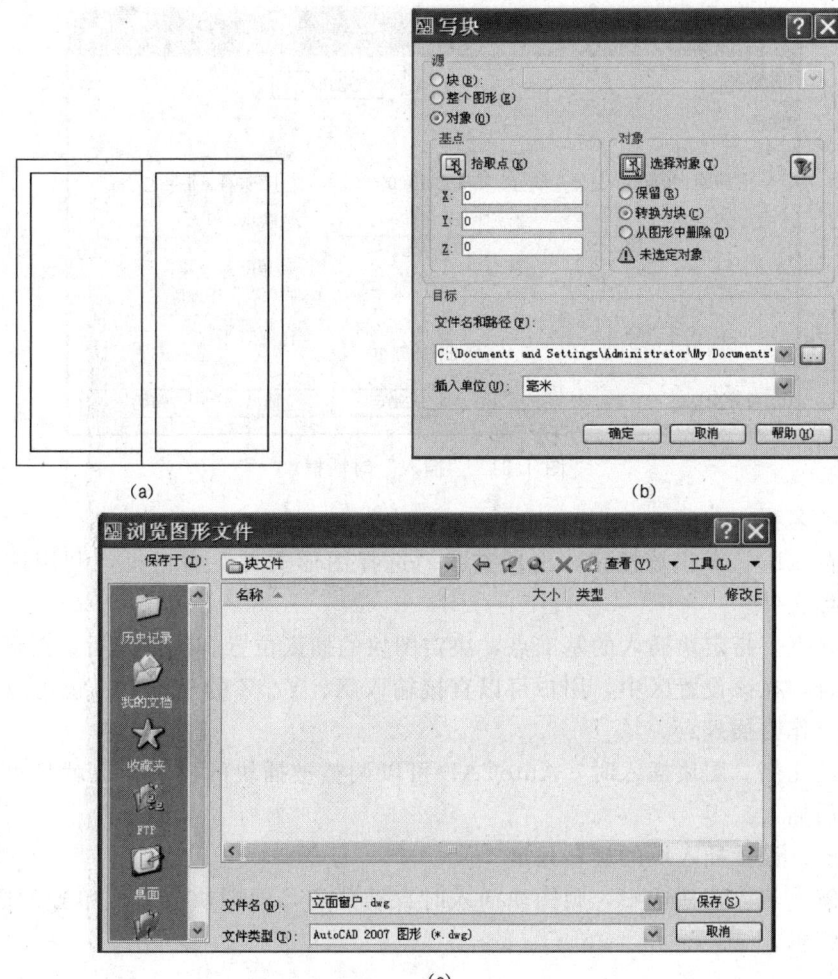

图 4.30 创建"立面窗户"块文件

4.5.3 图块的插入

AutoCAD 允许用户将已定义的块插入到当前的图形文件中。用户通过制定要插入的块，确定插入点的位置、比例系数以及旋转角度等参数完成块的插入。

图块插入的方法包括命令行和对话框两种，由于命令行方式不够直观，在这里只介绍常用的对话框方式。

1．启动"插入"对话框的方法

（1）下拉菜单。在"插入"菜单上单击"插入"→"块"命令项。

（2）工具栏。在"绘图"工具栏上单击"插入块"图标 。

（3）键盘输入。在命令行中输入 INSERT 或 I 命令。

输入命令后，弹出"插入"对话框，如图 4.31 所示，用户可以利用该对话框插入图块和图块文件。

2．对话框中各选项的含义

（1）名称（N）。用户可以再下拉列表中选择要插入的图块或者直接在文本框中输入

107

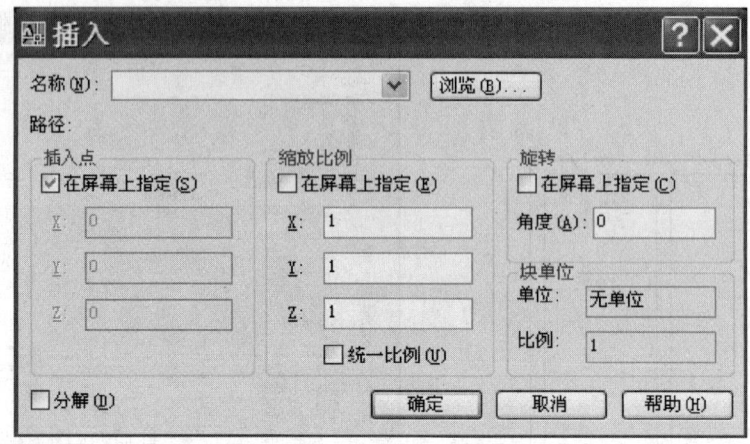

图 4.31 "插入"对话框

要插入图块的名称。

(2) 浏览 (B)。单击该按钮，出现查找"选择图形文件"对话框，利用该对话框选取已有的图形文件。

(3) 插入点。指定块插入的基准点，决定图块的插入位置。块插入后，图形中参考点和基准点重合，在该设置区中，用户可以直接输入 X、Y、Z 的坐标值，也可以在绘图窗口中指定一点作为插入点。

(4) 缩放比例。图块插入时，AutoCAD 可以调整被插块的比例，也就是可以将图块放大或缩小后插入。

(5) 旋转。设置插入块的旋转角度。

(6) 分解。若该选项选中，则图块插入时自动分解，即图块分解成单独的图元对象，可单独进行编辑。

注意：

(1) 块可以互相嵌套，即可把一个块放入另一个块中。

(2) 块的各种值也可以预先设定，这样对拖动图形时很有帮助的。若没有预设块的各项值，则块按照默认值插入。AutoCAD 通常按 1∶1 的比例和 0°旋转角把块放入图形中。

(3) 当块被插入图形中时，块将保持它原有的层定义。即假如一个块中的对象最初位于名为"A"的层中，当它被插入时，它仍在"A"层上。如果"A"层还没有定义，图块插入时系统将自动生成一个"A"；如果"A"层已经存在，则块中对象的线型与颜色则由图形中的"A"层决定。但是在"0"层定义的图块除外，"0"层作为参照层，在"0"层定义的图块，当插入其他图层的时候，图块具有插入层所设置的相关特性。

【例 4.8】 插入 [例 4.7] 制作的窗户图块。

操作步骤如下：

(1) 输入命令。I（回车）打开"插入"对话框，对话框设置如图 4.32 所示。

(2) 选取插入点（一般在屏幕上选取）。

(3) 选择缩放比例。

(4) 选择旋转角度。

4.5 图块和属性

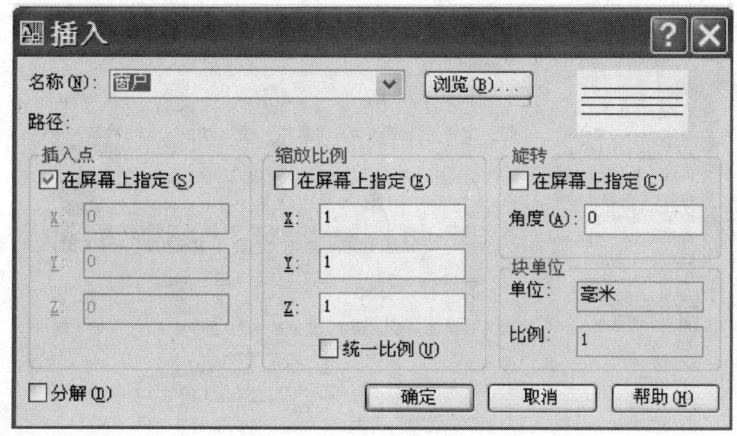

图 4.32 插入"窗户"图块

(5) 选择块单位。

(6) 单击"确定",完成图块插入。

4.5.4 利用设计中心插入图块

AutoCAD 2007 自带了土木、电力、机械、建筑等方面的样例文件,一般存放在 AutoCAD 2007 安装目录下(AutoCAD 2007 \ ample \ esignCenter \ …)。这些样例文件包含了绘制各类工程图常用的一些标准图例,用户可以通过"设计中心"进行调用,选择合适的比例和旋转角度插入到图中,从而提高绘图效率。

用户可以对 AutoCAD 2007 自带的图库进行整理,通过"设计中心"分类调入所需的图块重新命名后保存在"C:\ 常用图例"下,以方便调用。

下面以调入"汽车-小轿车(侧视)"图块为例介绍调用 AutoCAD 2007 自带图库的操作步骤。

【例 4.9】 利用设计中心调入"汽车-小轿车(侧视)"图块。

(1) 启动"设计中心"。启动 ADCENTER 命令、输入快捷键"Ctrl+2"或者单击标准工具栏按钮 ■ 后,AutoCAD 将弹出"设计中心"窗口,该对话框包括"文件夹"、"打开的图形"、"历史记录"、"联机设计中心"4 个选项卡,如图 4.33 所示。

(2) 打开目标文件。在"文件夹"选项卡中打开"AutoCAD 2007 \ Sample \ DesignCenter \ Landscping.dwg",打开它的选项,如图 4.33 所示。

(3) 寻找所需图块。在 Landscping.dwg 文件下面展开的选项中双击"块",则在"设计中心"右边窗口中显示文件"Landscping.dwg"中的所有图块。单击选择其中的一个图块,还可以在右下预览窗口中浏览图块的内容,如图 4.33 所示。

(4) 插入所需图块。双击如图 4.33 所示图块"汽车-小轿车(侧视)"的图标,AutoCAD 2007 自动打开"插入"对话框,如图 4.34 所示。输入合适的缩放比例和旋转角度等参数后,单击"确定"按钮完成图块的插入。

4.5.5 利用工具选项板插入图块

通过 AutoCAD 2007 提供的工具选项板窗口,用户也可以方便地插入所需的专业图块。系统自带的许多图块,用户可以进行调用,选择合适的比例和旋转角度插入到图中,

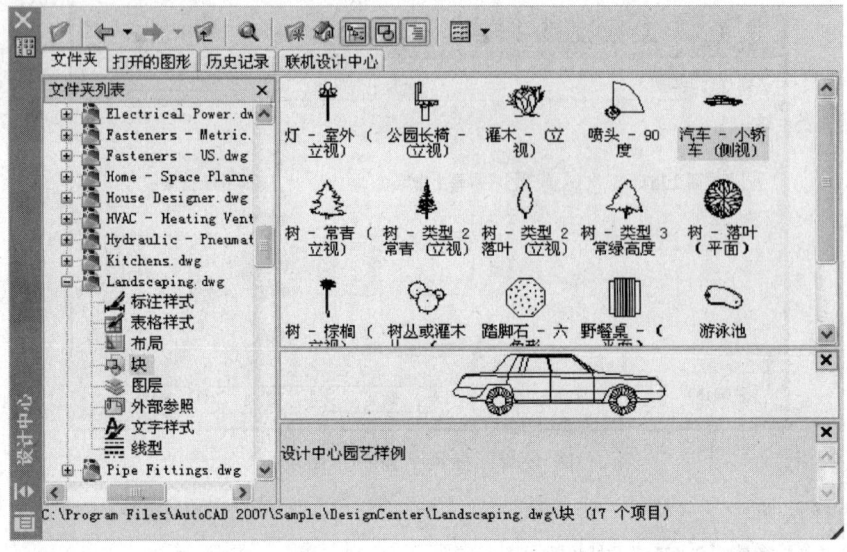

图 4.33 "设计中心"窗口

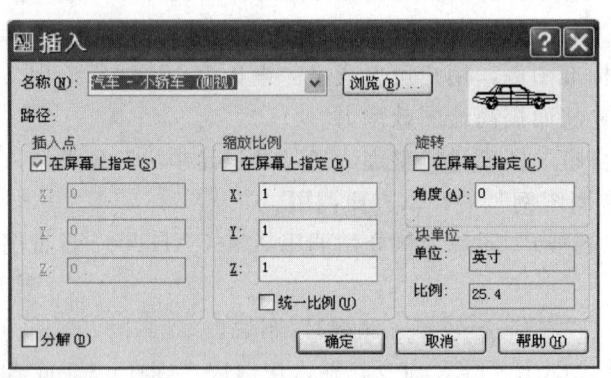

图 4.34 插入"汽车-小轿车(侧视)"图块

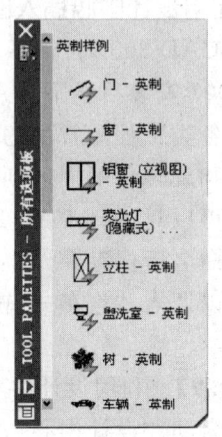

图 4.35 "工具选项板"窗口

从而提高绘图效率。

下面以调入"棕榈树-立面图"图块为例,叙述通过工具选项板插入图块的步骤。

【例 4.10】 利用工具选项板插入"棕榈树-立面图"图块。

(1) 启动"工具选项板"。通过输入快捷键"Ctrl+3"或者单击标准工具栏按钮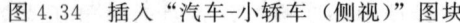。AutoCAD 2007 将弹出"工具选项板"窗口,如图 4.35 所示。

(2) 寻找所需图块。在"工具选项板"窗口中选择"建筑"面板,窗口中会显示系统提供的建筑工程类的图块。单击选中其中的一个图块,命令出现提示:

指定插入点或[基点(B)/比例(S)/X/Y/Z/旋转(R)]:用户可以指定比例、旋转角度等参数,然后将光标移到窗口中,在绘图窗口中单击指定棕榈树的插入位置,结果如图 4.36(a)所示。单击选择插入的棕榈树图块,在图块上显示的图标上单击,弹出一个如图 4.36(b) 所示的棕榈树变形选择列表,在列表中单击选择棕榈树(立面图)之后,插入的棕桐树（平面图）马上变形为立面图造型，如图 4.36（c）所示。

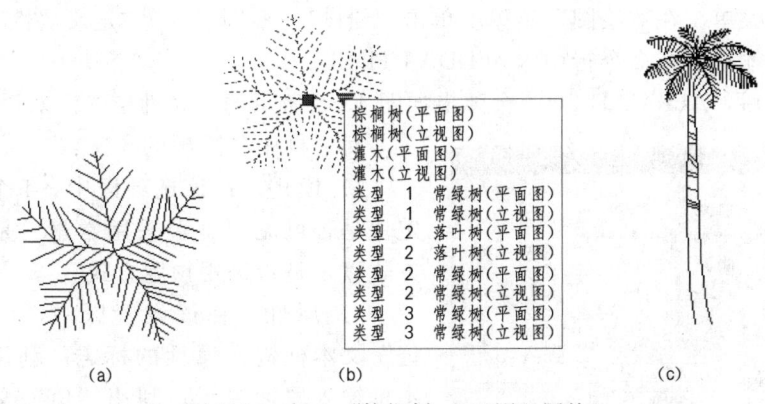

图 4.36　插入"棕榈树-立面图"图块

用户也可以通过鼠标拖放方式将所选的图形文件插入到当前的图形文件中。

4.5.6　块属性的定义和使用

图块还可以附带一些文字信息，这些信息成为块属性，他们也是块的一个组成部分。比如高程标注中的标高值、图框标题栏的文字标注等都可以通过块属性来绘制，如图 4.37 所示。图块和图块属性的合理应用，可极大提高用户的绘图效率。

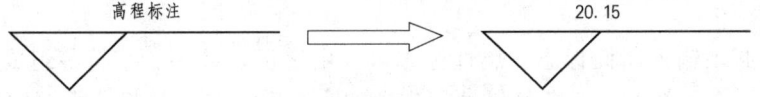

图 4.37　图块属性的应用

属性不同于块中的一般文本，它具有如下特点：

(1) 一个属性包括属性标志和属性值两个方面。如果用户把"地址"定义为属性标志，则具体的地名，如北京、上海等就是属性值。

(2) 在定义块之前，每个属性要用 ATTDEF 命令进行定义。由它来具体规定属性默认值、属性标志、属性提示以及属性的显示格式等的具体信息。属性定义后，该属性在图中显示出来，并把有关信息保留在图形文件中。

(3) 用户可以在块定义之前利用 CHANGE 命令对块的属性进行修改，也可以利用 DDEDIT 命令以对话框的方式对属性定义，如属性提示、属性标志以技术型的默认值作修改。

(4) 在插入块之前，AutoCAD 2007 将通过属性提示要求用户输入属性值。插入块后，属性以属性值表示，因此同一个定义块，在不同的插入点可以有不同的属性值。如果在定义属性时，把属性值定义为常量，则 AutoCAD 2007 将不询问属性值。

(5) 插入块后，用户可以通过 ATTDISP 命令来修改属性的显示可见性，还可以利用 ATTEDIT 等命令对属性作修改；可以用 ATTEXT 命令把属性单独提取出来写入文件，供统计、制表使用。也可以与其他高级语言（如 BASIC、FORTRAN、C 等）或数据库进行数据通信。

1. 定义图块属性

用户可以通过命令行和对话框两种方法来定义属性，在这里只介绍最常用的对话框方式来定义属性。调用对话框的方法：

（1）下拉菜单。在"绘图"菜单上单击"绘图"→"块"→"定义属性"。

（2）键盘输入。在命令行中输入 DDATTDEF。

启动命令后，AutoCAD 2007 会弹出如图 4.38 所示的"属性定义"对话框。

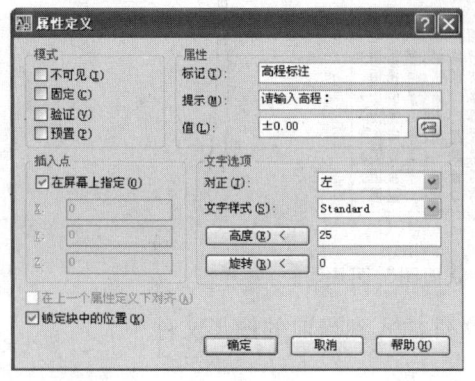

图 4.38 "属性定义"对话框

对话框中各选项的含义：

1）模式。在该选项区中，4 个复选项来确定块是否可见、是否采用常量、是否采用验证方式以及是否采用预置方式。

2）属性。在该设置区中，可以利用"标记"文本框输入属性的标志；利用"提示"文本框输入属性提示；利用"值"文本框输入属性的缺省值。

3）插入点。可以用该选项区来确定属性文本插入时的基点。

4）文字选项。可以利用该选项区确定属性文本的格式，包括对正方式、文字样式、文字高度、文字旋转角度。执行完以上操作后，单击"确定"按钮，即完成了一次属性的定义。

注意：

（1）用户必须输入属性标志。属性标志可以由字母、数字、字符等组成，但是字符之间不能有空格。AutoCAD 2007 将属性标志中的小写字母自动转换为大写字母。

（2）为了在插入块时提示用户输入属性值，用户可以在定义属性时输入属性提示。

如果用户直接用回车来响应属性提示，则用户确定的属性标志将作为属性提示。如果用户选用常量方式的属性，则 AutoCAD 2007 将不显示这一提示。

（3）用户可以将使用次数较多的属性值作为默认值。如果用户直接用回车来响应，则 AutoCAD 2007 将不设置默认值。

（4）用户可以利用 ATTDEF 命令确定多个属性。

2. 附着属性

附着属性是将属性与某个特定的图块联系起来，使之成为特定图块的属性，简单来说就是把属性定义成图块。可以使用下面的操作步骤：

（1）使用"创建块（BLOCK）"命令，系统会弹出"块定义"对话框，如图 4.27 所示。

（2）单击"块定义"对话框中的"选择对象"按钮，在当前绘图窗口中选定图块和刚刚定义好的属性，按下回车键完成选择，系统返回到"块定义"对话框，并且提示当前选择了两个图形对象。

（3）其余的选项可以参照前面创建图块时的设置，单击"确定"按钮。

（4）完成图块定义之后，使用"插入（INSERT）"命令在图形中插入该图块，根据命令行提示输入相应参数即可。

3. 块属性的应用举例

【**例 4.11**】 制作图 4.39 所示的高程标注。

4.5 图块和属性

在建筑工程图中，经常需要标注大量的高程，这些标注往往有相同的图例、不同的高程数值。借助于块属性、确定不同的插入点，可以很快地完成这些标注。

（1）绘制基本图形。如图 4.39（a）所示。

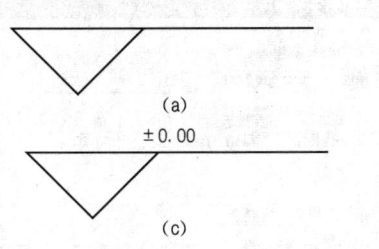
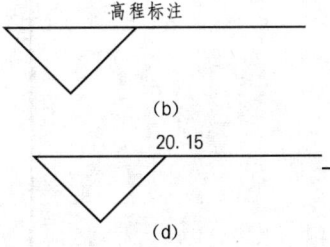

图 4.39 标高图块的制作

（2）定义标高属性。在标高图例上方定义属性，属性设置参考图 4.38，此时定义的属性显示为图 4.38 中设置的"标记：高程标注"，结果如图 4.39（b）所示。

（3）定义图块。选定标高图例和定义好的属性将其一起定义成图块，名称为"标高"，此时定义的属性显示为图 4.38 中设置的"值：±0.00"，结果如图 4.39（c）所示。

（4）插入图块。启动块插入命令，在弹出的"块插入"对话框中选定"标高"图块，确定插入位置，设置好比例和角度等参数，单击确定后命令行出现如下提示：

输入属性值

请输入高程：<±0.00>：20.15

结果如图 4.39（d）所示，属性显示为刚刚输入的属性值"20.15"。

4. 修改属性定义

在将属性定义成块之前，用户可以通过 AutoCAD 提供的 CHANGE 命令来修改属性定义。用户修改属性定义方式包括命令行和对话框的方法如下：

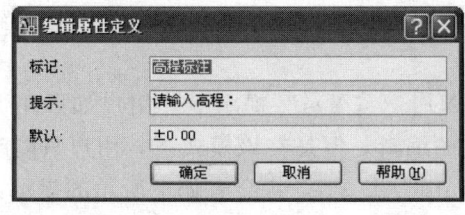

图 4.40 "编辑属性定义"对话框

键盘输入：在命令行中输入 DDEDIT 命令，通过对话框来修改属性定义。

键盘输入：在命令行中输入 CHANGE 命令，通过命令行提示来修改属性定义。

（1）命令行中输入 DDEDIT 命令后，AutoCAD 2007 会提示：

命令：DDEDIT

选择注释对象或 [放弃（U）]：（选取定义的属性）

选取完属性后，AutoCAD 将会弹出"编辑属性定义"对话框，如图 4.40 所示。

用户可以通过对话框中的"标记"、"提示"以及"默认"3 个文本框来修改属性。

（2）ATTEDIT 命令。用户可以通过 AutoCAD 2007 提供的 ATTEDIT 命令来改变属性的特征，如位置、高度以及样式等。利用 ATTEDIT 命令可以对全局编辑，也可以对单个属性进行编辑，如图 4.41 和图 4.42 所示。

调用 ATTEDIT 命令的方法如下：

1) 键盘输入：在命令行中输入 ATTEDIT 命令。
2) 下拉菜单：在"修改"菜单中单击"修改"—"对象"—"属性"—"全局"。

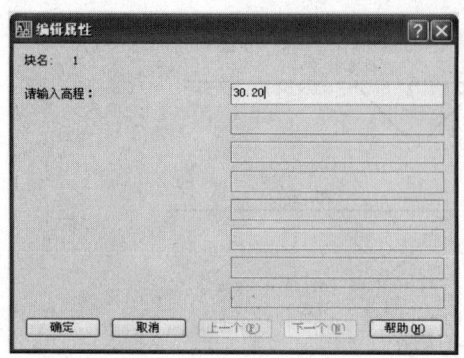

图 4.41 "编辑属性"对话框

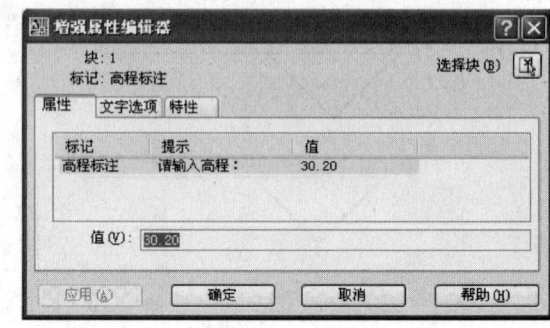

图 4.42 "增强属性编辑器"对话框

用上述所示的方法输入命令后，AutoCAD 2007 会提示：

命令：-attedit

是否一次编辑一个属性？[是（Y）/或否（N）]〈Y〉：

在上述提示下，此时每次只能改变一个属性值，同时用户还可以更改包括属性的位置、高度和旋转角度等其他特征。同时 AutoCAD 2007 会提示：

输入块名定义〈*〉：（指定块名）

输入属性标记定义〈*〉：（指定属性标志）

输入属性值定义〈*〉：（指定属性值）

选择属性：（选取属性）

选择属性：（可以继续选取）

输入选项 [值（V）/位置（P）/高度（H）/角度（A）/样式（S）/图层（L）/颜色（C）/下一个（N）]〈下一个〉：

在上述最后一个提示下，用户可以通过输入选项的首写字母来更改相应的选项，直到默认下一个（N）选项。

在"是否一次编辑一个属性？[是（Y）/否（N）]〈<Y〉："提示下，用户如果用 N 来响应，则 AutoCAD 2007 允许用户进行全部属性的编辑。但是在该模式下，用户只能改变所选的属性值，而不能编辑其他的特征。同时 AutoCAD 2007 将会有如下所示的提示：

命令：-attedit

是否一次编辑一个属性？[是（Y）/或否（N）]〈Y〉：n

正在执行属性值的全局编辑。

是否仅编辑屏幕课件的属性？[是（Y）/或否（N）]〈Y〉：

输入块名定义〈*〉：

如果在上述提示下输入 N，则 AutoCAD 2007 将会切换到文本窗口，同时显示如下所示的信息（此后图形必须重生成）：

输入块名定义〈*〉：

输入属性标记定义〈*〉：

输入属性值定义〈*〉：

已选择 88 个属性。

输入要修改的字符串：（输入要改变的字符串）

输入新字符串：（输入新的字符串）

如果在"是否仅编辑屏幕可见的属性？［是（Y）/或否（N）］〈Y〉："相应 Y，则 AutoCAD 2007 会提示：

输入块名定义〈*〉：

输入属性标记定义〈*〉：

输入属性值定义〈*〉：

4.6 文字信息处理

4.6.1 创建文字样式

一张完整的图纸，除了有表达形状特征的图形外，还要对图形进行一些说明，明确技术要求等内容，这就需要在图纸中添加文字、数字及其他符号以表达设计对象的特点、型号、规格等内容。

文字样式是定义文字的字体、字高和效果等，在使用 AutoCAD 绘图时，输入文字前都需预先定义文本的样式。

1. 输入命令

（1）下拉菜单。"格式"→"文字样式"。

（2）工具栏。"文字"→"文字样式"工具栏 。

（3）键盘输入：STYLE 或 ST。

2. 过程指导

命令输入后，将弹出"文字样式"对话框，如图 4.43 所示，其中各个区域的含义如下：

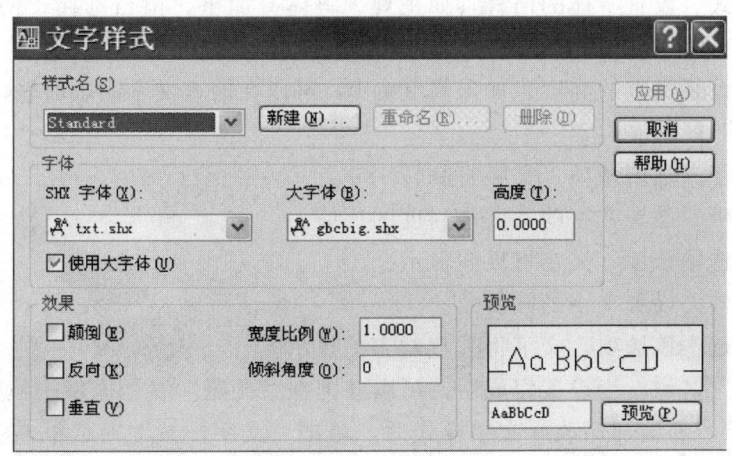

图 4.43 文字样式对话框

（1）"样式名"区域。

1）选取已有的文字样式。系统默认的样式名为 Standard。在其下拉列表中，单击右侧的向下箭头可以选取当前图形中已经定义的文字样式,选取后可以对它进行修改。

图 4.44　"新建文字样式"对话框

2)新建文字样式。单击"新建"按钮将弹出"新建文字样式"对话框,如图 4.44 所示。在"样式名"编辑框中输入新建文字样式的名称,单击"确定"按钮即可。

3)重新命名文字样式。单击"重命名"按钮,弹出"重命名文字样式"对话框,如图 4.45 所示,在此对话框中可以为所选的文字样式输入新的名称。

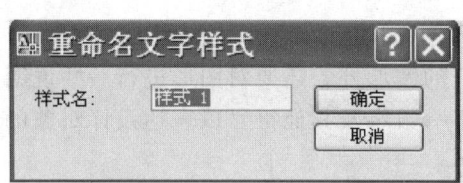

图 4.45　重命名文字样式对话框

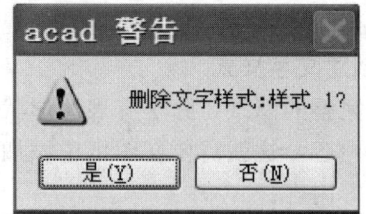

图 4.46　删除文件样式警告

4)删除文字样式。单击"确定"按钮可以将所选的文字样式删除,系统弹出警告对话框,如图 4.46 所示。

注意:Standard 样式名不可以被删除。

(2)"字体"区域。

1)字体名。列出了操作系统中自带的 TTP 字体、AutoCAD 本身的源(SHP)型和编译(SHX)型字体。

2)字体样式。设置字体的格式,如正规、斜体、加粗。担当选择"使用大字体"选项时,在此列表中可以选择大字体。

3)高度。设置文本的高度。如果高度为 0,可以在输入文字时临时输入高度。

(3)"效果"区域。

1)颠倒文字。选中该项,文字将翻转 180°。

2)宽度比例。设置文字的宽度与高度的比值。

3)反向。选中该项,文字将反向显示。

4)倾斜字体。设置文字的倾斜角。

5)垂直。选中该选项,文字将垂直对齐的显示。

(4)"预览"区域。当设置完成后,可以立即在"预览"显示区域中预览文字的效果。

(5)"保存"。新建和修改好文字样式后,单击"文字样式"对话框右上方的"应用"按钮,该文字样式就会生效了。

3.应用举例

【例 4.12】 创建文字样式 1:样式名"工程";字体为 T 仿宋 GB2312。

(1)步骤。打开"文字样式"对话框,单击"新建"按钮,在"新建文字样式"对话框中将样式名定为"工程"在字体名下拉列表中选择"T 仿宋＿GB2312","高度"文字框内可先不输入字号,在输入文字时在指定高度,在"宽度比例"文字框内输入0.7,单击"应用"按钮即可,如图4.47所示。

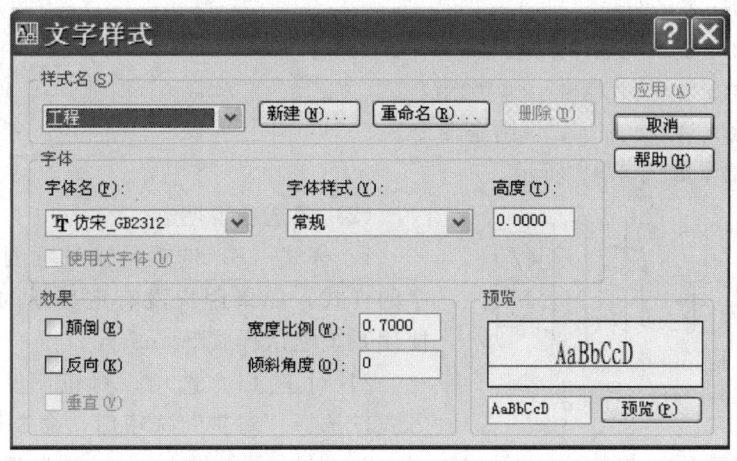

图4.47 新建"工程"文字样式

(2)注意事项。在选择字体时要搞清"T@仿宋＿GB2312"和"T 仿宋＿GB2312"两种字体的区别,前者书写的汉字是垂直向上排列书写,后者书写的汉字是水平排列书写。两者写出的效果如图4.48所示。

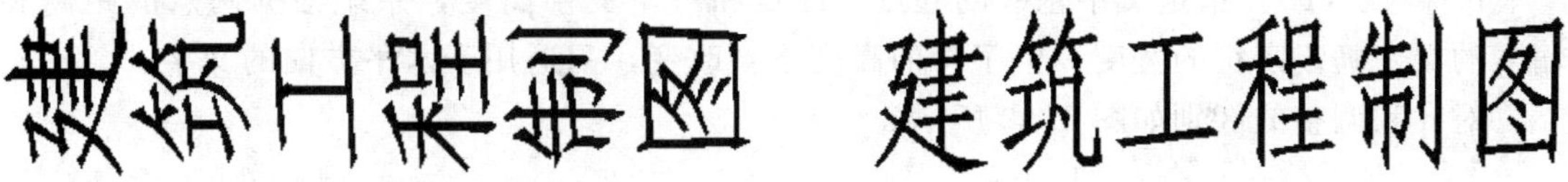

图4.48 T@仿宋＿GB2312和T 仿宋＿GB2312两种字体的区别
(a)"T@仿宋＿GB2312"字体;(b)"T 仿宋＿GB2312"字体

4.6.2 创建和编辑单行文字

1. 创建单行文字

文字输入方式有两种,即单行文本和多行文本命令。用单行文字(TEXT)命令标注的文本,每行都是一个单独的对象,该命令主要用于图形中如设备明细表、技术说明、注意事项、图例等文字。

(1)创建和编辑过程。

1)命令输入。

下拉菜单:"绘图"→"文字"→"单行文字"。

键盘输入:DTEXT 或 DT。

2)过程指导。

命令输入:DT↙

当前提示:TEXT。

当前文字样式：Standard。

当前文字高度：2.5000。

命令行提示：定文字的起点或［对正（J）/样式（S）］：（指定文字的起点）

命令行提示：指定高度＜2.5000＞：25✓

命令行提示：指定文字的旋转角度＜0＞：✓

命令行提示：输入文字：（输入文本"工程制图"）✓

命令行提示：输入文字：✓（结束命令）

命令执行结果如图 4.49 所示。

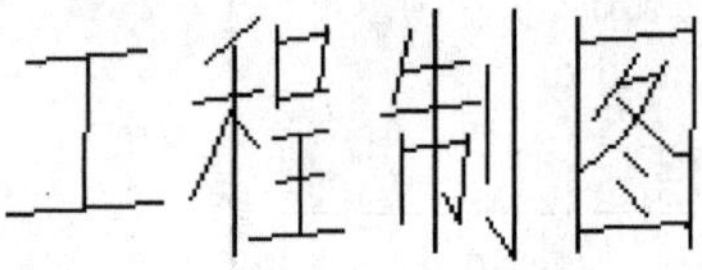

(2) 各选项说明。

1) 样式（S）选项。该选项要求用户输入文字的样式，如果用户没有定义新的文字样式，将使用系统默认样式 Standard。

2) 对正（J）选项。对正：设置文本的对齐方式，选择"对正"选项后，命令行出现提示：

图 4.49 创建单行文字

［对齐（A）/调整（F）/中心（C）/中间（M）/右（R）/左上（TL）/中上（TC）/右上（TR）/左中（ML）/正中（MC）/右中（MR）/左下（BL）/中下（BC）/右下（BR）］：

其中各选项含义如下：

a. 对齐（A）。指定文字基线的起点和终点后，文本将在文字基线上均匀排列，字符的高度视文本的多少自动调整，但字符宽高比不会改变。

b. 调整（F）。指定文字基线的起点、终点和一个文字高度，系统根据两点的距离和输入的文字确定字符的宽度，但字符的高度不会改变，只适用于水平方向的文字。

对齐和调整的区别如图 4.50 所示。

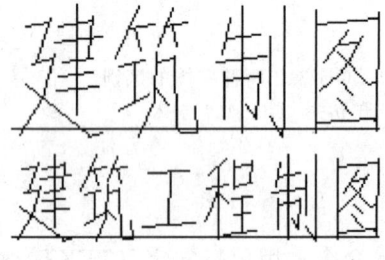

(a)　　　　　　　　　　　(b)

图 4.50　对齐和调整的区别

(a) 字高改变，宽高比不变；(b) 字高不变，宽高比改变

c. 中心（C）。指定文字基线的中点。

d. 中间（M）。指定一个坐标点作为文字的中心点，然后输入文本的高度和旋转角度。

e. 右（R）。指定文本右对齐。

f. 左上（TL）。指定文本顶部左端点。

g. 中上（TC）。指定文本顶部中点。

h. 右上（TR）。指定文本顶部右端点。

i. 左中（TR）。指定文本左端中心点。

j. 正中（MC）。指定文本中部中心点。

k. 右中（MR）。指定文本右端中心点。

l. 左下（BL）。指定文本左侧起始点，确定于水平方向的夹角为文本的旋转点，这样通过该点的直线就是文本中最低字符字底的基线。

m. 中下（BC）。同"左下"，不同的是给定文本最低字符的基线的中点。

n. 右下（BR）。同"左下"，不同的是给定文本最低字符的基线的右侧起始点。

说明：在绘制工程图时，经常要在标注文字时用到如直径、角度这样的符号，这些符号无法直接从键盘上输入，但可以使用 AutoCAD 提供的控制码来输入，见表 4.1。

表 4.1　　　　　　　　　　　常用的特殊字符号和代码表

控　制　码	对　应　符　号	控　制　码	对　应　符　号
％％c	圆直径符号ϕ	％％P	正负符号±
％％d	度的符号（°）	％％％	百分比符号％

使用"多行文本"命令输入时，这些特殊字符可以直接通过"多行文本"中的"符号"选项来完成。

2. 编辑单行文字

当输入的文本不符合绘图的要求时，需要在原有的基础上进行修改，可利用"文字编辑"命令编辑单行文字。

(1) 输入命令。

1) 下拉菜单："修改"→"对象"→"文字"→"编辑"。

2) 键盘输入：DDEDIT 或 ED。

(2) 过程指导。

输入 ED（回车）。

命令行提示：选择注释对象或［放弃（U）］：（用鼠标单击要编辑的文字对象）。

弹出"编辑文字"对话框，如图 4.51 所示，将"建筑制图"改为"建筑工程制图"，按回车确认。可以再次选择要编辑的文字进行编辑，直至按回车键结束。

技巧：

1) 双击需要编辑的文字，也会弹出"编辑文字"对话框，直接修改即可。用这种方法编辑单行文字，只能修改文字内容，而不能修改文字的其他特性，如文字样式和大小等。

2) 如果要修改文字内容、文字样式、位置、方向、大小、对正等其他特性时，可使用"特性"窗口进行编辑，如图 4.52 所示。

4.6.3　创建和编辑多行文字

多行文字又称为段落文字，是一种更易于管理的文

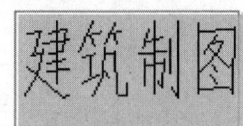

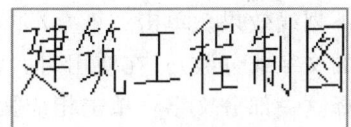

图 4.51　编辑单行文字

字对象，可以由两行以上的文字组成，而且各行文字都是作为一个整体处理。

1. 创建多行文字

（1）输入命令。

1）下拉菜单："绘图"→"文字"→"多行文字"。

2）工具栏：在"绘图"工具栏上单击"多行文字"命令图标。

3）键盘输入：MTEXT 或 MT。

（2）操作步骤。

输入命令：MT（回车）。

当前提示：MTEXT 当前文字样式为 Standard，当前文字高度为 2.5。

命令行提示：指定第一角点：（指定一点作为多行文字书写区域的一个角点）。

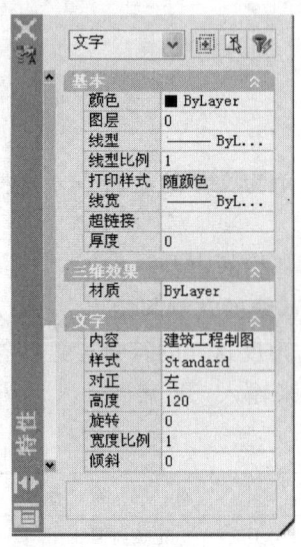

图 4.52　用"特性"窗口修改文字特性

命令行提示：指定对角点或 [高度（H）/对正（J）/行距（L）/旋转（R）/样式（S）/宽度（W）]：（确定另一个角点）。

系统弹出"文字格式"对话框，如图 4.53 所示，在下面文字编辑框内输入文字。

"文字格式"对话框中各选项的含义操作同 Word，多行文字的创建如同 Word，可以编辑不同的字体字高的文本。

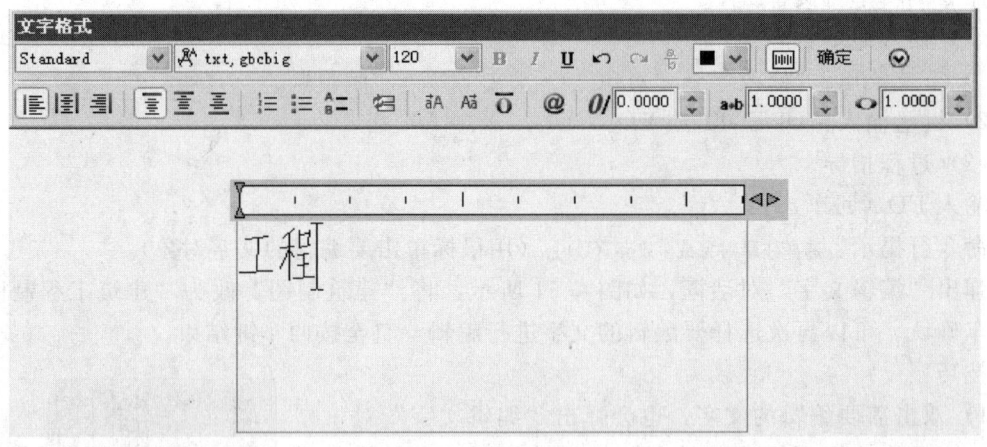

图 4.53　"文字格式"对话框

使用"文字格式"工具栏，可以设置文字样式、文字字体、文字高度、加粗、倾斜或加下划线效果。单击"堆叠/非堆叠"按钮，可以创建堆叠文字（堆叠文字时一种垂直对齐的文字或分数）。在使用时，需要分别输入分子和分母，其间使用/、♯或^分隔，然后选择这一部分文字，单击相应按钮即可。

在文字输入窗口的标尺上右击，从弹出的标尺快捷菜单中选择"缩进和制表位"命令，打开"缩进和制表位"对话框如图 4.54 所示，可以从中设置缩进和制表位位置。其中，在"缩进"选项组的"第一行"文本框和"段落"文本框中设置首行和段落的缩进文字；在"制表位"列表框中可设置制表符的位置，单击"设置"按钮可设置制表位，单击"清除"按钮可清除列表框中的所有设置。

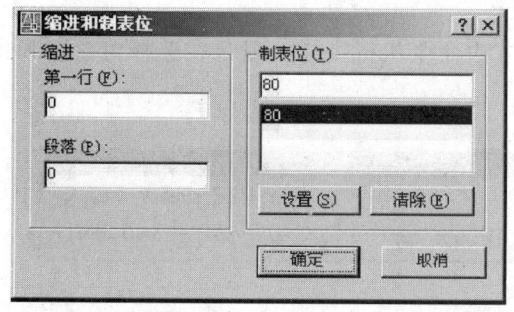

图 4.54 "缩进和制表位"对话框　　　　图 4.55 "设置多行文字宽度"对话框

在标尺快捷菜单中选择"设置多行文字宽度"子命令，可打开"设置多行文字宽度"对话框如图 4.55 所示，在宽度文本框中可以设置多行文字的宽度。

在"文字格式"工具栏中单击"选项"按钮，打开多行文字的选项菜单，可以对多行文本进行更多的设置。在文字输入窗口中右击，将弹出一个快捷菜单，该快捷菜单与选项菜单中的主要命令一一对应，如图 4.56 所示。

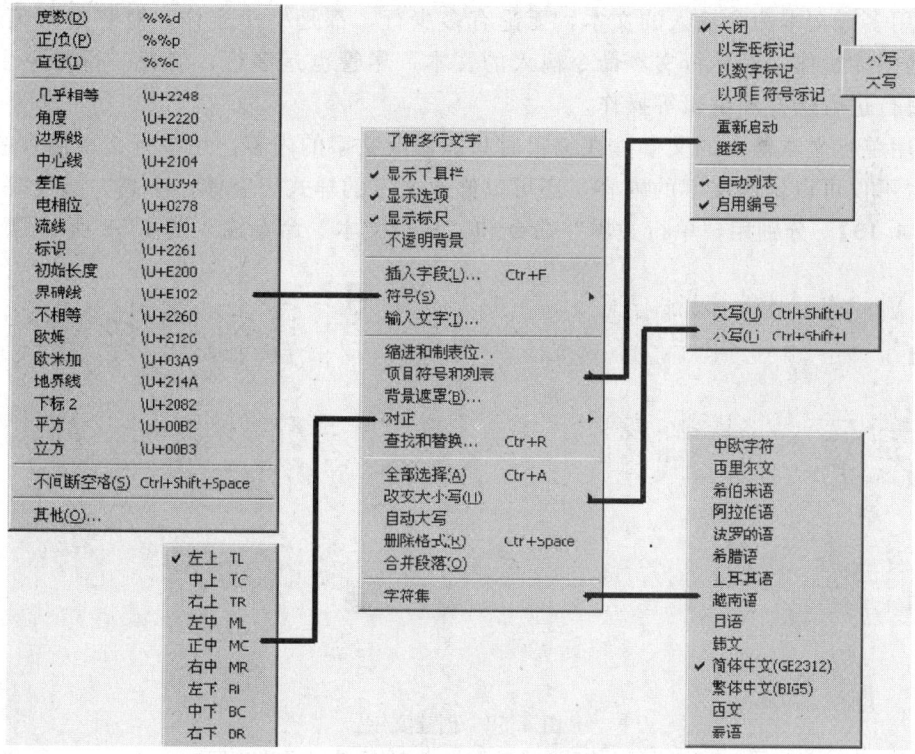

图 4.56　快捷菜单相应选项

在多行文字的文字输入窗口中,可以直接输入多行文字,也可以在文字输入窗口中右击,从弹出的快捷菜单中选择"输入文字"命令,将已经在其他文字编辑器重创建的文字内容直接导入到当前图形中。

2. 编辑多行文字

编辑多行文字的方法与编辑单行文字的方法命令执行一样,只是在选择对象后弹出的对话框不同,如图 4.57 所示。

图 4.57 "编辑多行文字"对话框

说明:

(1) 双击需要编辑的文字,也会弹出"多行文字编辑器"对话框,直接修稿即可。

(2) 多行文本和单行文本命令的区别。

1) 用多行文本命令输入的文本,无论有多少行,都是一个实体,对它进行编辑和选择时都是整体操作;而单行文本命令输入的文本,尽管也是多行,但每一行是一个整体,只能对每行进行选择和编辑等操作。

2) 用单行文本输入的文字,在编辑时只能修改文字的内容,用多行文本输入的文字,在编辑时不仅可以修改文字的内容,还可以修改文字的样式、字体、字高、颜色等。

【例 4.13】 分别用"单行文本"命令和"多行文本"命令输入图 4.58 所示的文字。

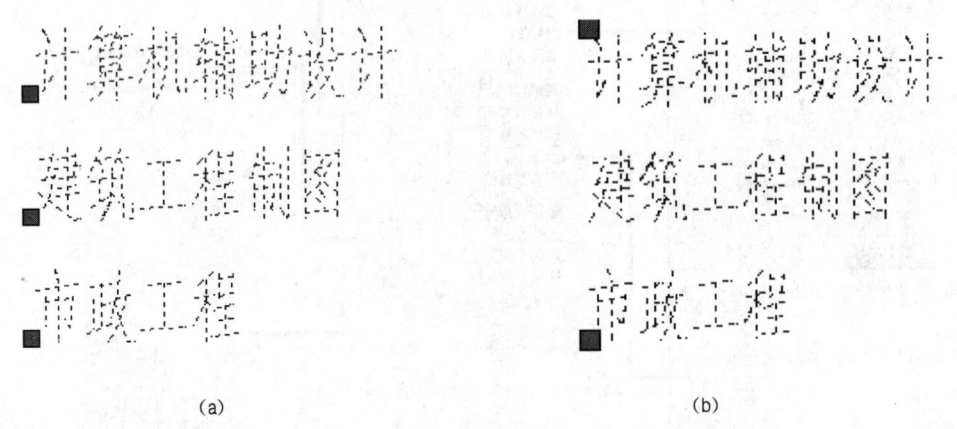

(a)　　　　　　　　　　　　　　(b)

图 4.58 创建文字

(a) "单行文本"创建文字;(b) "多行文本"创建文字

(1) 用"单行文本"输入图 4.58 (a) 所示文字的操作步骤:

1）输入 DT ↵。

命令：dt TEXT。

当前文字样式为 Standard；当前文字高度为 0.0000。

2）指定文字的起点或［对正（J）/样式（S）］:（指定一点作为文字的起点）

3）指定高度 <2.5>：（输入高度）↵

4）指定文字的旋转角度 <0>： ↵

5）输入文字：计算机辅助设计↵

输入文字：建筑工程制图↵

输入文字：市政工程↵

输入文字： ↵

（2）用"多行文本"输入图 4.58（b）所示文字的操作的步骤：

1）输入 MT ↵。

MTEXT 当前文字样式为 Standard；当前文字高度为 120。

2）指定第一角点：（指定多行文本框的一个角点）

3）指定对角点或［高度（H）/对正（J）/行距（L）/旋转（R）/样式（S）/宽度（W）］:（指定多行文本框的另一个角点）

在弹出的对话框内依次输入上面的文字，单击"确定"按钮即可。

4.7 获取图形信息

AutoCAD 的图形是一个图形数据库，其中包括大量的与图形有关的数据信息，查询命令可以从中查询或提取这些图形信息。二维的设计中，查询的基本功能包括点坐标，两点距离，闭合图形的周长、面积等。绘制的每个对象都具有特有的属性，有些基本特性，如图层、颜色、线型等，适用于多数对象，它是对象的共有属性。有的则是对象的专有特性，如直线的特性包括端点坐标、长度和角度。对于已经建好的对象，可以利用"对象特性"工具栏来修改对象特性。

4.7.1 查询点坐标

点坐标查询可以得到一点的坐标。

1. 输入命令

（1）下拉菜单："工具"→"查询"→"点坐标"。

（2）工具栏："查询"工具栏"定位点"按钮 。

（3）键盘输入：ID。

2. 过程指导

输入命令：ID↵

命令行提示"指定点"（指定要查询的点）。

得到信息：X＝2495.0787，Y＝－447.9053，Z＝0.0000。

4.7.2 查询距离

距离查询可以得到两点的距离、X 增量、Y 增量和 Z 增量等。

1. 输入命令

（1）下拉菜单："工具"→"查询"→"距离"。

（2）工具栏："查询"工具栏"距离"按钮 。

（3）键盘输入：DIST 或 DI。

2. 过程指导

输入命令：DIST↙。

命令行提示：

指定第一点：（捕捉第一点）

指定第二点：（捕捉第二点）

得到信息：距离 = 1171.8788，XY 平面中的倾角 = 0，与 XY 平面的夹角 = 0，X 增量 = 1171.8788，Y 增量 = 0.0000，Z 增量 = 0.0000。

4.7.3 周长面积查询

查询面积可以得到点阵序列或闭合区域的面积和周长。

1. 输入命令

（1）下拉菜单："工具"→"查询"→"面积"。

（2）工具栏："查询"工具栏"区域"按钮 。

（3）键盘输入：AREA 或 AA。

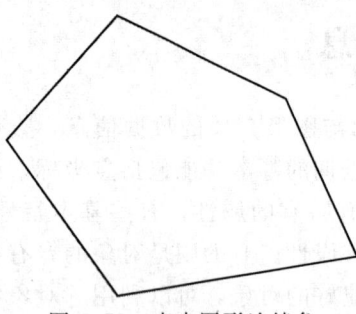

图 4.59　点击图形连续角点查询面积

2. 过程指导

根据实际情况可以有 3 种计算面积的方法。

（1）按序列点计算面积。适用于便捷由直线围成的区域，如图 4.59 所示图形的面积和周长，只要点击几个角点既得。查询过程如下：

输入命令：AREA↙。

命令行提示如下：

指定第一个角点或 [对象（O）/加（A）/减（S）]：（单击第一个角点）

指定下一个角点或按 ENTER 键全选：（单击第二个角点）

指定下一个角点或按 ENTER 键全选：（单击第三个角点）

指定下一个角点或按 ENTER 键全选：（单击第四个角点）

指定下一个角点或按 ENTER 键全选：（单击第五个角点）

指定下一个角点或按 ENTER 键全选：↙

得到信息：面积 = 3215552.3422，周长 = 7071.0003。

（2）计算封闭图形的周长和面积，如求绘制圆的面积和周长：

输入命令 AREA↙

指定第一个角点或 [对象（O）/加（A）/减（S）]：O↙

选择对象：（选取圆对象）

得到信息：面积 = 13172.6569，圆周长 = 406.8568。

计算一个复杂区域的面积的时候，只要将该区域的边界创建为多段线以后，利用这种方法可方便的求出其面积和周长。

（3）利用加、减方法计算组合面积。如图 4.60 所示，计算大圆减去 2 个小圆的面积，操作如下：

输入命令：AREA ✓。

指定第一个角点或 [对象（O）/加（A）/减（S）]：A ✓

指定第一个角点或 [对象（O）/减（S）]：O ✓

（"加"模式）选择对象：（选取大圆）

得到信息：面积 = 13172.6569，圆周长 = 406.8568，总面积 = 13172.6569。

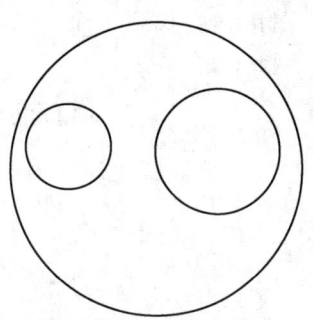

图 4.60　利用加减方法
计算组合面积

（"加"模式）选择对象：✓

指定第一个角点或 [对象（O）/减（S）]：S ✓

指定第一个角点或 [对象（O）/加（A）]：O ✓

（"减"模式）选择对象：（选取第一个小圆）

得到信息：面积 = 1154.9333，圆周长 = 120.4712，总面积 = 12017.7236。

（"减"模式）选择对象：（选取第二个小圆）

得到信息：面积 = 2367.4004，圆周长 = 172.4808，总面积 = 9650.3232 ✓

（"减"模式）选择对象：✓

指定第一个角点或 [对象（O）/加（A）]：✓（结束命令）

4.7.4　列表显示

列表命令可以显示对象的类型、所在图层、坐标、面积、周长等。

1. 输入命令

（1）下拉菜单："工具"—"查询"—"列表显示"。

（2）工具栏："查询"工具栏"列表"按钮 ▤。

（3）键盘输入：LIST 或 LI。

2. 过程指导

（1）直线的列表显示。

输入命令：LIST ✓。

选择对象：找到 1 个。

选择对象：✓

　　　　　　直线　图层：0
　　　　　　空间：模型空间
　　　　　　句柄 = 143
　　　　　　自点，X= 194.6260　Y= 120.8053　Z= 0.0000
　　　　　　到点，X= 273.3791　Y= 162.9452　Z= 0.0000
　　　　　　长度 = 89.3186，在 XY 平面中的角度 = 28
　　　　　　增量 X = 78.7531，增量 Y = 42.1399，增量 Z = 0.0000

（2）椭圆的列表显示。

输入命令：LIST ✓。

选择对象：找到 1 个。
选择对象：✓。

    ELLIPSE 图层：0
        空间：模型空间
    句柄 = 144
      面积：5403.4186
      圆周：263.4761
      中心点：X = 263.1151，Y = 67.4778，Z = 0.0000
      长轴：X = －46.8413，Y = 0.0000，Z = 0.0000
      短轴：X = 0.0000，Y = －36.7189，Z = 0.0000
      半径比例：0.7839

（3）文字的列表显示。
输入命令：LIST ✓。
选择对象：找到 1 个。
选择对象：✓。

    TEXT 图层：0
      空间：模型空间
    句柄 = 145
    样式 = " Standard"
    字体文件 = txt gbcbig.shx
    起点 点，X= －16.4415 Y= 226.1764 Z= 0.0000
    高度 120.0000
    文字 还能
    旋转 角度 0
    宽度 比例因子 1.0000
    倾斜 角度 0
    生成 普通

4.7.5 从对象特性获得图形信息

"对象特性"工具栏用于显示和修改对象的基本特性。

1. 显示和查看对象特性

操作方法：不执行任何命令，拾取对象使其选中，此时"对象特性"工具栏即显示出被选对象的基本特性，如图层名、颜色名、线型名、线宽值。如果其特性显示为"Bylayer"表明该特性与图层的对应设置相同，再查看图层设置就可以进一步了解其具体特性。

只有在系统允许"先选择后执行"的情况下，对象特性工具栏才能同步显示选择对象的特性。系统变量 Pickfirst 决定这种操作模式，Pickfirst 的值为 1 时，系统允许先选择后执行，反之该变量的值为 0 时，只能先启动命令，后选择对象，这时则不能通过对象特性工具栏查看对象的特性。

设置 Pickfirst 的方法如下。

4.7 获取图形信息

输入命令：Pickfirst↙。

输入 PICKFIRST 的新值 <0>：1↙

另一种设置 Pickfirst 变量的方法是，在"选项"对话框"选择"卡上，勾选"先选择后执行"，如图 4.61 所示。

2. 特性选项板

打开对象"特性"选项板的方法如下。

下拉菜单："修改"→"特性"。

工具栏："标准"工具栏"对象特性"图标按钮 。

命令行：PROPERTIES 或 PR 或 MO。

快捷键：Ctrl+1。

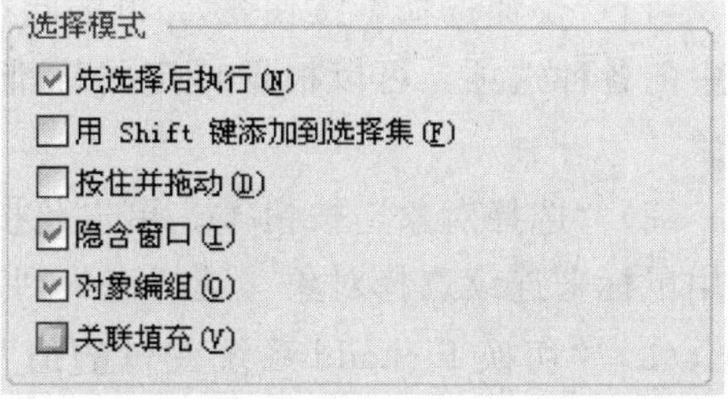

利用"特性"选项板可以更加全面地查看和修改对象的特性。"特性"选项板与当前选择集有关，选择集不通融，选项板显示的选项组也不同。

图 4.61 先选择后执行的设置

选择单个对象时，"特性"选项板显示该对象的详细特性。

选择多个对象时，"特性"选项板只显示选择集中所有对象的公共特性。

如果为选择对象，"特性"选项板只显示当前图层的基本特性、图层附着的打印样式表的名称，查看特性以及冠以 UCS 的信息。

图 4.62 所示为不同情况下"特性"选项板显示的选项组。

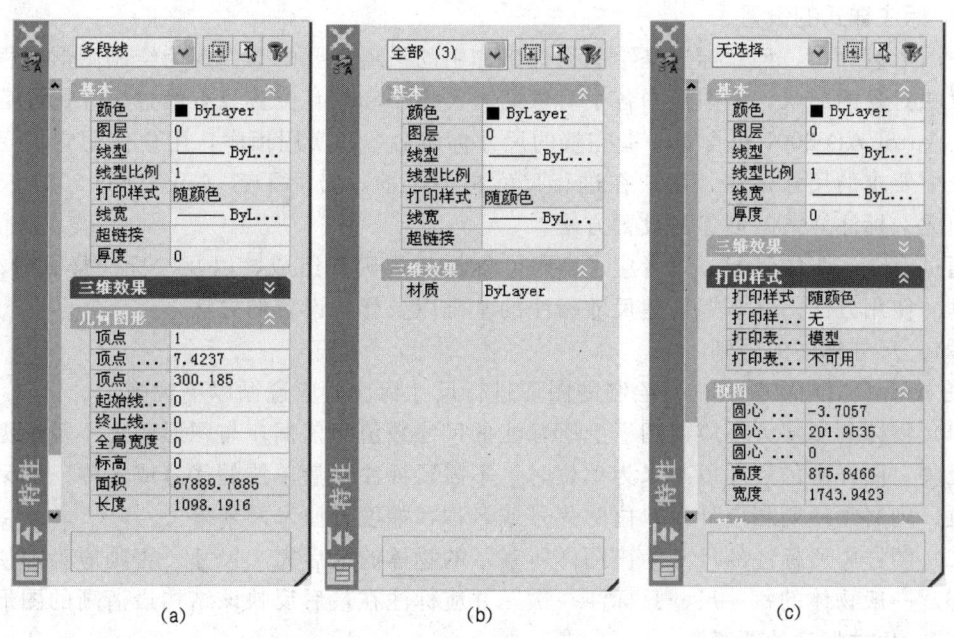

图 4.62 不同情况下的"特性"选项板

选项板一般出现的选项组有"基本"、"几何图形"、"文字"、"三维效果"、"打印样式"、"视图"、"其他"等，展开这些选项组就会在其中看到对象的各种特性以表格的形式列出，如果要修改某一特性，单击特性值所在的单元格，会发现单元格中出现了输入提示符或下拉列表等，输入或选择要设定的特性值，再按 Esc 取消对象的选中状态，关闭选项板，就完成对象特性的修改了。

"特性"选项板上还有 3 个按钮，它们的功能如下：

（1）"快速选择"按钮。单击此按钮，会弹出"快速选择"对话框，利用这个对话框中的各种选项，可以根据特定的标准来快速选择对象，或者从已选择的对象集中删除对象。

（2）"选择对象"按钮。单击此按钮，会看到鼠标光标变为了小方框，这时即可以使用鼠标来连续选择对象。选择完毕回车，"特性"选项板列出其特性。

（3）"切换 Pickadd 系统变量的值"按钮。在默认情况下，它的值是 1，这时可以连续选择对象加入到选择集中；单击按钮，他变为形状，Pickadd 的值变为 0，这时必须按住 Shift 键才能连续选择对象并将它们加入选择集中，否则，后选的对象将自动取代前面所选的对象。

4.8 尺 寸 标 注

本节的学习目标是学会设置标注样式管理器；掌握各种尺寸标注方法。

本节分为标注样式的设置和标注尺寸与编辑标注对象两大部分。通过标注样式的设置和若干尺寸标注的完成，可以将 CAD 图形文件标注上必需的尺寸。

4.8.1　标注样式的设置

在图形设计中，尺寸标注是绘图设计工作中的一项重要内容，因为绘制图形的根本目的是反映对象的形状，而图形中各个对象的真实大小和相互位置只有经过尺寸标注后才能确定。AutoCAD 2007 包含了一套完整的尺寸标注命令和实用程序，用户使用它们足以完成图纸中要求的尺寸标注。用户在进行尺寸标注之前，必须了解 AutoCAD 2007 尺寸标注的组成、标注样式的创建和设置方法。

通过对 4.8.1 的学习，读者应了解尺寸标注的规则和组成，以及"标注样式管理器"对话框的使用方法。并掌握创建尺寸标注的基础以及样式设置的方法。

4.8.1.1　尺寸标注的规则

在 AutoCAD 2007 中，对绘制的图形进行尺寸标注时应遵循以下规则：

（1）物体的真实大小应以图样上所标注的尺寸数值为依据，与图形的大小及绘图的准确度无关。图样中的尺寸以毫米为单位时，不需要标注计量单位的代号或名称。如采用其他单位，则必须注明相应计量单位的代号或名称，如度、厘米及米等。

（2）图样中所标注的尺寸为该图样所表示的物体的最后完工尺寸，否则应另加说明。

（3）一般物体的每一尺寸只标注一次，并应标注在最后反映该结构最清晰的图形上。

4.8.1.2　尺寸标注的要素

在 AutoCAD 中，尺寸标注的要素与我国工程图样绘制标准类似，是由尺寸界线、尺寸线、尺寸箭头和尺寸文本等组成，如图 4.63 所示。在 AutoCAD 中，这 4 部分通常是以块的形式作为一个整体存储在图形文件中的。

4.8 尺寸标注

1. 尺寸线

尺寸线用于指示标注的方向，用细实线绘制。一般为直线，角度标注则为圆弧线。

2. 尺寸界线

尺寸界线用于表示尺寸度量的范围。尺寸界线将尺寸线引出被标注的实体之外，一般为细实线，有时用中心线或轮廓线代替。

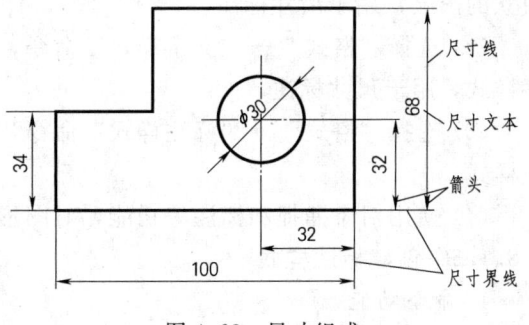

图 4.63 尺寸组成

3. 尺寸箭头

尺寸箭头用于表示尺寸度量的起止，系统提供了斜线、箭头、圆点等样式，一般为实心箭头。用户根据需要也可创建其他箭头样式。

4. 尺寸文本

尺寸文本用于表示尺寸度量的值。尺寸文本包括基本尺寸、尺寸公差（上、下偏差）以及前缀、后缀等。

5. 形位公差

由形位公差符号、公差值、基准等组成，一般与引线同时使用。

6. 引线标注

从被标注的实体引出直线，在其末端可添加注释文字或形位公差。

4.8.1.3 尺寸标注的类型

AutoCAD 2007 提供了 10 余种标注工具用以标注图形对象，分别位于"标注"菜单或"标注"工具栏中，如图 4.64 所示。使用它们可以进行角度、直径、半径、线性、对齐、连续、圆心及基线等标注。

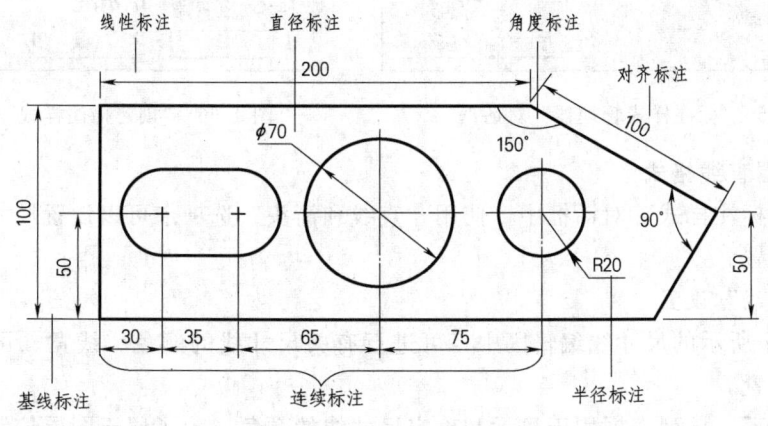

图 4.64 尺寸标注图例

4.8.1.4 创建尺寸标注的基本步骤

在 AutoCAD 中对图形进行尺寸标注的基本步骤如下：

（1）选择"格式"→"图层"命令，在打开的"图层特性管理器"对话框中创建一个独立的图层，用于尺寸标注。

（2）选择"格式"→"文字样式"命令，在打开的"文字样式"对话框中创建一种文字样式，用于尺寸标注。

（3）选择"格式"→"标注样式"命令，在打开的"标注样式管理器"对话框设置标注样式。

（4）使用对象捕捉和标注等功能，对图形中的元素进行标注。

4.8.1.5 创建标注样式

1. 命令功能

创建标注样式命令用于创建或设置尺寸标注样式。

2. 命令调用方式

（1）菜单方式：[格式]→[标注样式]。

（2）图标方式：[标注]→ 。

（3）键盘输入方式：DIMSTYLE。

要创建标注样式，选择"格式"→"标注样式"命令，打开"标注样式管理器"对话框，如图4.65所示。单击"新建"按钮，在打开的"创建新标注样式"对话框中即可创建新标注样式，或者对原有标注样式进行修改，如图4.66所示。

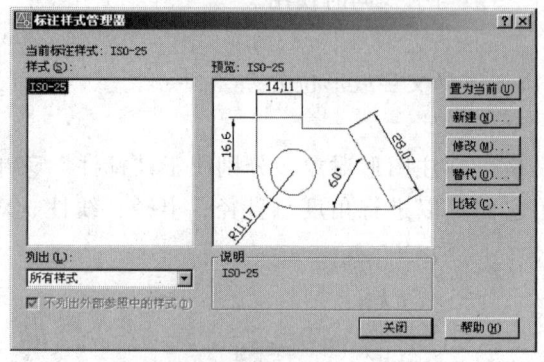
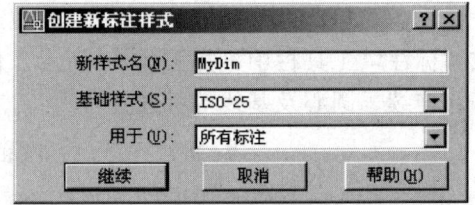

图4.65 "标注样式管理器"对话框　　　　图4.66 "创建标注样式"对话框

4.8.1.6 设置直线格式

在"新建标注样式"对话框中，使用"直线和箭头"选项卡可以设置尺寸线、尺寸界线的格式和位置。

1. "尺寸线"设置

在图4.67所示的尺寸线编辑区中，可进行有关尺寸线的颜色、线宽、可见性和尺寸线间隔等的设置。

（1）"颜色"。该列表框用于显示和确定尺寸线的颜色。为了便于图层控制，一般将颜色设为"随块"。

（2）"线宽"。该列表框用于显示和确定尺寸线的线宽。一般将线宽也设为"随块"。

（3）"基线间距"。用于控制基线标注时尺寸线之间的间隔，如图4.68（a）所示。

（4）"隐藏"。用于控制尺寸线及端部箭头是否隐藏。两个复选框分别控制尺寸线1及尺寸线 2，如图 4.68（b）、(c)、(d) 所示。

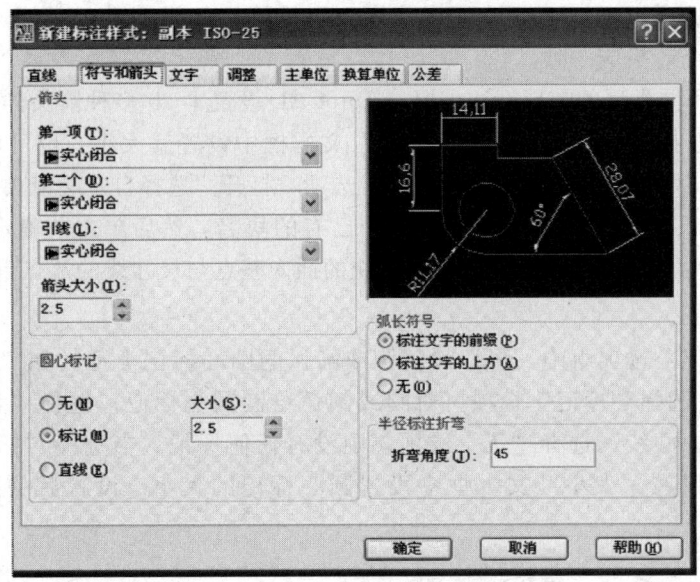

图 4.67 "新建标注样式"窗口

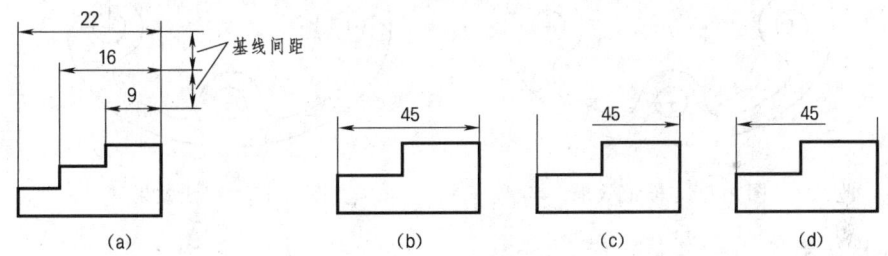

图 4.68 尺寸线控制
(a) 基线间距；(b) 不隐藏尺寸线；(c) 隐藏尺寸线 1；(d) 隐藏尺寸线 2

2．"尺寸界线"设置

在图 4.67 所示的尺寸界线编辑区中，可进行有关尺寸界线的颜色、线宽、超出尺寸线、起点偏移量和隐藏的设置。

（1）"颜色"和"线宽"。分别控制尺寸界线的颜色和线宽。为了便于图层控制，一般将颜色和线宽均设为随块。

（2）"超出尺寸线"。用于确定尺寸界线超出尺寸线的长度。如图 4.68（a）所示。

（3）"起点偏移量"。用于确定尺寸界线的实际起始点和指定起始点之间的偏移量。如图 4.68（a）所示。

（4）"隐藏"。用于控制尺寸界线是否隐藏。如图 4.68（b）、(c)、(d) 所示。

4.8.1.7 设置符号和箭头格式

在"新建标注样式"对话框中，使用"直线和箭头"选项卡可以设置箭头、圆心标记、弧长符号和半径标注折弯的格式与位置。

1. 箭头

在"箭头"选项组中，可以设置尺寸线和引线箭头的类型及尺寸大小等。通常情况下，尺寸线的两个箭头应一致。

为了适用于不同类型的图形标注需要，AutoCAD 设置了 20 多种箭头样式。可以从对应的下拉列表框中选择箭头，并在"箭头大小"文本框中设置其大小。也可以使用自定义箭头，此时可在下拉列表框中选择"用户箭头"选项，打开"选择自定义箭头块"对话框。在"从图形块中选择"文本框内输入当前图形中已有的块名，然后单击"确定"按钮，AutoCAD 将以该块作为尺寸线的箭头样式，此时块的插入基点与尺寸线的端点重合。

2. 圆心标记

在"圆心标记"选项组中，可以设置圆或圆弧的圆心标记类型，如"标记"、"直线"和"无"。其中，选择"标记"选项可对圆或圆弧绘制圆心标记；选择"直线"选项，可对圆或圆弧绘制中心线；选择"无"选项，则没有任何标记。当选择"标记"或"直线"单选按钮时，可以在"大小"文本框中设置圆心标记的大小。设置后的图形如图 4.69、4.70 所示。

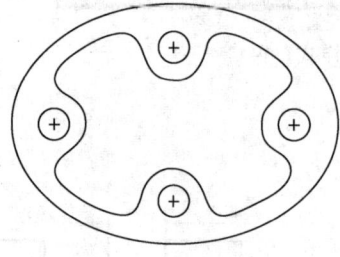
图 4.69 标记效果

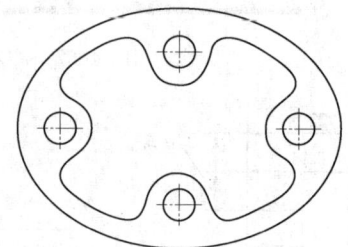
图 4.70 直线效果

3. 弧长符号

在"弧长符号"选项组中，可以设置弧长符号显示的位置，包括"标注文字的前缀"、"标注文字的上方"和"无"3 种方式。如图 4.71 所示的 3 种情况。

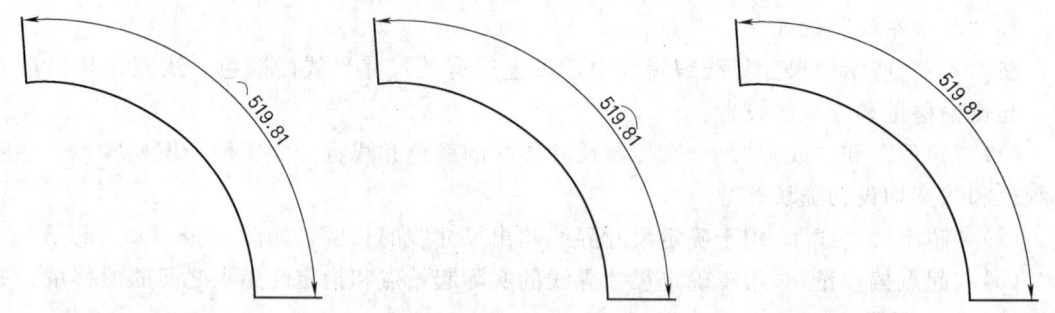

图 4.71 弧长符号显示的三种位置

4. 半径标注折弯

在"半径标注折弯"选项组的"折弯角度"文本框中，可以设置标注圆弧半径时标注线的折弯角度大小。

4.8.1.8 设置文字格式

在"新建标注样式"对话框中,可以使用"文字"选项卡设置标注文字的外观、位置和对齐方式。

1. 文字外观

在"文字外观"选项组中,可以设置文字的样式、颜色、高度和分数高度比例,以及控制是否绘制文字边框等。部分选项的功能说明如下:

(1)"分数高度比例"文本框。设置标注文字中的分数相对于其他标注文字的比例,AutoCAD 将该比例值与标注文字高度的乘积作为分数的高度。

(2)"绘制文字边框"复选框。设置是否给标注文字加边框。如图 4.72 和图 4.73 所示。

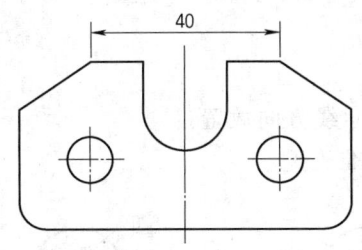
图 4.72 标注文字未加框

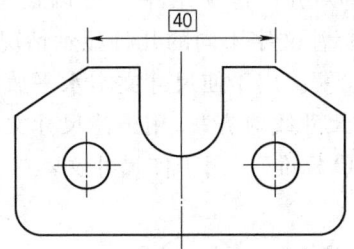
图 4.73 标注文字加框

2. 文字位置

在"文字位置"选项组中,可以设置文字的垂直、水平位置以及从尺寸线的偏移量。

(1)"垂直"。控制尺寸文本在垂直方向的位置。在其下拉列表中列出了几个选项,其中"置中"是将尺寸文本置于尺寸线中间,"上方"是将尺寸文本置于尺寸线的上方,"外部"是将尺寸文本置于尺寸线的下方,如图 4.74 所示。

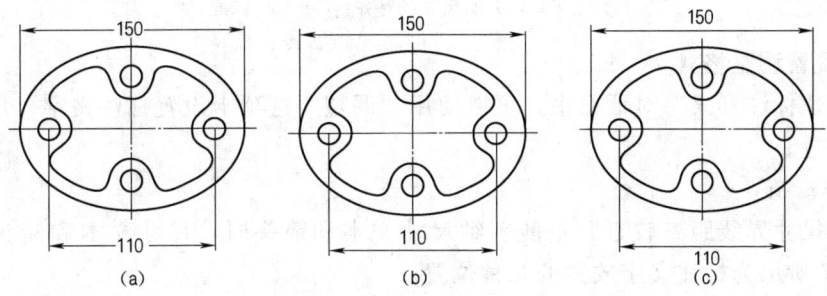

图 4.74 垂直文字所处的几种不同的位置
(a) 置中;(b) 上方;(c) 外部

(2)"水平"。控制尺寸文本在水平方向的位置。在其下拉列表中列出了几个选项,其中"置中"是将尺寸文本置于尺寸线中间,"第一条尺寸界线"和"第二条尺寸界线"分别是将尺寸文本置于靠近第一条尺寸界线和第二条尺寸界线的位置,"第一条尺寸界线上方"和"第二条尺寸界线上方"分别是将尺寸文本置于第一条尺寸界线和第二条尺寸界线的左上方。如图 4.75 所示。

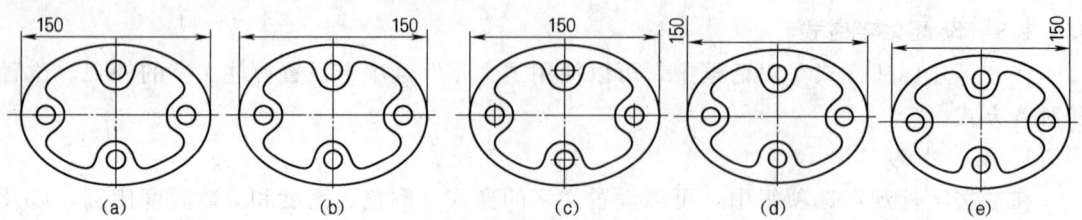

图 4.75 "文字位置"选项
(a) 第一条尺寸界线；(b) 第二条尺寸界线；(c) 置中；
(d) 第一条尺寸界线上方；(e) 第二条尺寸界线上方

3. 文字对齐

在"文字对齐"选项组中，可以设置标注文字是保持水平还是与尺寸线平行。图 4.76 所示为标注文字不同的几种显示情况。

(1) "水平"。用于使尺寸文本水平放置。

(2) "与尺寸线对齐"。用于使尺寸文本沿尺寸线方向放置。

(3) "ISO 标准"。用于使尺寸文本按 ISO 标准放置。

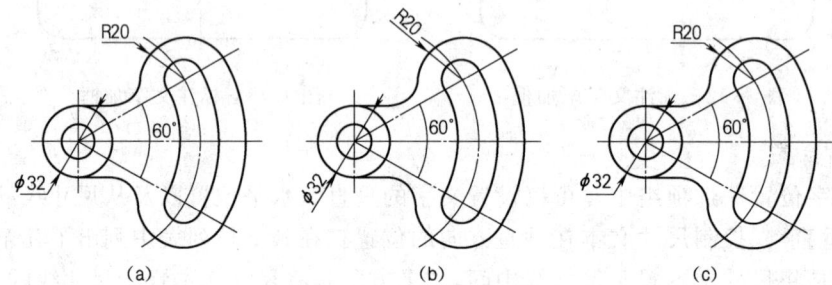

图 4.76 标注文字不同的几种显示情况
(a) 水平；(b) 与尺寸线对齐；(c) ISO 标准

4.8.1.9 设置调整格式

在"新建标注样式"对话框中，可以使用"调整"选项卡设置标注文字、尺寸线、尺寸箭头的位置。

1. 调整选项

定义当尺寸界线距离较近，不能容纳尺寸文本和箭头时，尺寸文本和箭头的布置方式。图 4.77 所示为标注文字放置的几种位置。

图 4.77 标注文字放置的几种位置
(a) 文字；(b) 箭头；(c) 文字和箭头；(d) 文字始终保持在尺寸线之间

(1) "文字和箭头，取最佳效果"。当尺寸界线内不能容纳尺寸文本和箭头时，尽量将其中一个放在尺寸界线内。

4.8 尺寸标注

(2)"箭头"。优先考虑将箭头从尺寸界线内移出。

(3)"文字"。优先考虑将尺寸文本从尺寸界线内移出。

(4)"文字和箭头"。当尺寸界线内不能容纳尺寸文本和箭头时,将二者都放置在尺寸界线之外。

(5)"文字始终保持在尺寸界线之间"。将尺寸文本一直放置在尺寸界线之内。

(6)复选框"若不能放在尺寸界线内,则消除箭头"。当尺寸界线内不能容纳尺寸文本和箭头时,不绘制箭头。

2. 文字位置

在"文字位置"选项组中,可以设置当文字不在默认位置时的位置,如图 4.78 所示。

(1)"尺寸线旁边"。当文字在尺寸界线之外时放置在尺寸线旁边。

(2)"尺寸线上方,加引线"。当文字在尺寸界线之外时标注在尺寸线之上,并加上一条引线。

(3)"尺寸线上方,不加引线"。当文字在尺寸界线之外时标注在尺寸线之上,但不加引线。

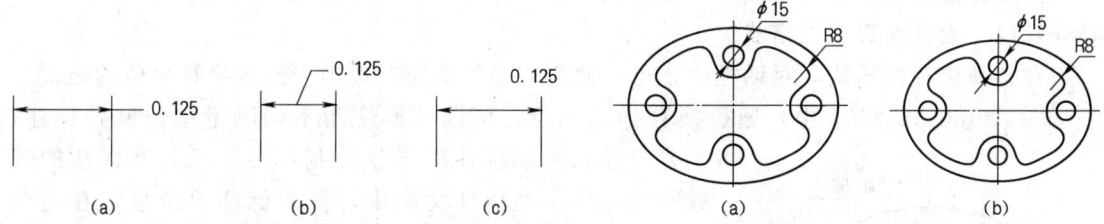

图 4.78 文字不在默认位置时的位置
(a)尺寸线旁边;(b)尺寸线上方,带引线;
(c)尺寸线上方,不带引线

图 4.79 设置标注尺寸的特征比例
(a)设置全局比例为 1;(b)设置

3. 标注特征比例

在"标注特征比例"选项组中,可以设置标注尺寸的特征比例,以便通过设置全局比例来控制各标注的大小。如图 4.79 所示。

(1)"使用全局比例"。文本框显示的比例为全局比例系数,对整个尺寸标注都适用。

(2)"按布局(图纸空间)缩放标注"。文本框中显示的比例系数为当前模型空间和图纸空间的比例。

4. 优化

在"优化"选项组中,可以对标注文本和尺寸线进行细微调整,该选项组包括以下两个复选框。

(1)"标注时手动放置文字"。选中该选项,在标注时手工确定尺寸文本的放置位置。

(2)"始终在尺寸界线之间绘制尺寸线"。选中该选项,则始终保持在尺寸界线之间绘制尺寸线。

4.8.1.10 设置主单位格式

在"新标注样式"对话框中,可以使用"主单位"选项卡设置主单位的格式与精度等属性。

1. 线性标注设置

(1)"单位格式"。设置尺寸单位的格式。可在其下拉列表中选择科学单位、小数单位、工程单位、建筑单位、分数单位和 Windows 桌面中的某一种格式。

(2)"精度"。设置尺寸单位的精度。根据需要可在其下拉列表中选择合适的精度等级。

(3)"小数分隔符"。有逗点、句点、空格 3 种形式供选择。

(4)"舍入"。设置舍入精度。

(5)"前缀"。设置主单位前缀。

(6)"后缀"。设置主单位后缀。

(7)"测量比例因子"。设置尺寸测量的比例因子。

(8)"消零"。选中"前导"可消除尺寸文本前无效的"0",选中"后续"可消除尺寸文本后无效的"0"

2. 角度标注设置

角度标注的设置方法与线性标注类似。

4.8.1.11 设置换算单位格式

在"新建标注样式"对话框中,可以使用"换算单位"选项卡设置换算单位的格式。在 AutoCAD 2007 中,通过换算标注单位,可以转换使用不同测量单位制的标注,通常是显示英制标注的等效公制标注,或公制标注的等效英制标注。在标注文字中,换算标注单位显示在主单位旁边的方括号〔〕中,如图 4.80 所示。

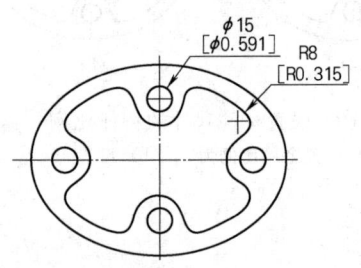

图 4.80 换算标注单位

4.8.1.12 设置公差格式

在"新建标注样式"对话框中,可以使用"公差"选项卡设置是否标注公差,以及以何种方式进行标注,如图 4.81 所示。

1. "公差格式"设置

(1)"方式"。用于设置公差文本的标注方式。在其下拉列表中有 5 个选项可供选择。无、对称、极限偏差、极限尺寸、基本尺寸。

(2)"精度"。用于设置尺寸标注公差的精度,即有效位的设置。

(3)"上偏差"。用于设置上偏差值。输入偏差数值后,系统自动在偏差值前加"+"号。如需修改,可在输入偏差值时在前面添加"-"号。例如想使上偏差为-0.005,可输入上偏差值-0.005。

(4)"下偏差"。用于设置下偏差值。输入偏差数值后,系统自动在偏差值前加"-"号。如需修改,可在输入偏差值时在前面添加"-"号。若想使下偏差为+0.005,可输入下偏差值-0.005。

(5)"高度比例"。用于设置公差文字的高度。一般在"对称"方式时设置为 1,在"极限偏差"方式时设置为 0.7。

(6)"垂直位置"。用于设置公差文字和基本尺寸文字的对正方式。

4.8 尺寸标注

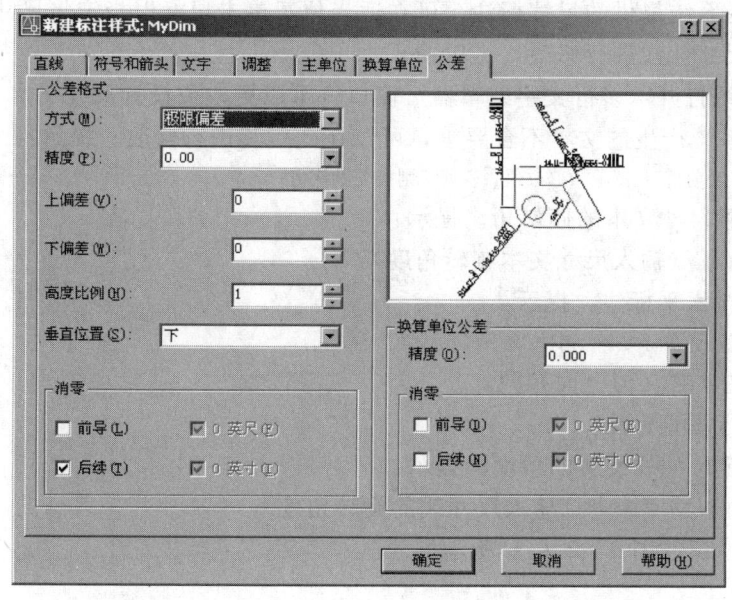

图 4.81　使用"公差"选项卡设置是否标注公差

（7）"消零"。用于设置标注文字是否显示无效的数字 0。

2."换算单位公差"设置

"换算单位公差"用于进行换算公差单位的精度和消零设置。

4.8.2　标注尺寸与编辑标注对象

用户在了解尺寸标注的组成与规则、标注样式的创建和设置方法后，接下来就可以使用标注工具标注图形了。AutoCAD 2007 提供了完善的标注命令，如使用"直径"、"半径"、"角度"、"线性"、"圆心标记"等标注命令，可以对直径、半径、角度、直线及圆心位置等进行标注。

4.8.2.1　线性标注

1. 命令功能

线性标注命令用于标注水平尺寸、垂直尺寸和旋转尺寸。

2. 命令调用方式

（1）菜单方式：［标注］→［线性］。

（2）图标方式：［标注］→ ⊢⊣ 。

（3）键盘输入方式：DIMLINEAR。

3. 命令说明

执行线性标注命令后，命令行出现如下提示：

指定第一条尺寸界限原点或［选择对象］：

此时有两种选择：

（1）指定第一条尺寸界线原点。指定了第一点后，系统接着提示：

指定第二条尺寸界线原点。（指定第二点）

指定尺寸线位置或［多行文字（M）/文字（T）/角度（A）/水平（H）/垂直（V）/旋转（R）］：

此时若接受系统提供的尺寸标注，可在适当位置单击鼠标以指定将尺寸在该处。若要对系统提供的尺寸标注进行修改，可以输入：

1）M。系统打开"多行文字编辑器"窗口，可以更改或设置尺寸文本。

2）T。若系统产生的文本不合要求，可以在此对其进行修改。提示：

输入标注文字<当前值>：（输入修改值，若回车则接受默认值）

3）A。设置尺寸文本的倾斜角。提示：

指定标注文字角度：（输入尺寸文本旋转角度）；

4）H。进行水平标注。提示：

指定尺寸线位置或 [多行文字（M）/文字（T）/角度（A）]：

这几个可选项含义与上面相同。

5）V。进行垂直标注。

6）R。指定尺寸线旋转的角度。提示：

指定尺寸线的角度<当前值>：（输入尺寸线的旋转角度）

【例 4.14】 标注图 4.82（a）所示尺寸。

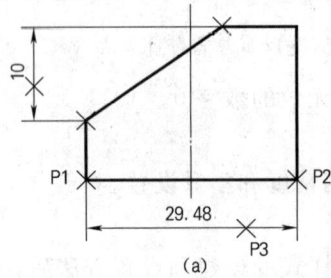 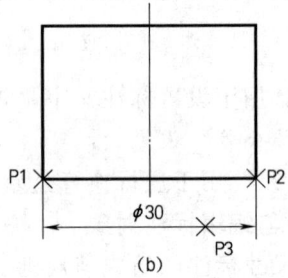

图 4.82 线性标注示例

命令：DIMLINEAR。

指定第一条尺寸界限原点或 [选择对象]：（选 P1 点）

指定第二条尺寸界线原点：（选 P2 点）

指定尺寸线位置或 [多行文字（M）/文字（T）/角度（A）/水平（H）/垂直（V）/旋转（R）]：（单击 P3 点附近）

此时在 P3 点附近标注出图示尺寸，其中尺寸文本是系统提供的，未对其进行修改。

【例 4.15】 标注图 4.82（b）所示尺寸。

命令：DIMLINEAR。

指定第一条尺寸界限原点或 [选择对象]：（选 P1 点）

指定第二条尺寸界线原点：（选 P2 点）

指定尺寸线位置或 [多行文字（M）/文字（T）/角度（A）/水平（H）/垂直（V）/旋转（R）]：T↙输入标注文字<29.48>：%%c30 ↙

指定尺寸线位置或 [多行文字（M）/文字（T）/角度（A）/水平（H）/垂直（V）/旋转（R）]：（鼠标单击 P3 点附近）

结果如图 4.82 所示。

4.8.2.2 对齐标注

1. 命令功能

对齐标注命令用来标注斜面或斜线的尺寸。

2. 命令调用方式

(1) 菜单方式：［标注］→［对齐］。

(2) 图标方式：［标注］→ ![icon]。

(3) 键盘输入方式：DIMALIGNED。

3. 命令说明

执行该命令后，命令行出现如下提示：

指定第一条尺寸界线原点或［选择对象］:

此时也有两种选择：

(1) 指定第一点。接着提示：

指定第二条尺寸界线原点:（选第二点）

指定尺寸线位置或［多行文字（M）/文字（T）/角度（A）］:

各选项含义与上面相同。

(2) 直接回车。若选择直接回车，则系统接着提示：

选择标注对象:

要求用户选择一个标注对象，当选择了对象后，系统自动生成该对象的尺寸标注，以下按照提示进行即可。

4. 标注示例

【例 4.16】 标注如图 4.83 所示尺寸。

命令：LINEALIGNED。

指定第一条尺寸界线原点或［选择对象］:（选 P1 点）

指定第二条尺寸界线原点:（选 P2 点）

指定尺寸线位置或［多行文字（M）/文字（T）/角度（A）］: T↵

输入标注文字 <23.4>: 24↵

指定尺寸线位置或［多行文字（M）/文字（T）/角度（A）］:（在 P3 点附近单击）

结果如图 4.83 所示。

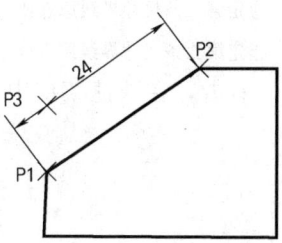

图 4.83 对齐标注示例

4.8.2.3 基线标注

1. 命令功能

基线标注命令用来标注自同一基准处测量的多个尺寸。但在创建基线标注之前，必须已创建了线性、对齐或角度标注。

2. 命令调用方式

(1) 菜单方式：［标注］→［基线］。

(2) 图标方式：［标注］→ ![icon]。

(3) 键盘输入方式：DIMBASELINE。

3. 命令说明

执行该命令后，移动鼠标可以看到，系统自动以上次尺寸标注的第一条尺寸界线作为

基准生成了基线标注的第一条尺寸线,同时命令行出现如下提示:

指定第二条尺寸界线原点或[放弃(U)/选择(S)]<选择>:

此时有 3 种选择:

(1) 指定第二条尺寸界线原点。因为基线标注的第一条尺寸线已经自动生成,选择第二点后即可生成一个尺寸。并且系统接着提示:

指定第二条尺寸界线原点或[放弃(U)/选择(S)]<选择>:

可继续选择第三点、第四点不断生成基线标注。

(2) 输入 U 并回车。放弃上一次选择的尺寸界线原点。

(3) 输入 S 并回车。选择一个已经存在的尺寸标注,并且以该尺寸靠近选择点的那一条尺寸界线作为基准来生成基线标注。以下操作和上面相同。

4. 标注示例

【例 4.17】 图 4.84(a)中尺寸 15 已标出,现要求标注尺寸 30、45(假定尺寸 15 是图形中绘制的最后一个尺寸,并且其右侧的尺寸界线是第一条尺寸界线)。

命令:DIMBASELINE。

移动鼠标可以看到,系统自动以尺寸 15 的第一条尺寸界线作为基准生成了基线标注的第一条尺寸线,同时命令行出现如下提示:

指定第二条尺寸界线原点或[放弃(U)/选择(S)]<选择>:(选 P1 点,生成尺寸 30)

指定第二条尺寸界线原点或[放弃(U)/选择(S)]<选择>:(选 P2 点,生成尺寸 45)

右击,在快捷菜单中选"确认"或按"Esc"键结束命令,结果如图 4.84(b)所示。

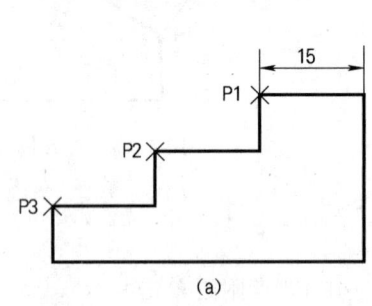
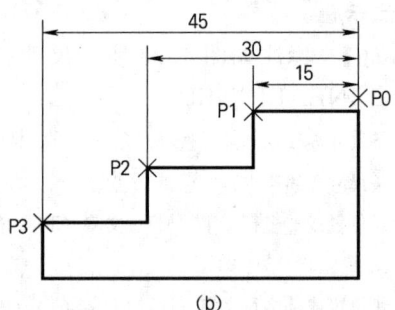

图 4.84 基线标注示例

4.8.2.4 连续标注

1. 命令功能

连续标注命令用来标注图中出现在同一直线上的若干尺寸。

2. 命令调用方式

(1) 菜单方式:[标注] → [基线]。

(2) 图标方式:[标注] → 。

(3) 键盘输入方式:DIMBASELINE。

3. 命令说明

执行该命令后,移动鼠标可以看到,系统自动以上次尺寸标注的第二条尺寸界线作为基准生成了连续标注的第一条尺寸线,同时命令行出现如下提示:

4.8 尺寸标注

指定第二条尺寸界线原点或［放弃（U）/选择（S）］<选择>：

此时有 3 种选择：

（1）指定第二条尺寸界线原点。因为基线标注的第一条尺寸线已经自动生成，选择第二点后即可生成一个尺寸。并且系统接着提示：

指定第二条尺寸界线原点或［放弃（U）/选择（S）］<选择>：

可继续选择第三点、第四点不断生成连续标注。

（2）输入 U 并回车。放弃上一次选择的尺寸界线原点。

（3）输入 S 并回车。选择一个已经存在的尺寸标注，并且以该尺寸靠近选择点的那一条尺寸界线作为基准来生成连续标注。以下操作和上面相同。

4. 标注示例

【例 4.18】 图 4.85 中尺寸 10 已标出，现要求标注尺寸 15、20。

命令：DIMBASELINE。

移动鼠标可以看到，系统自动以图形中某尺寸的某条尺寸界线作为基准生成了基线标注的第一条尺寸线，同时命令行出现如下提示：

指定第二条尺寸界线原点或［放弃(U)/选择(S)］<选择>：S↙

选择基准标注：（选择尺寸 10 左侧的尺寸界线或尺寸线上靠左的某点，此时移动鼠标可以看到，系统自动以尺寸 10 的左侧尺寸界线作为基准生成了连续标注的第一条尺寸线）

指定第二条尺寸界线原点或［放弃（U）/选择（S）］<选择>：（选 P2 点，生成尺寸 15）

指定第二条尺寸界线原点或［放弃（U）/选择（S）］<选择>：（选 P3 点，生成尺寸 20）

右击，在快捷菜单中选"确认"或按"Esc"键结束命令，结果如图 4.85 所示。

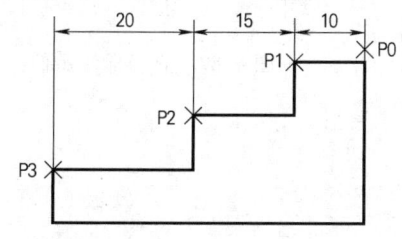
图 4.85 连续标注示例

图 4.86 半径尺寸标注

4.8.2.5 半径标注

1. 命令功能

半径标注命令用来标注圆或圆弧的半径尺寸。系统自动在尺寸数字前加"R"。

2. 命令调用方式

（1）菜单方式：［标注］→［半径］。

（2）图标方式：［标注］→ 。

（3）键盘输入方式：DIMRADIUS。

3. 命令说明

半径尺寸标注与直径标注基本相同，这里不再详细介绍。图 4.86 所示为半径标注示例。

4.8.2.6 直径标注

1. 命令功能

直径标注命令用来标注圆或圆弧的直径尺寸。标注时系统自动在尺寸数字前加"ϕ"

2. 命令调用方式

(1) 菜单方式：[标注] → [直径]。

(2) 图标方式：[标注] → ⊘。

(3) 键盘输入方式：DIMDIAMETER。

3. 命令说明

执行该命令后，系统提示：

选择圆弧或圆：（选取标注对象）

指定尺寸线位置或 [多行文字（M）/文字（T）/角度（A）]：

这几个选项含义与前面几种标注方法相同。

4. 标注示例

【例 4.19】 标注图 4.87 所示圆的直径尺寸。

命令：DIMDIAMETER✓。

选择圆弧或圆：（选取圆）。

指定尺寸线位置或 [多行文字（M）/文字（T）/角度（A）]：（在合适位置选取一点放置尺寸）

图 4.87 所示为两种不同标注样式设置下，圆的直径标注效果。

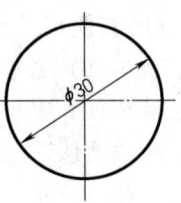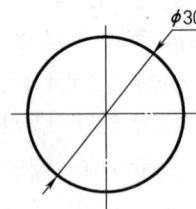

图 4.87 直径标注示例

4.8.2.7 圆心标注

1. 命令功能

圆心标注命令用来标注圆或圆弧的中心点，也可利用其来绘制圆的中心线。

2. 命令调用方式

(1) 菜单方式：[标注] → [圆心标记]。

(2) 图标方式：[标注] → ⊕。

(3) 键盘输入方式：DIMCENTER。

4.8.2.8 角度标注

1. 命令功能

角度标注命令用来标注角度尺寸。在角度标注中也允许采用基线标注和连续标注。

2. 命令调用方式

(1) 菜单方式：[标注] → [角度]。

(2) 图标方式：[标注] → △。

(3) 键盘输入方式：DIMANGULAR。

3. 命令说明

执行该命令后，系统提示：

选择圆弧、圆、直线或 [指定顶点]：

4.8 尺寸标注

此时,可进行如下选择:

(1) 选取一段圆弧。该选项标注圆弧两个端点与圆心连线的夹角。系统接着提示:

指定标注弧线位置或〔多行文字(M)/文字(T)确度(A)〕:

此时可选取一点以指定位置标注出圆弧的角度,若要对此尺寸标注进行修改,可选取其余可选项。其余可选项的含义与前面相同,这里不再介绍。

(2) 选取一个圆。以选择的点作为第一尺寸界线原点,该圆的圆心作为角的顶点,系统接着提示:

指定角的第二个端点:(要求指定第二尺寸界线原点)

指定标注弧线位置或〔多行文字(M)/文字(T)/角度(A)〕:(指定标注位置或进行修改)

(3) 选取一直线。以该直线作为角度的第一尺寸界线。系统接着提示:

选择第二条直线:(要求选取第二条直线,作为角度的第二尺寸界线)

指定标注弧线位置或〔多行文字(M)/文字(T)/角度(A)〕:(指定标注位置或进行修改)

(4) 直接回车。可直接指定角的顶点和两个端点来标注角度。系统接着提示:

指定角的顶点:(选取一点作为角的顶点);

指定角的第一个端点:(选取一点作为角的第一个端点)

指定角的第二个端点:(选取一点作为角的第二个端点)

指定标注弧线位置或〔多行文字(M)/文字(T)/角度(A)〕:(指定标注位置或进行修改)

4. 角度标注示例

图 4.88 列出了上面 4 种情况的角度标注。

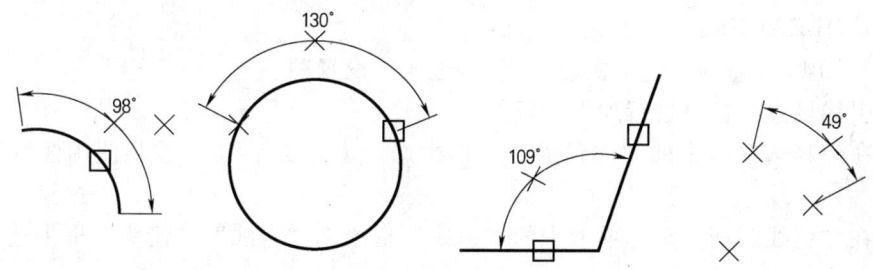

图 4.88 角度尺寸标注

4.8.2.9 引线标注

1. 命令功能

引线标注命令用来进行引出标注。

2. 命令调用方式

(1) 菜单方式:〔标注〕→〔引线〕。

(2) 图标方式:〔标注〕→ 。

(3) 键盘输入方式:QLEADER。

3. 命令说明

执行该命令后,系统提示:

指定第一个引线点或〔设置(S)〕<设置>:

(1) 若直接回车,则弹出如图 4.89 所示的引线设置窗口。在该窗口中可对注释类型、引线和箭头样式及文字附着方式等进行设置。

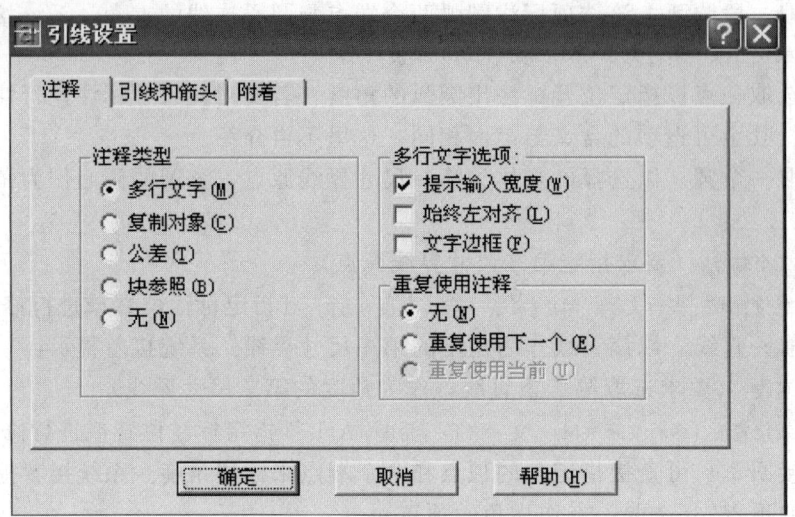

图 4.89 "引线设置"窗口

（2）指定一点，开始引线标注。以下的命令行提示根据引线设置的不同有所区别，可按照提示逐步操作。

4．标注示例

【例 4.20】 标注如图 4.90 所示的引线标注。

命令：QLEADER。

指定第一个引线点或[设置(S)]<设置>：✓（进入"设置"）

在"引线设置"窗口进行如下设置：

（1）在注释选项卡中的"注释类型"框中选"多行文字"，"重复使用注释"框中选"无"。

（2）在"引线和箭头"选项卡中的"引线"框中选"直线"，"箭头"框中选"实心闭合"。

（3）在"附着"选项卡中选中"最后一行加下划线"复选框。

设置完成后单击"确定"。系统接着提示：

指定第一个引线点或[设置(S)]<设置>：（选 P1 点）

指定下一点：（选 P2 点）

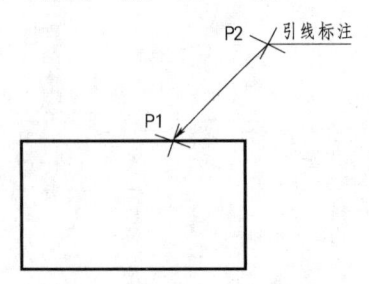

指定下一点：✓

指定文字宽度<0>：✓（回车表示宽度不受限制）

输入注释文字的第一行<多行文字(M)>：引线标注✓

输入注释文字的下一行：✓

命令结束，结果如图 4.90 所示。

4.8.2.10 坐标标注

1．命令功能

坐标标注命令用于标注某点的 X 坐标或 Y 坐标。

图 4.90 引线标注示例

2. 命令调用方式

(1) 菜单方式：［标注］→［坐标］。

(2) 图标方式：［标注］→ 。

(3) 键盘输入方式：DIMORDINATE。

3. 命令说明

执行该命令后，系统提示：

指定点坐标：（选取所需点）

指定引线端点或［X基准（X）/Y基准（Y）/多行文字（M）/文字（T）/角度（A）］:

4.8.2.11 快速标注

1. 命令功能

快速标注命令可以快速创建一系列标注。对于创建系列基线或连续标注，或者为一系列圆或圆弧创建标注时，此命令特别有用。

2. 命令调用方式

(1) 菜单方式：［标注］→［快速标注］。

(2) 图标方式：［标注］→ 。

(3) 键盘输入方式：QDIM。

3. 命令说明

执行该命令后，系统提示：

选择要标注的几何图形：（选择标注对象）

指定尺寸线位置或［连续（C）/并列（S）/基线（B）/坐标（O）/半径（R）/直径（D）/基准点（P）/编辑（E）］:

4.8.2.12 形位公差标注

1. 形位公差的组成

在 AutoCAD 中，可以通过特征控制框来显示形位公差信息，如图形的形状、轮廓、方向、位置和跳动的偏差等，如图 4.91 所示。

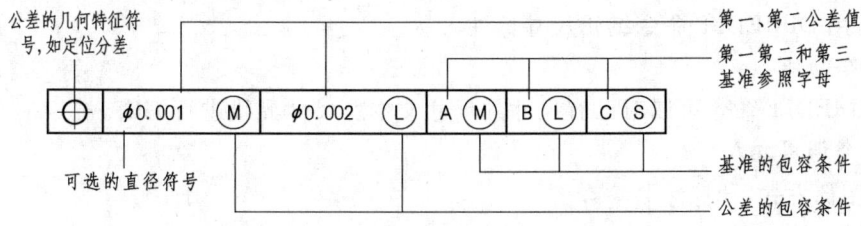

图 4.91 公差控制

2. 标注形位公差

选择"标注"→"公差"命令，或在"标注"工具栏中单击"公差"按钮，打开"形位公差"对话框，可以设置公差的符号、值及基准等参数，如图 4.92 所示。

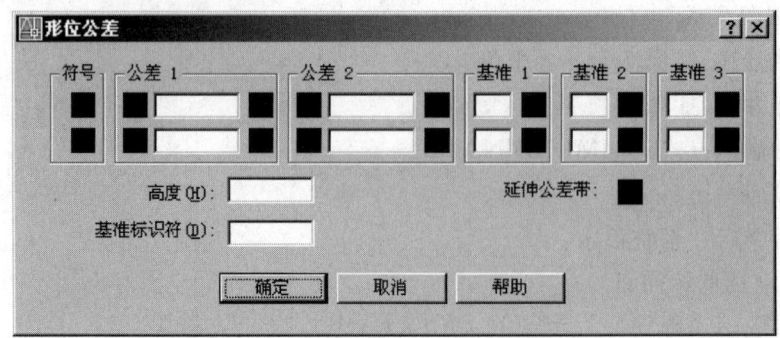

图 4.92 "形位公差"对话框

4.8.3 尺寸标注编辑

4.8.3.1 尺寸的关联性

AutoCAD 一般将尺寸线、尺寸界线、尺寸文本、箭头作为一个完整的图块进行存储。并且此时若对标注对象进行拉伸、缩放等操作，尺寸标注将会自动进行相应调整。这种尺寸标注称为关联性尺寸标注。AutoCAD 用系统变量 DIMASSOC 来控制尺寸标注的关联性。根据其值的不同，分为 3 种类型。

1. 关联标注

当与其关联的几何对象被修改时，可自动调整其位置、方向和测量值。DIMASSOC 系统变量值为 2。

2. 无关联标注

在其测量的几何对象被修改时，不发生改变。标注变量 DIMASSOC 值为 1。

3. 分解的标注

包含单个对象而不是单个标注对象的集合 DIMASSOC 系统变量值为 0。

使用"分解"命令可以将关联标注和无关联标注变为分解的标注。

关联标注和无关联标注的尺寸，其尺寸线、尺寸界线、尺寸文本、箭头作为一个整体存在。而分解的标注其尺寸的各个组成部分互相独立。利用对象的关联性，可以很方便地对尺寸标注进行修改。

4.8.3.2 用 DIMEDIT 命令编辑尺寸标注

1. 命令功能

用 DIMEDIT 命令可以对已有尺寸的尺寸文本及尺寸界线进行编辑。

2. 命令调用方式

（1）图标方式：［标注］→ 。

（2）键盘输入方式：DIMEDIT。

3. 命令说明

执行该命令后，系统提示：

输入标注编辑类型［默认（H）/新建（N）/旋转（R）/倾斜（O）］＜默认＞：

各选项含义如下：

（1）默认。选中的标注文字移回到由标注样式指定的默认位置和旋转角。

（2）新建。使用"多行文字编辑器"修改标注文字。AutoCAD 在"多行文字编辑器"中用尖括号（<>）表示默认测量值。要给默认的测量值添加前缀或后缀，请在尖括号前后输入前缀或后缀。要编辑或替换默认测量值，需删除尖括号，输入新的标注文字然后单击"确定"。

（3）旋转。旋转标注文字。系统会提示输入旋转角度。

（4）倾斜。调整线性标注尺寸界线的倾斜角度。

4．示例

【例 4.21】 将图 4.93（a）所示的几个尺寸修改为图 4.93（b）所示形式。

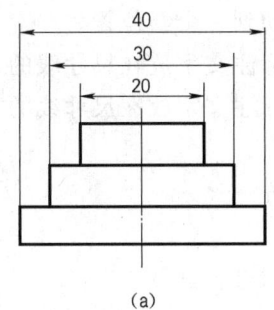 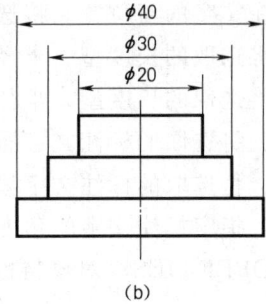

(a)　　　　　　　　　　　　(b)

图 4.93　用 DIMEDIT 命令编辑尺寸

命令：DIMEDIT ↙。

输入标注编辑类型［默认（H）/新建（N）/旋转（R）/倾斜（O）］<默认>：N ↙

在弹出的"多行文字编辑器"中的尖括号前输入"％％c"，然后单击"确定"。

选择对象：（依次选择 3 个尺寸）

选择对象：　↙（命令结束）

结果如图 4.93 所示。

4.8.3.3　用 DDEDIT 命令编辑尺寸标注

1．命令功能

用 DDEDIT 命令可以修改已有尺寸标注的尺寸文本。

2．命令调用方式

（1）菜单方式：［修改］→［对象］→［文字］→［编辑］。

（2）图标方式：［文字］→。

（3）键盘输入方式：DDEDIT。

3．命令说明

执行该命令后，系统提示：

选择注释对象或［放弃（U）］：（选择要修改的对象，弹出"多行文字编辑器"窗口，在该窗口中对文本进行修改后单击"确认"）

选择注释对象或［放弃（U）］：（可接着选择下一个要修改的对象，或按回车结束命令）

4.8.3.4　用 DIMTDEIT 命令编辑尺寸标注

1．命令功能

用 DIMTDEIT 命令可以修改已有尺寸标注文本的位置和方向。

2. 命令调用方式

(1) 图标方式:[标注]→ 。

(2) 键盘输入方式:DIMTEDIT。

3. 命令说明

执行该命令后,系统提示:

选择标注:(选择要修改的对象)

指定标注文字的新位置或[左(L)/右(R)/中心(C)/默认(H)/角度(A)]:

各选项含义如下:

(1) 指定标注文字的新位置。将选取的文字拖动到一个新位置。

(2) "左"。将选取的长度型、半径型和直径型标注文字放在尺寸线的左边。

(3) "右"。将选取的长度型、半径型和直径型标注文字放在尺寸线的右边。

(4) "中心"。将选取的标注文字居中放置。

(5) "默认"。将选取的标注文字移回到默认位置。

(6) "角度"。指定标注文字的角度。

4.8.3.5 用 PROPERTIES(对象特性)命令编辑尺寸标注

1. 命令功能

用 PROPERTIES 命令可以可对标注样式、尺寸线、尺寸界线、尺寸文本、公差等进行编辑。

2. 命令调用方式

(1) 菜单方式:[修改]→[对象特性]。

(2) 图标方式:[标准]→ 。

(3) 键盘输入方式:PROPERTIES。

3. 命令说明

选择一个尺寸标注,从该窗口中可以修改该尺寸标注的各个属性。

4.9 三维图形绘制

本节的学习目标是学会简单三维图形的绘制;掌握三维网格和实体的绘制;掌握三维图形编辑和渲染操作。

4.9.1 三维绘制基础与简单图形的绘制

在工程设计和绘图过程中,三维图形应用越来越广泛。AutoCAD 可以利用 3 种方式来创建三维图形,即线架模型方式、曲面模型方式和实体模型方式。

通过对 4.9.1 的学习,读者应了解视图观测点的设立方法,并掌握坐标系以及简单图形的绘制方法。

4.9.1.1 建立用户坐标系

在三维坐标系下,同样可以使用直角坐标或极坐标方法来定义点。此外,在绘制三维图形时,还可使用柱坐标和球坐标来定义点。

1. 柱坐标系

在标坐标系中，使用 XY 平面的角和沿 Z 轴的距离来表示，其格式如下：

(1) XY 平面距离＜XY 平面角度，Z 坐标（绝对坐标）。

(2) @XY 平面距离＜XY 平面角度，Z 坐标（相对坐标）。

如图 4.94 所示为柱坐标表示。

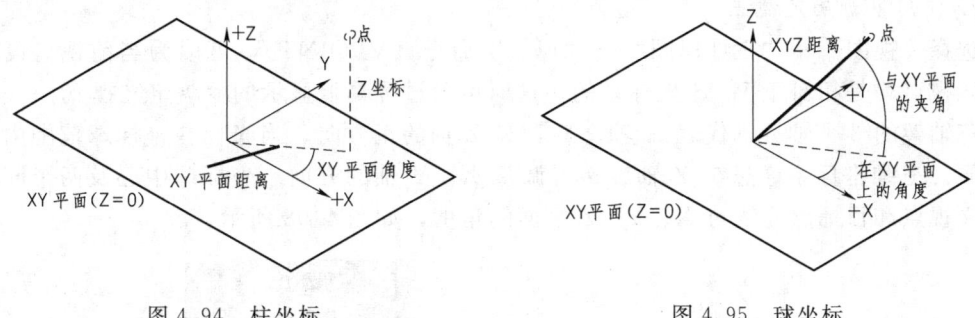

图 4.94 柱坐标　　　　　　　图 4.95 球坐标

2. 球坐标系

球坐标系具有点到原点的距离、在 XY 平面上的角度及和 XY 平面的夹角 3 个参数，其格式如下：

(1) XYZ 距离＜XY 平面角度＜和 XY 平面的夹角（绝对坐标）。

(2) @XYZ 距离＜XY 平面角度＜和 XY 平面的夹角（相对坐标）。

如图 4.95 所示为球坐标表示。

4.9.1.2 设立视图观测点

视点是指观察图形的方向。例如，绘制三维零件图时，如果使用平面坐标系即 Z 轴垂直于屏幕，此时仅能看到物体在 XY 平面上的投影，如图 4.96 所示。如果调整视点至当前坐标系的左上方，将看到一个三维物体，如图 4.97 所示。

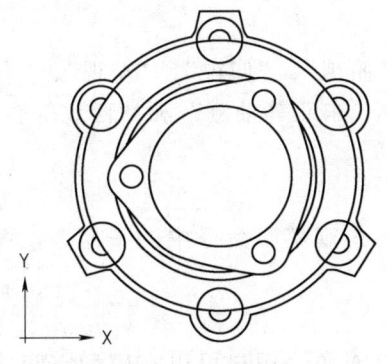 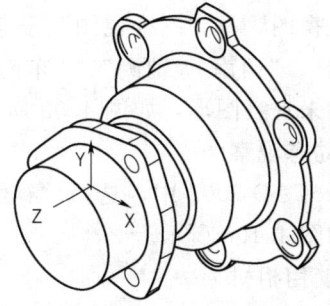

图 4.96 Z 轴垂直于屏幕　　　　　4.97 视点在当前坐标系的左上方

1. 使用"视点预置"对话框设置视点

选择"视图"→"三维视图"→"视点预置"命令（DDVPOINT），打开"视点预置"对话框，为当前视口设置视点。

对话框中的左图用于设置原点和视点之间的连线在 XY 平面的投影与 X 轴正向的夹

角;右面的半圆形图用于设置该连线与投影线之间的夹角,在图上直接拾取即可。也可以在"X 轴"、"XY 平面"两个文本框内输入相应的角度。

单击"设置为平面视图"按钮,可以将坐标系设置为平面视图。默认情况下,观察角度是相对于 WCS 坐标系的。选择"相对于 UCS"单选按钮,可相对于 UCS 坐标系定义角度。

2. 使用罗盘确定视点

选择"视图"→"三维视图"→"视点"命令(VPOINT),可以为当前视口设置视点。该视点均是相对于 WCS 坐标系的。这时可通过屏幕上显示的罗盘定义视点。

三轴架的 3 个轴分别代表 X 轴、Y 轴和 Z 轴的正方向。当光标在坐标球范围内移动的时候,三维坐标系通过绕 Z 轴旋转可调整 X、Y 轴的方向。坐标球中心及两个同心圆可定义视点和目标点连线与 X、Y、Z 平面的角度,如图 4.98 所示。

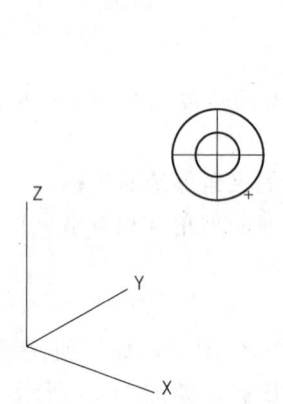

图 4.98　使用罗盘确定视点　　　图 4.99　三维视图菜单栏

3. 使用"三维视图"菜单设置视点

选择"视图"→"三维视图"子菜单中的"俯视"、"仰视"、"左视"、"右视"、"主视"、"后视"、"西南 等轴测"、"东南等轴测"、"东北等轴测"和"西北等轴测"命令,从多个方向来观察图形,如图 4.99 所示。

4.9.1.3　动态观察

在 AutoCAD 2007 中,选择"视图"→"动态观察"命令中的子命令,可以动态观察视图,如图 4.100 所示。

4.9.1.4　使用相机

在 AutoCAD 2007 中,相机是新引入的一个对象,用户可以在模型空间放置一台或多台相机来定义 3D 透视图。

1. 创建相机

选择"视图"→"创建相机"命令,可以在视图中创建相机,当指定了相机位置和目标位置后,命令行显示如下提示信息:

输入选项 [?/名称(N)/位置(LO)/高度(H)/目标(T)/镜头(LE)/剪裁(C)/视图(V)/退出(X)]

4.9 三维图形绘制

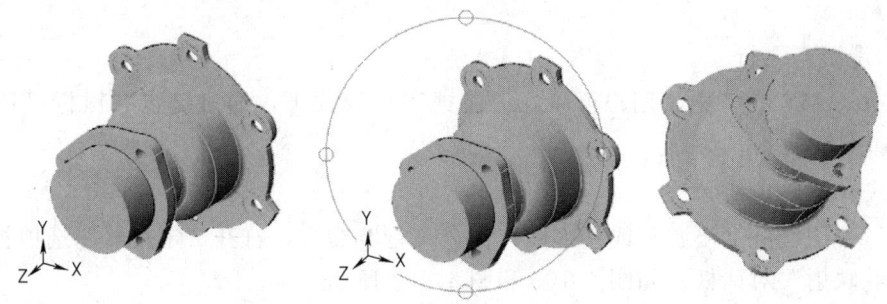

图 4.100 动态观察中的图形

<退出>：

在该命令提示下，可以指定创建的相机名称、相机位置、高度、目标位置、镜头长度、剪裁方式以及是否切换到相机视图。

2．相机预览

在视图中创建了相机后，当选中相机时，将打开"相机预览"窗口。其中，在预览框中显示了使用相机观察到的视图效果。在"视觉样式"下拉列表框中，可以设置预览窗口中图形的三维隐藏、三维线框、概念、真实等视觉样式。如图 4.101、图 4.102 所示分别为概念和三维隐藏两种视觉样式。

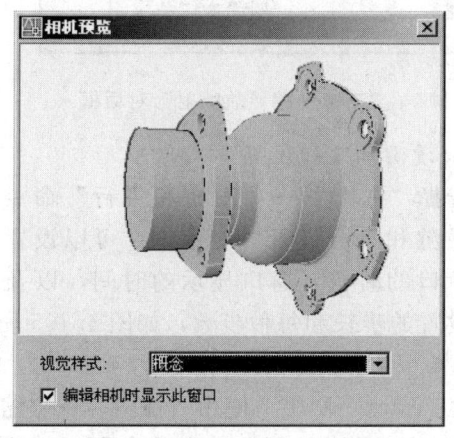

图 4.101 概念视觉样式

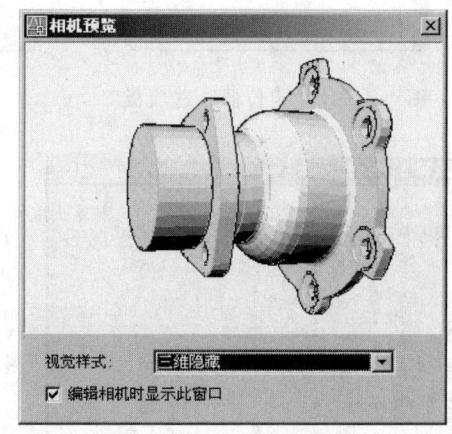

图 4.102 三维隐藏视觉样式

3．运动路径动画

在 AutoCAD 2007 中，可以选择"视图"→"运动路径动画"命令，创建相机沿路径运动观察图形的动画，此时将打开"运动路径动画"对话框。

在"运动路径动画"对话框中，"相机"选项组用于设置相机链接到的点或路径，使相机位于指定点观测图形或沿路径观察图形；"目标"选项组用于设置相机目标链接到的点或路径；"动画设置"选项组用于设置动画的帧频、帧数、持续视觉、分辨率、动画输出格式等选项。

当设置完动画选项后，单击"预览"按钮，将打开"动画预览"窗口，可以预览动画播放效果。

4.9.1.5 漫游与飞行

在 AutoCAD 2007 中，用户可以在漫游或飞行模式下，通过键盘和鼠标可以控制视图显示，或创建导航动画。

1．"定位器"选项板

选择"视图"→"漫游"或"视图"→"飞行"命令，打开"定位器"选项板和"三维漫游导航映射"对话框，如图 4.103 和图 4.104 所示。

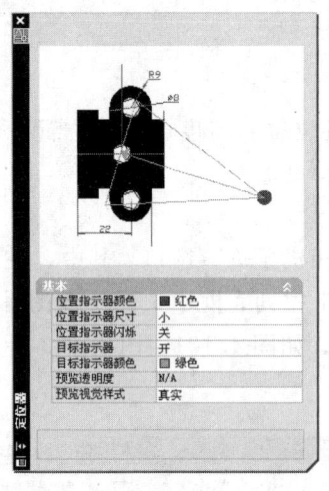

图 4.103　"定位器"选项板

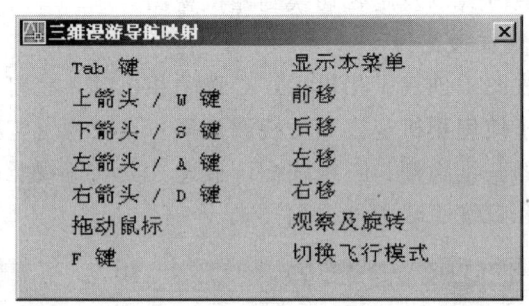

图 4.104　"三维漫游导航映射"对话框

2．漫游和飞行设置

选择"视图"→"漫游和飞行"命令，打开"漫游和飞行设置"对话框。可以设置显示指令窗口的时机，窗口显示的时间，以及当前图形设置的步长和每秒步数，如图 4.105 所示。

4.9.1.6 观察三维图形

在 AutoCAD 中，使用"视图"→"缩放"、"视图"→"平移"子菜单中的命令可以缩放或平移三维图形，以观察图形的整体或局部。其方法与观察平面图形的方法相同。此外，在观测三维图形时，还可以通过旋转、消隐及设置视觉样式等方法来观察三维图形。

1．消隐图形

在绘制三维曲面及实体时，为了更好地观

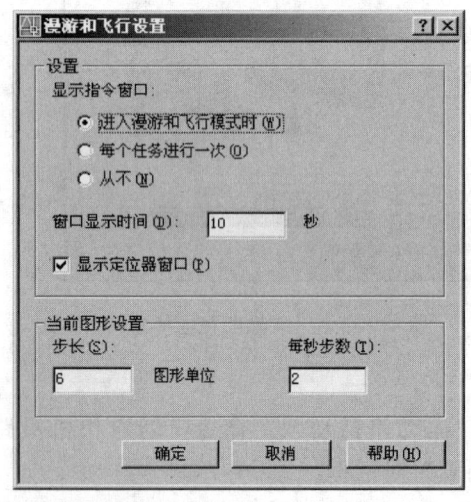

图 4.105　漫游和飞行设置对话框

察效果，可选择"视图"→"消隐"命令（HIDE），暂时隐藏位于实体背后而被遮挡的部分。执行消隐操作之后，绘图窗口将暂时无法使用"缩放"和"平移"命令，直到选择"视图"→"重生成"命令重生成图形为止。如图 4.106 所示为消隐前，图 4.107 所示为执行消隐后效果。

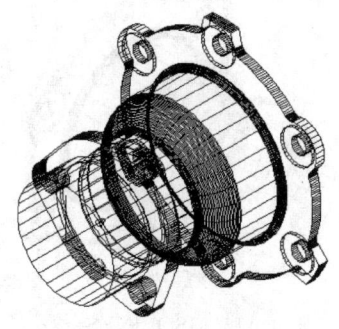
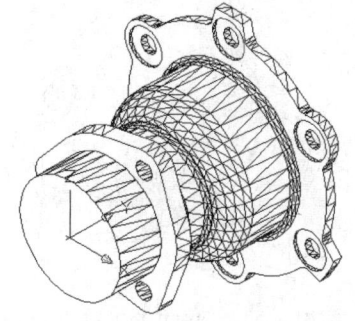

图 4.106 消隐前　　　　图 4.107 消隐后

2. 使用"视觉样式"菜单观察三维图形

用户还可以通过选择"视图"→"视觉样式"子命令更加真实地观察三维图形，例如选择"概念"命令观察三维图形，如图 4.108 和图 4.109 所示。

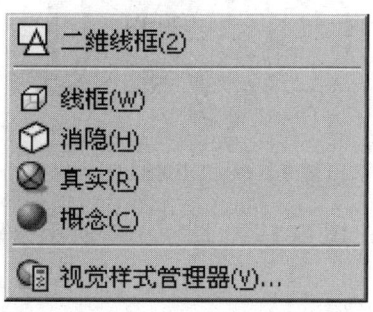
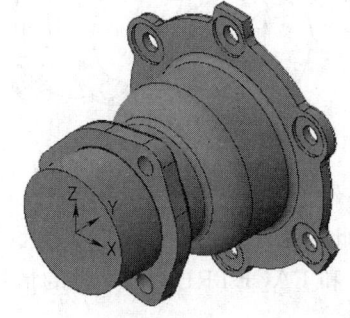

图 4.108 几种视觉样式　　　　图 4.109 概念状态下的三维图形

3. 改变三维图形的曲面轮廓素线

当三维图形中包含弯曲面时（如球体和圆柱体等），曲面在线框模式下用线条的形式来显示，这些线条称为网线或轮廓素线。使用系统变量 ISOLINES 可以设置显示曲面所用的网线条数默认值为 4，即使用 4 条网线来表达每一个曲面。该值为 0 时，表示曲面没有网线，如果增加网线的条数，则会使图形看起来更接近三维实物。图 4.110、图 4.111 所示分别为 ISOLINES＝4 和 ISOLINES＝32 时的情形。

4. 以线框形式显示实体轮廓

使用系统变量 DISPSILH 可以以线框形式显示实体轮廓。此时需要将其值设置为 1，并用"消隐"命令隐藏曲面的小平面。图 4.112、图 4.113 所示分别为 DISPSILH＝1 和 DISPSILH＝0 时的情形。

5. 改变实体表面的平滑度

要改变实体表面的平滑度，可通过修改系统变量 FACETRES 来实现。该变量用于设置曲面的面数，取值范围为 0.01～10。其值越大，曲面越平滑。

如果 DISPSILH 变量值为 1，那么在执行"消隐"、"渲染"命令时并不能看到 FACETRES

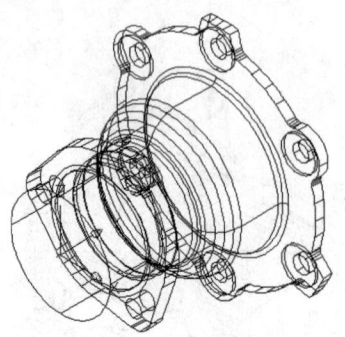
图 4.110　ISOLINES=4

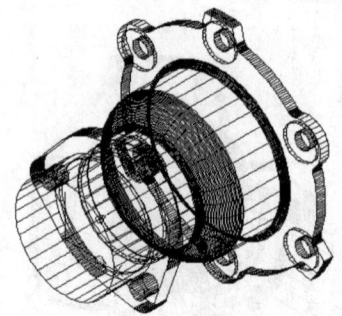
图 4.111　ISOLINES=32

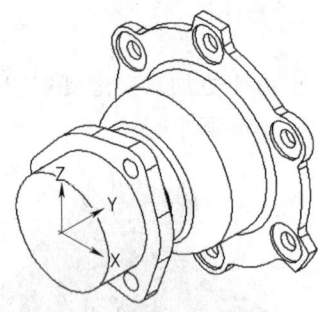
图 4.112　DISPSILH=1

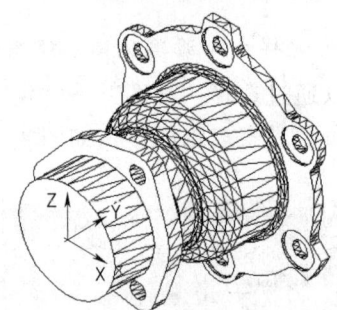
图 4.113　DISPSLH=0

设置效果，此时必须将 DISPSILH 值设置为 0。图 4.114、图 4.115 所示分别为 FACETRES=0.5 和 FACETRES=10 时的情形。

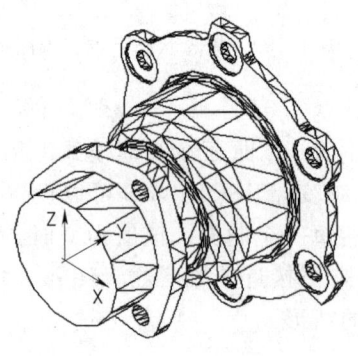
图 4.114　FACETRES=0.5

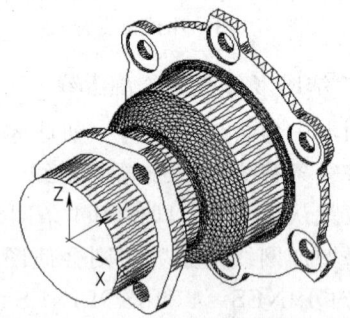
图 4.115　FACETRES=10

4.9.1.7　绘制三维点

选择"绘图"→"点"命令，或在"绘图"工具栏中单击"点"按钮，然后在命令行中直接输入三维坐标即可绘制三维点。

由于三维图形对象上的一些特殊点，如交点、中点等不能通过输入坐标的方法来实现，可以采用三维坐标下的目标捕捉法来拾取点。

二维图形方式下的所有目标捕捉方式在三维图形环境中可以继续使用。不同之处在于,在三维环境下只能捕捉三维对象的顶面和底面的一些特殊点,而不能捕捉柱体等实体侧面的特殊点即在柱状体侧面竖线上无法捕捉目标点,因为主体的侧面上的竖线只是帮助显示的模拟曲线。在三维对象的平面视图中也不能捕捉目标点,因为在顶面上的任意一点都对应着底面上的一点,此时的系统无法辨别所选的点究竟在哪个面上。

4.9.1.8 绘制三维直线和样条曲线

两点决定一条直线。当在三维空间中指定两个点后,如点(0,0,0)和点(1,1,1),这两个点之间的连线即是一条3D直线。同样,在三维坐标系下,使用"绘图"→"样条曲线"命令,可以绘制复杂3D样条曲线,这时定义样条曲线的点不是共面点。例如,经过点(0,0,0)、(10,10,10)、(0,0,20)、(−10,−10,30)、(0,0,40)、(10,10,50)和(0,0,60)绘制的样条曲线,如图4.116所示。

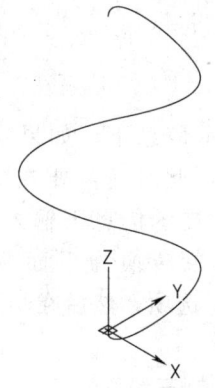 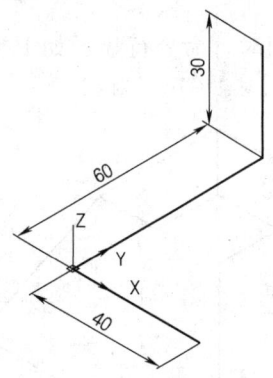

图 4.116 3D样条曲线　　　图 4.117 三维多段线

4.9.1.9 绘制三维多段线

在二维坐标系下,使用"绘图"→"多段线"命令绘制多段线,尽管各线条可以设置宽度和厚度,但它们必须共面。三维多线段的绘制过程和二维多线段基本相同,但其使用的命令不同,另外在三维多线段中只有直线段,没有圆弧段。选择"绘图"→"三维多段线"命令(3DPOLY),此时命令行提示依次输入不同的三维空间点,以得到一个三维多段线。如图4.117所示。

4.9.1.10 绘制螺旋线

选择"绘图"→"螺旋"命令,可以绘制三维螺旋线。当分别指定了螺旋线底面的中心点、底面半径(或直径)和顶面半径(或直径)后,命令行显示如下提示:

指定螺旋高度或[轴端点(A)/圈数(T)/圈高(H)/扭曲(W)]<1.0000>:

所绘图形如图4.118所示。

4.9.2　绘制三维网格和实体

本章中将要介绍表面模型和实体模型的绘制方法。表面模型用面描述三维对象,它不仅定义了三维对象的边界,而且还定义了表面即具有面的特征。实体模型不仅具有线和面的特征,而且还具有体的特征,各实体对象间可以进行各种布尔运算操作,从

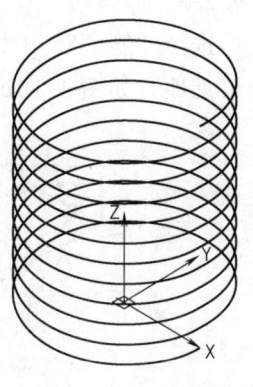

图 4.118 绘制螺旋线

而创建复杂的三维实体图形。

4.9.2.1 绘制平面曲面

在 AutoCAD 2007 中，选择"绘图"→"建模"→"平面曲面"命令（PLANESURF），可以创建平面曲面或将对象转换为平面对象，如图 4.119 所示。

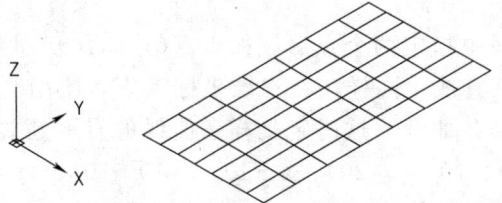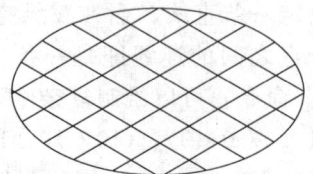

图 4.119 平面

绘制平面曲面时，命令行显示如下提示信息：
指定第一个角点或 [对象 (O)] <对象>：

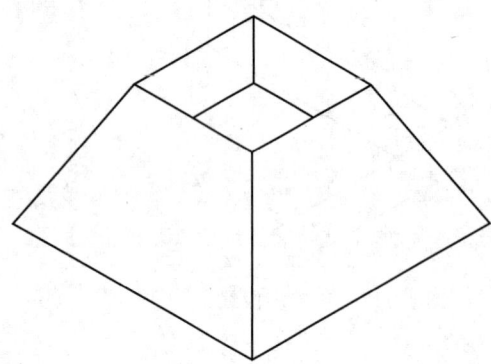

图 4.120 绘制三维面

在该提示信息下，如果直接指定点可绘制平面曲面，此时还需要在命令行的"指定其他角点："提示信息下输入其他角点坐标。如果要将对象转换为平面曲面，可以选择"对象 (O)"选项，然后在绘图窗口中选择对象即可。

4.9.2.2 绘制三维面

选择"绘图"→"建模"→"网格"→"三维面"命令（3DFACE），可以绘制三维面。如图 4.120 所示。三维面是三维空间的表面，它没有厚度，也没有质量属性。由"三维面"命令创建的每个面的各顶点可以有不同的 Z 坐标，但构成各个面的顶点最多不能超过 4 个。如果构成面的 4 个顶点共面，消隐命令认为该面是不透明的可以消隐。反之，消隐命令对其无效。

4.9.2.3 隐藏边

选择"绘图"→"建模"→"网格"→"边"命令（EDGE），可以修改三维面的边的可见性，如图 4.121 所示。

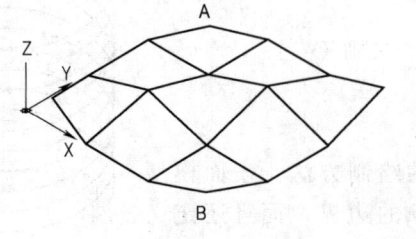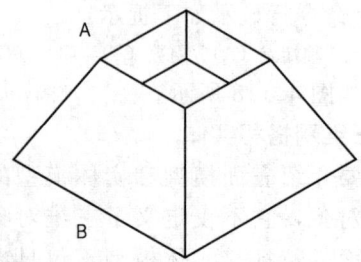

图 4.121 隐藏三维面的边

4.9.2.4 绘制三维网格

选择"绘图"→"建模"→"网格"→"三维网格"命令（3DMESH），可以根据指定的 M 行 N 列个顶点和每一顶点的位置生成三维空间多边形网格。M 和 N 的最小值为 2，表明定义多边形网格至少要 4 个点，其最大值为 256。如图 4.122 所示为生成的网格。

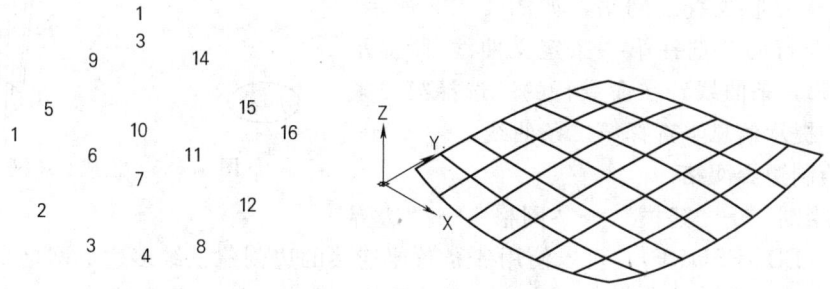

图 4.122　绘制三维网格

4.9.2.5 绘制旋转网格

选择"绘图"→"建模"→"网格"→"旋转网格"命令（REVSURF），可以将曲线绕旋转轴旋转一定的角度，形成旋转网格。旋转方向的分段数由系统变量 SURFTAB1 确定，旋转轴方向的分段数由系统变量 SURFTAB2 确定。图 4.123（a）中多段线绕旋转轴一周后生成 4.123（b）图。

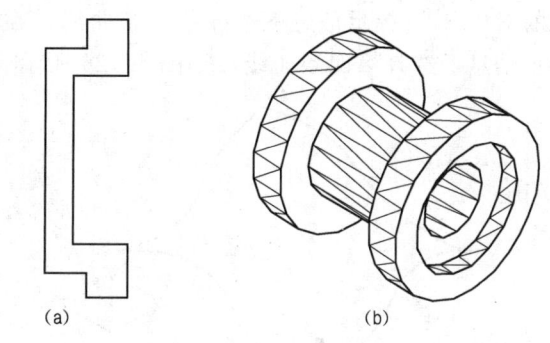

图 4.123　生成旋转网格

4.9.2.6 绘制平移网格

选择"绘图"→"建模"→"网格"→"平移网格"命令（RULESURF），可以将路径曲线沿方向矢量进行平移后构成平移曲面。图 4.124（a）图中曲线沿方向矢量平移后生成 4.124（b）图。这时可在命令行的"选择用作轮廓曲线的对象："提示下选择曲线对象，在"选择用作方向矢量的对象："提示信息下选择方向矢量。当确定了拾取点后，系统将向方向矢量对象上远离拾取点的端

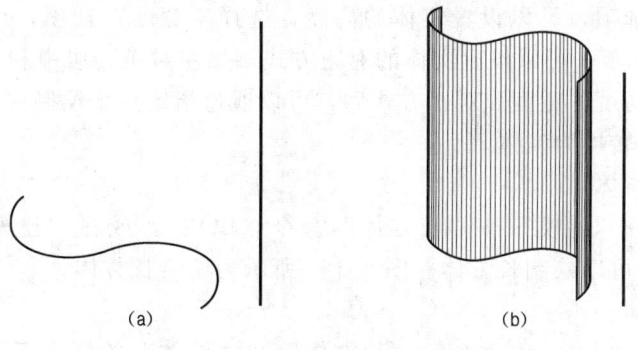

图 4.124　生成平移网格

点方向创建平移曲面。平移曲面的分段数由系统变量 SURFTAB1 确定。

4.9.2.7 绘制直纹网格

选择"绘图"→"建模"→"网格"→"直纹网格"命令（RULESURF），可以在两条曲线之间用直线连接从而形成直纹网格，如图 4.125 所示。这时可在命令行的"选择第一条定义曲线："提示信息下选择第一条曲线，在命令行的"选择第二条定义曲线："提示信息下选择第二条曲线。

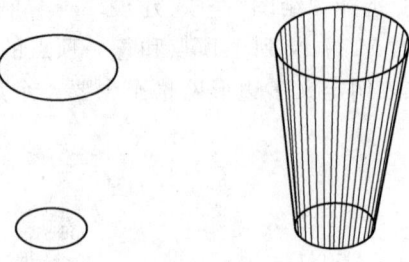

图 4.125 生成直纹网格

4.9.2.8 绘制边界网格

选择"绘图"→"建模"→"网格"→"边界网格"命令（EDGESURF），可以使用 4 条首尾连接的边创建三维多边形网格。这时可在命令行的"选择用作曲面边界的对象 1："提示信息下选择第一条曲线，在命令行的"选择用作曲面边界的对象 2："提示信息下选择第二条曲线，在命令行的"选择用作曲面边界的对象 3："提示信息下选择第三条曲线，在命令行的"选择用作曲面边界的对象 4："提示信息下选择第四条曲线，如图 4.126 所示。

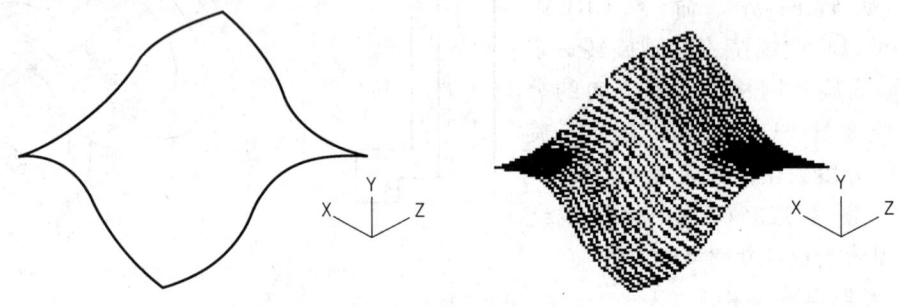

图 4.126 生成边界网格

4.9.2.9 绘制多实体

在 AutoCAD 2007 中，选择"绘图"→"建模"→"多实体"命令（POLYSOLID），可以创建实体或将对象转换为实体。绘制多实体时，命令行显示如下提示信息。

指定起点或 [对象(O)/高度(H)/宽度(W)/对正(J)]<对象>：

选择"高度"选项，可以设置实体的高度；选择"宽度"选项，可以设置实体的宽度；选择"对正"选项，可以设置实体的对正方式，如左对正、居中和右对正，默认为居中对正。当设置了高度、宽度和对正方式后，可以通过指定点来绘制多实体，也可以选择"对象"选项将图形转换为实体。

4.9.2.10 绘制长方体

选择"绘图"→"建模"→"长方体"命令（BOX），或在"建模"工具栏中单击"长方体"按钮，都可以绘制长方体。图 4.127 所示为所绘长方体。

4.9.2.11 绘制楔体

在 AutoCAD 2007 中，虽然创建"长方体"和"楔体"的命令不同，但创建方法却相同，因为楔体是长方体沿对角线切成两半后的结果。图 4.128 所示为所绘楔体。

4.9 三维图形绘制

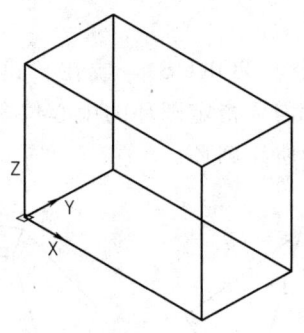
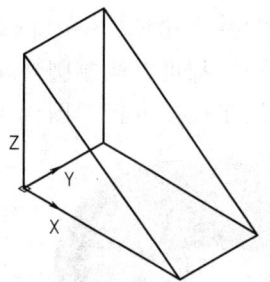

图 4.127　长方体　　　　　　图 4.128　楔体

4.9.2.12　绘制圆柱体

选择"绘图"→"建模"→"圆柱体"命令（CYLINDER），或在"建模"工具栏中单击"圆柱体"按钮，可以绘制圆柱体或椭圆柱体。图 4.129 所示为所绘圆柱体。

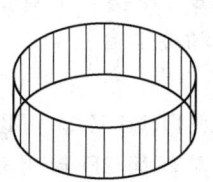
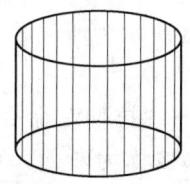
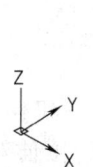

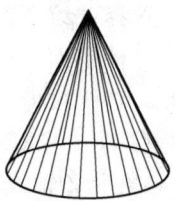

图 4.129　圆柱体　　　　　　图 4.130　圆锥体

4.9.2.13　绘制圆锥体

选择"绘图"→"建模"→"圆锥体"命令（CONE），或在"建模"工具栏中单击"圆锥体"按钮，即可绘制圆锥体或椭圆形锥体。图 4.130 所示为所绘圆锥体。

4.9.2.14　绘制球体

选择"绘图"→"建模"→"球体"命令（SPHERE），或在"建模"工具栏中单击"球体"按钮，都可以绘制球体。这时只需要在命令行的"指定中心点或［三点（3P）/两点（2P）/相切、相切、半径（T）］:"提示信息下指定球体的球心位置，在命令行的"指定半径或［直径（D）］:"提示信息下指定球体的半径或直径就可以绘制球体。绘制球体时可以通过改变 ISOLINES 变量，来确定每个面上的线框密度。图 4.131 所示分别为 ISOLINES＝4 和 ISOLINES＝32 时的视觉效果。

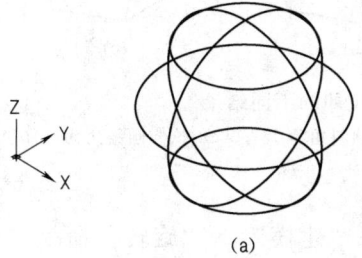
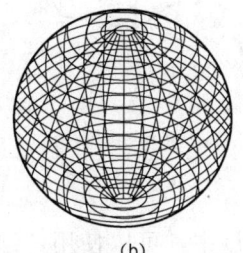

(a)　　　　　　　　　　　　(b)

图 4.131　球体

(a) ISOLINES＝4；(b) ISOLINES＝32

4.9.2.15 绘制圆环体

选择"绘图"→"建模"→"圆环体"命令（TORUS），或在"建模"工具栏中单击"圆环体"按钮，都可以绘制圆环实体，此时需要指定圆环的中心位置、圆环的半径或直径，以及圆管的半径或直径。图4.132所示为所绘圆环。

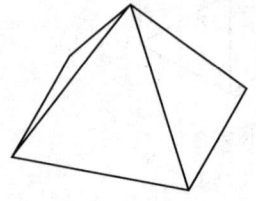
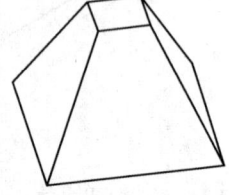

图4.132　圆环　　　　　　图4.133　棱锥体和棱锥台

4.9.2.16 棱锥面

选择"绘图"→"建模"→"棱锥面"命令（PYRAMID），或在"建模"工具栏中单击"棱锥面"按钮，即可绘制棱锥面。图4.133所示为所绘棱锥体和棱锥台。

4.9.2.17 拉伸

在AutoCAD中，选择"绘图"→"建模"→"拉伸"命令（EXTRUDE），可以将2D对象沿Z轴或某个方向拉伸成实体。拉伸对象被称为断面，可以是任何2D封闭多段线、圆、椭圆、封闭样条曲线和面域，多段线对象的顶点数不能超过500个，且不小于3个。

默认情况下，可以沿Z轴方向拉伸对象，这时需要指定拉伸的高度和倾斜角度。其中，拉伸高度值可以为正或为负，它们表示了拉伸的方向。拉伸角度也可以为正或为负，其绝对值不大于90°，默认值为0°，表示生成的实体的侧面垂直于XY平面，没有锥度。如果为正，将产生内锥度，生成的侧面向里靠；如果为负，将产生外锥度，生成的侧面向外，如图4.134所示。

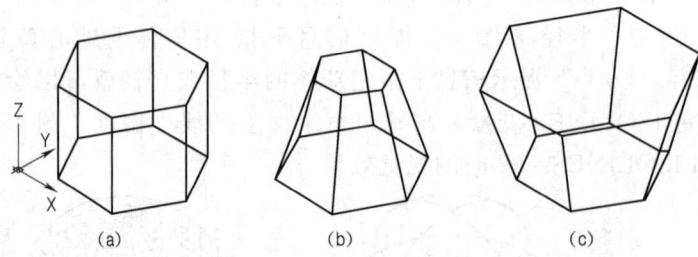

图4.134　拉伸的不同结果

(a) 拉伸倾斜角为0°；(b) 拉伸倾斜角为15°；(c) 拉伸倾斜角为−10°

4.9.2.18 旋转

在AutoCAD中，可以使用"绘图"→"建模"→"旋转"命令（REVOLVE），将二维对象绕某一轴旋转生成实体，如图4.135所示。用于旋转的二维对象可以是封闭多段线、多边形、圆、椭圆、封闭样条曲线、圆环及封闭区域。三维对象、包含在块中的对象、有交叉或自干涉的多段线不能被旋转，而且每次只能旋转一个对象。

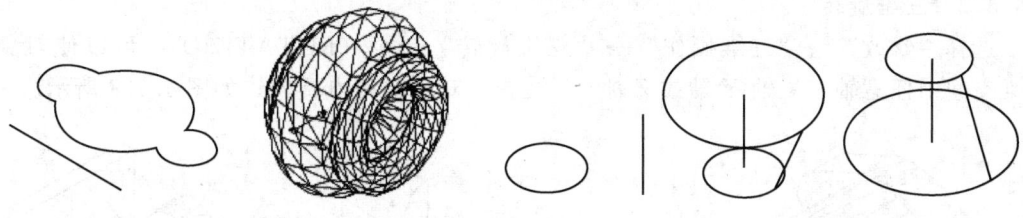

图 4.135　　　　　　　　　　　　图 4.136　扫掠效果

选择"绘图"→"建模"→"旋转"命令，并选择需要旋转的二维对象后，通过指定两个端点来确定旋转轴。

4.9.2.19　扫掠

在 AutoCAD 2007 中，选择新增的"绘图"→"建模"→"扫掠"命令（SWEEP），可以绘制网格面或三维实体。如果要扫掠的对象不是封闭的图形，那么使用"扫掠"命令后得到的是网格面，否则得到的是三维实体。图 4.136 所示为扫掠效果。

4.9.2.20　放样

在 AutoCAD 2007 中，选择新增的"绘图"→"建模"→"放样"命令，可以将二维图形放样成实体。图 4.137 所示为放样效果。

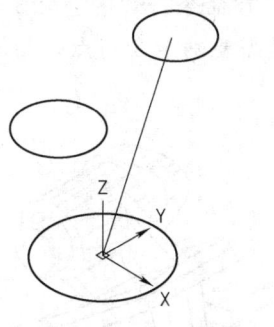 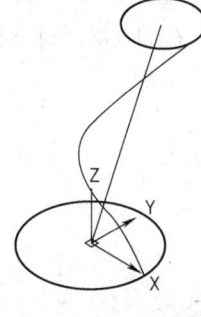 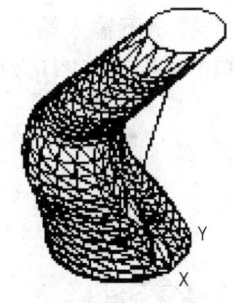

图 4.137　放样效果

4.9.3　编辑和渲染三维对象

在 AutoCAD 中，可以使用三维编辑命令，在三维空间中移动、复制、镜像、对齐以及阵列三维对象，剖切实体以获取实体的截面，编辑它们的面、边或体。在绘图过程中，为了使实体对象看起来更加清晰，可以消除图形中的隐藏线，但要创建更加逼真的模型图像，就需要对三维实体对象进行渲染处理，增加色泽感。

4.9.3.1　三维移动

选择"修改"→"三维操作"→"三维移动"命令（3DMOVE），可以移动三维对象。执行"三维移动"命令时，首先需要指定一个基点，然后指定第二点即可移动三

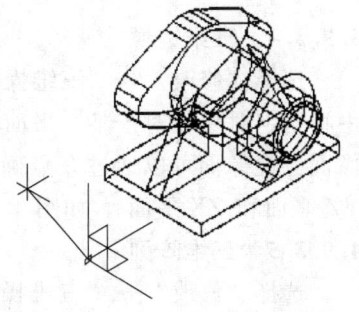

图 4.138　由基点移动到另一点

维对象，如图 4.138 所示。

4.9.3.2 三维旋转

选择"修改"→"三维操作"→"三维旋转"命令（ROTATE3D），可以使对象绕三维空间中任意轴（X 轴 Y 轴或 Z 轴）、视图、对象或两点旋转，如图 4.139 所示。

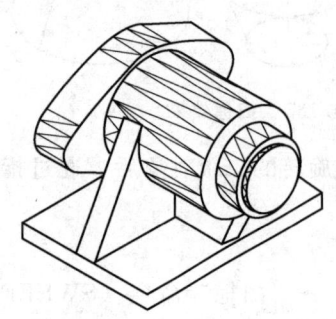
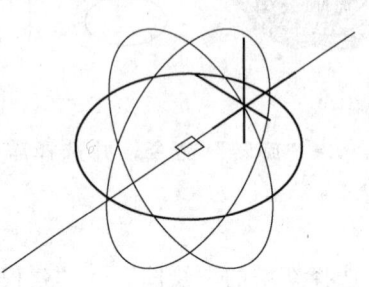
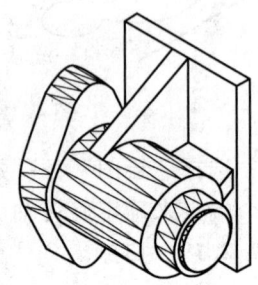

图 4.139　三维体执行旋转操作

4.9.3.3 对齐位置

选择"修改"→"三维操作"→"对齐"命令（ALIGN），可以对齐对象。首先选择源对象，在命令行"指定基点或 [复制（C）]："提示下输入第 1 个点，在命令行"指定第二个点或 [继续（C）] <C>："提示下输入第 2 个点，在命令行"指定第 3 个点或 [继续（C）] <C>："提示下输入第 3 个点，在目标对象同样需要确定 3 对点，与源对象对点对应，如图 4.140 所示为两图形对齐。

图 4.140　三维体执行对齐操作

4.9.3.4 三维镜像

选择"修改"→"三维操作"→"三维镜像"命令（MIRROR3D），可以在三维空间中将指定对象相对于某一平面镜像。执行该命令并选择需要进行镜像的对象，然后指定镜像面。镜像面可以通过 3 点确定，也可以是对象、最近定义的面、Z 轴、视图、XY 平面、YZ 平面和 ZX 平面。如图 4.141 所示为图形执行三维镜像后的效果。

4.9.3.5 三维阵列

选择"修改"→"三维操作"→"三维阵列"命令（3DARRAY），可以在三维空间中使用环形阵列或矩形阵列方式复制对象。

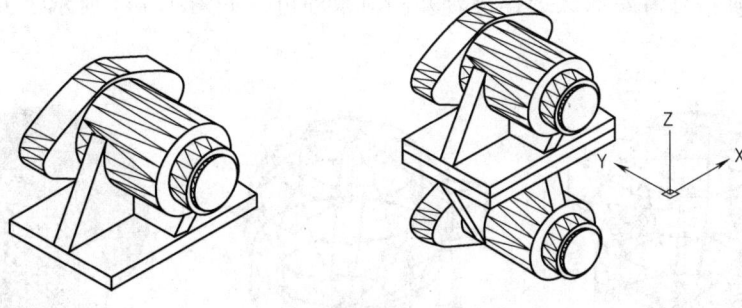

图 4.141　三维体执行镜像操作

1. 矩形阵列

在命令行的"输入阵列类型[矩形(R)/环形(P)]<矩形>:"提示下,选择"矩形"选项或者直接回车,可以以矩形阵列方式复制对象,此时需要依次指定阵列的行数、列数、阵列的层数、行间距、列间距及层间距。其中,矩形阵列的行、列、层分别沿着当前 UCS 的 X 轴、Y 轴和 Z 轴的方向;输入某方向的间距值为正值时,表示将沿相应坐标轴的正方向阵列,否则沿反方向阵列。如图 4.142(b)所示为图 4.142(a)中的小圆孔执行矩形阵列操作。

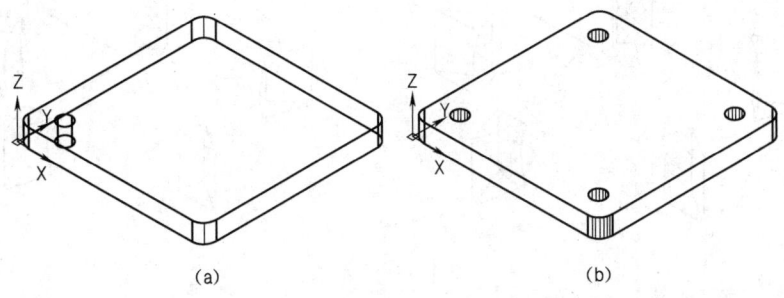

图 4.142　小圆孔执行矩形阵列操作

2. 环形阵列

在命令行的"输入阵列类型[矩形(R)/环形(P)]<矩形>:"提示下,选择"环形(R)"选项,可以以环形阵列方式复制对象,此时需要输入阵列的项目个数,并指定环形阵列的填充角度,确认是否要进行自身旋转,然后指定阵列的中心点及旋转轴上的另一点,确定旋转轴。图 4.143 所示为小圆孔执行环形阵列操作。

4.9.3.6　三维实体的布尔运算

1. 并集运算

选择"修改"→"实体编辑"→"并集"命令(UNION),或在"实体编辑"工具栏中单击"并集"按钮,就可以通过组合多个实体生成一个新实体。该命令主要用于将多个相交或相接触的对象组合在一起。当组合一些不相交的实体时,其显示效果看起来还是多个实体,但实际上却被当做一个对象。

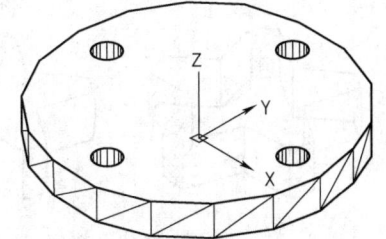

图 4.143　小圆孔执行环形阵列操作

在使用该命令时，只需要依次选择待合并的对象即可。如图 4.144 所示为五角星体与球体的并集。

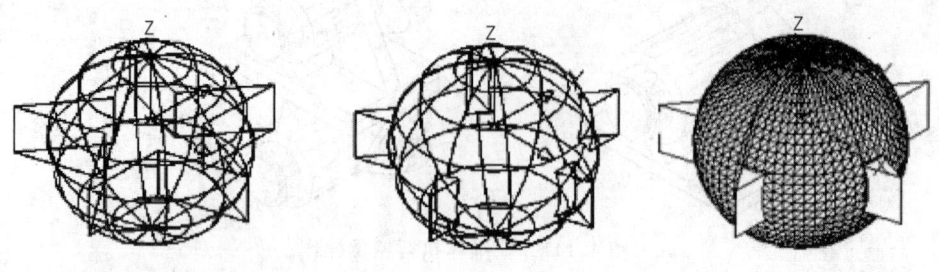

图 4.144　并集

2．差集运算

选择"修改"→"实体编辑"→"差集"命令（SUBTRACT），或在"实体编辑"工具栏中单击"差集"按钮，即可从一些实体中去掉部分实体，从而得到一个新的实体。如图 4.145 所示为五角星体减去球体的效果。

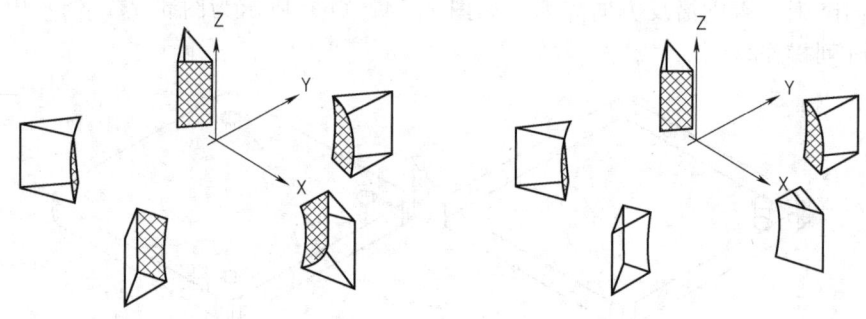

图 4.145　差集

3．交集运算

选择"修改"→"实体编辑"→"交集"命令（INTERSECT），或在"实体编辑"工具栏中单击"交集"按钮，就可以利用各实体的公共部分创建新实体。如图 4.146 所示为五角星体与球体的交集。

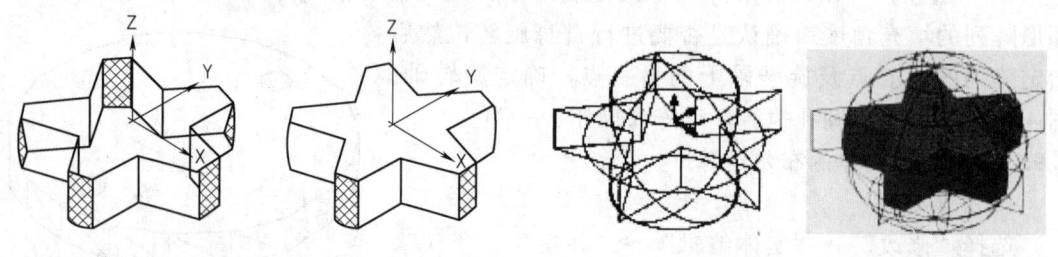

图 4.146　交集　　　　　　　　　图 4.147　干涉

4．干涉运算

选择"修改"→"三维操作"→"干涉"命令（INTERFERE），就可以对对象进行干涉运算。把原实体保留下来，并用两个实体的交集生成一个新实体。图 4.147 所示为五角星体与球体干涉后的效果。

4.9.3.7 分解实体

选择"修改"→"分解"命令（EXPLODE），可以将实体分解为一系列面域和主体。其中，实体中的平面被转换为面域，曲面被转化为主体。用户还可以继续使用该命令，将面域和主体分解为组成它们的基本元素，如直线、圆及圆弧等。图4.148所示为实体执行分解后。

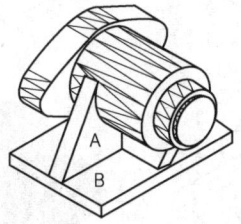

图 4.148 分解   图 4.149 倒圆角

4.9.3.8 对实体修倒角和圆角

选择"修改"→"倒角"命令（CHAMFER），可以对实体的棱边修倒角，从而在两相邻曲面间生成一个平坦的过渡面。选择"修改"→"圆角"命令（FILLET），可以为实体的棱边修圆角，从而在两个相邻面间生成一个圆滑过渡的曲面。在为几条交于同一个点的棱边修圆角时，如果圆角半径相同，则会在该公共点上生成球面的一部分。图4.149所示为对底板执行了倒圆角。

4.9.3.9 剖切实体

选择"修改"→"三维操作"→"剖切"命令（SLICE），或在"实体"工具栏中单击"剖切"按钮，都可以使用平面剖切一组实体。剖切面可以是对象、Z轴、视图、XY/YZ/ZX平面或3点定义的面。将图4.150（a）剖切后生成图4.150（b）。

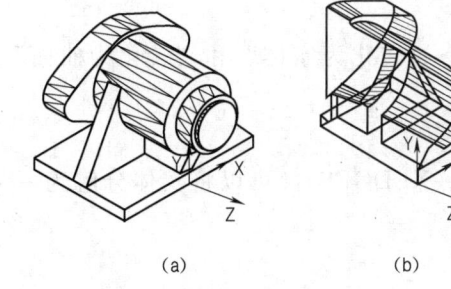 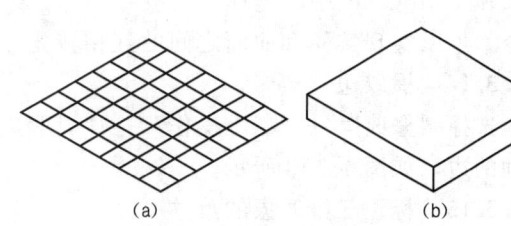

图 4.150 剖切   图 4.151 加厚

4.9.3.10 加厚

选择"修改"→"三维操作"→"加厚"命令（THICKEN），可以为曲面添加厚度，使其成为一个实体。图4.151（a）所示加厚后生成图4.151（b）。

4.9.3.11 编辑实体面

在AutoCAD中，使用"修改"→"实体编辑"子菜单中的命令，可以对实体面进行拉伸、移动、偏移、删除、旋转、倾斜、着色和复制等操作，如图4.152所示。

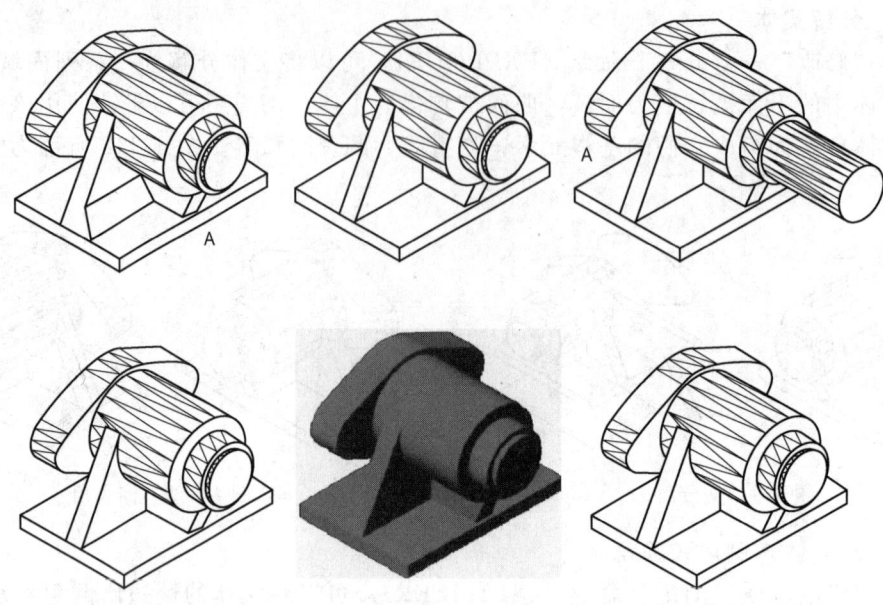

图 4.152

4.9.3.12　编辑实体边

在AutoCAD中，选择"修改"→"实体编辑"→"着色边"命令，或在"实体编辑"工具栏中单击"着色边"按钮，即可着色实体边，其方法与着色实体面的方法相同；选择"修改"→"实体编辑"→"复制边"命令，或在"实体编辑"工具栏中单击"复制边"按钮，可以复制三维实体的边，其方法与复制实体面的方法相同。

此外，在AutoCAD中，使用"修改"→"实体编辑"子菜单中的命令，还可以对实体进行压印、清除、分割、抽壳与检查等操作。

4.9.3.13　曲面与实体转换

在AutoCAD中，选择"修改"→"三维操作"→"转化为实体"和"转化为曲面"命令，可以实现实体和曲面之间的互相转化。

4.9.3.14　提取边

选择"修改"→"三维操作"→"提取边"命令（XEDGES），可以将实体分解为一系列的边，如图4.153所示。

4.9.3.15　标注三维对象的尺寸

在AutoCAD中，使用"标注"菜单中的命令或"标注"工具栏中的标注工具，不仅可以标注二维对象的尺寸，还可以标注三维对象的尺寸。由于所有的尺寸标注都只能在当前坐标的XY平面中进行，因此为了准确标注三维对象中各部分的尺寸，需要不断地变换坐标系。标注完成后如图4.154所示。

4.9.3.16　设置三维对象的视觉样式

在AutoCAD2007中，可以使用"视图"→"视觉样式"命令中的子命令或"视觉样式"工具栏来观察对象。

4.9 三维图形绘制

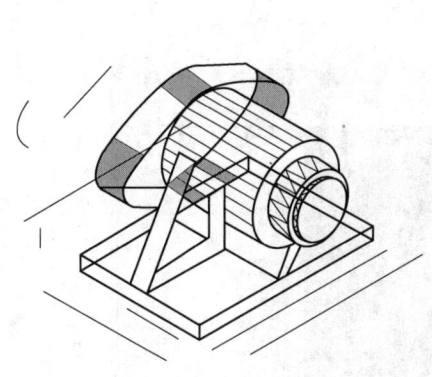

图 4.153 提取边　　　　　　　图 4.154 三维标注

1. 应用视觉样式

对对象应用视觉样式一般使用来自观察者左后方上面的固定环境光。而使用"视图"→"重生成"命令重新生成图像时,也不会影响对象的视觉样式效果,并且用户还可以使用通常视图中进行的一切操作在此模式下运行,如窗口的平移、缩放、绘图和编辑等。如图 4.155 所示为同一个图形执行不同的视觉样式后的效果。

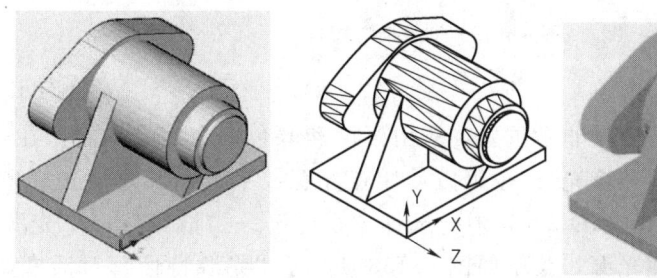

图 4.155　同一图形的不同视觉样式

2. 管理视觉样式

在 AutoCAD 2007 中,选择"视图"→"视觉样式"→"视觉样式管理器"命令,打开"视觉样式管理器"选项板,可以对视觉样式进行管理。图 4.156 为视觉样式管理器。

4.9.3.17　渲染对象

使用"视图"→"视觉样式"命令中的子命令为对象应用视觉样式时,并不能执行产生亮显、移动光源或添加光源的操作。要更全面地控制光源,必须使用渲染,可以使用"视图"→"渲染"命令中的子命令或"渲染"工具栏实现。

1. 在渲染窗口中快速渲染对象

在 AutoCAD 2007 中,选择"视图"→"渲

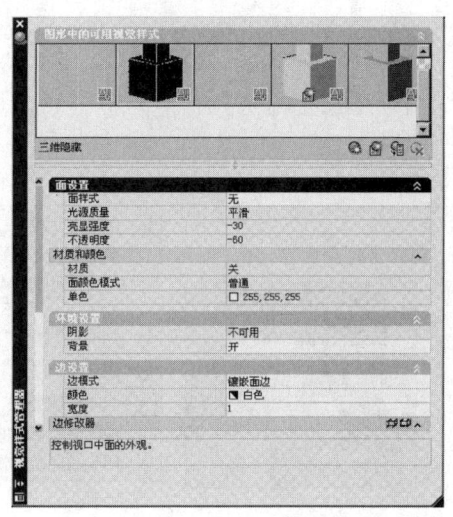

图 4.156　"视觉样式管理器"

染"→"渲染"命令,可以在打开的渲染窗口中快速渲染当前视口中的图形。"渲染"窗口如图 4.157 所示。

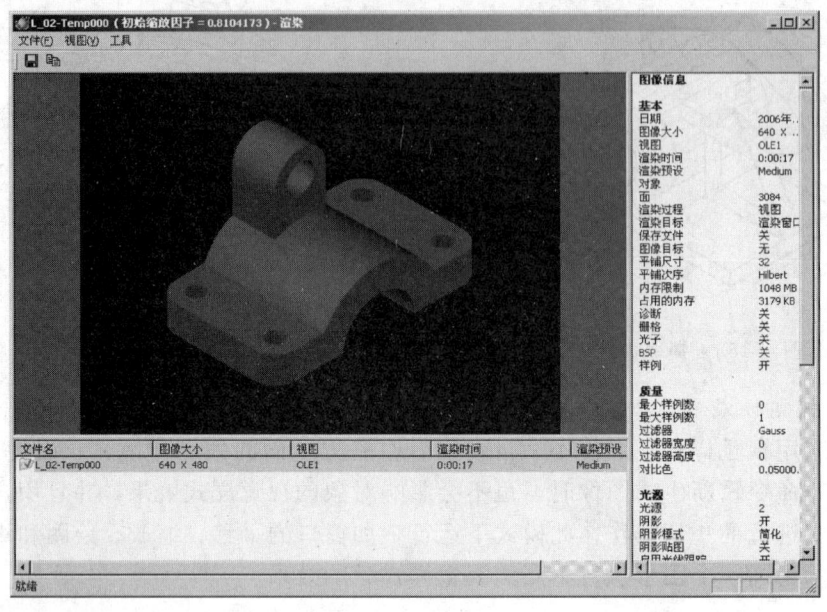

图 4.157 "渲染"窗口

2. 设置光源

在渲染过程中,光源的应用非常重要,它由强度和颜色两个因素决定。在 AutoCAD 中,不仅可以使用自然光(环境光),也可以使用点光源、平行光源及聚光灯光源,以照亮物体的特殊区域。在 AutoCAD 2007 中,选择"视图"→"渲染"→"光源"命令中的子命令,可以创建和管理光源,菜单如图 4.158 所示。"光源特性"对话框如图 4.159 所示。

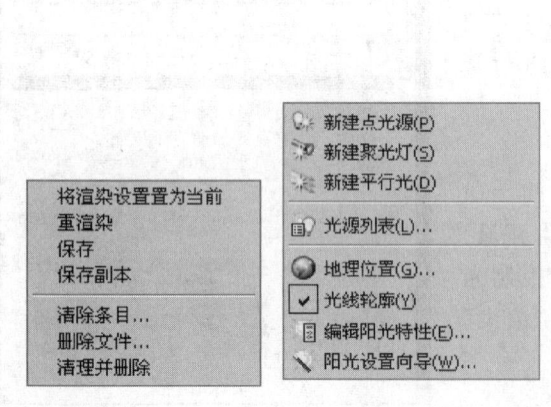

图 4.158 光源菜单

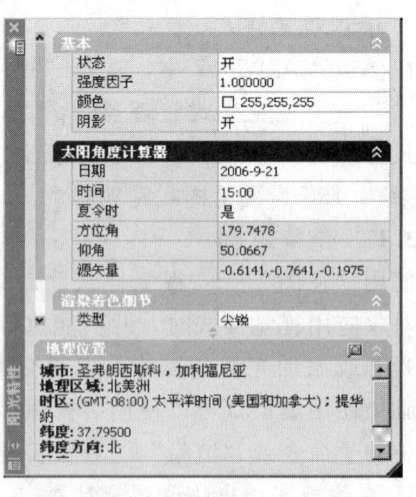

图 4.159 "光源特性"对话框

4.9 三维图形绘制

3. 设置渲染材质

在渲染对象时，使用材质可以增强模型的真实感。在 AutoCAD 2007 中，选择"视图"→"渲染"→"材质"命令，打开"材质"选项板，可以为对象选择并附加材质。如图 4.160 所示为"材质编辑器"。

4. 设置贴图

在渲染图形时，可以将材质映射到对象上，称为贴图。选择"视图"→"渲染"→"贴图"命令的子命令，可以创建平面贴图、长方体贴图、柱面贴图和球面贴图，如图 4.161 所示。

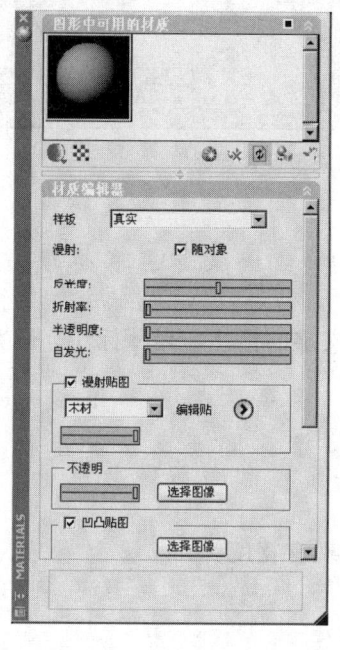

图 4.160　"材质编辑器"

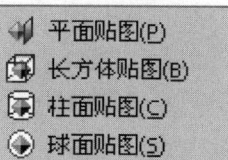

图 4.161

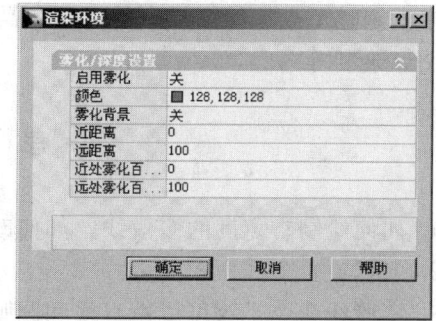

图 4.162　"渲染环境"对话框

5. 渲染环境

在渲染图形时，可以添加雾化效果。选择"视图"→"渲染"→"渲染环境"命令，打开"渲染环境"对话框。在该对话框中可以进行雾化设置，对话框如图 4.162 所示。

6. 高级渲染设置

在 AutoCAD 2007 中，选择"视图"→"渲染"→"高级设置"命令，打开"高级渲染设置"选项板，可以设置渲染高级选项。在"选择渲染预设"下拉列表框中，可以选择预设的渲染类型，这时在参数区中，可以设置该渲染类型的基本、光线跟踪、间接发光、诊断、处理等参数。当在"选择渲染预设"下拉列表框中选择"管理渲染预设"选项时，将打开"渲染预设管理器"对话框，可以自定义渲染预设，对话框如图 4.163 所示。

第 4 章　AutoCAD 高级绘图技术

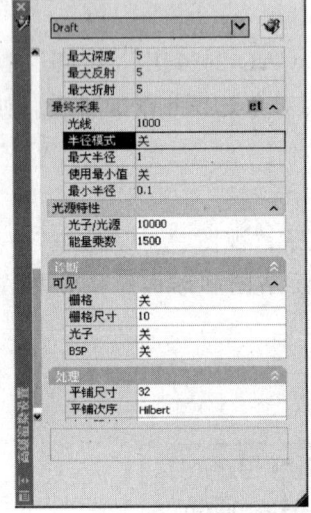
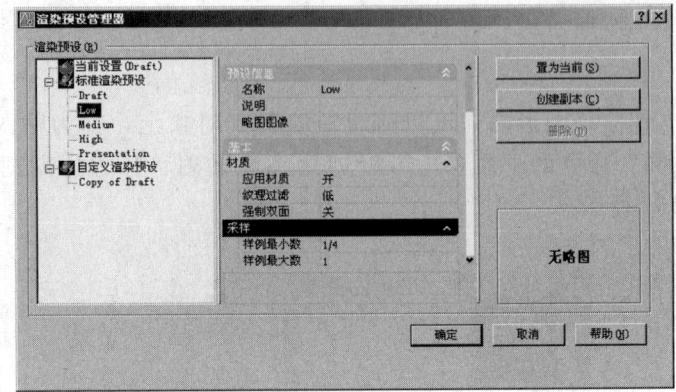

图 4.163　"高级渲染设置"和"渲染预设管理器"

小　　结

本章阐述了高级绘图指令的运用和操作，讲解了文字的标注、尺寸标注、图案填充和三维图形绘制等内容。

思　考　题

1. 如何绘制有宽度的多段线？如何改变多短线的现有宽度？
2. 怎样设置多线样式？
3. 多段线命令是否可以由直线和圆弧命令来代替？
4. 多线绘制中有哪几种对正方式，如何区别？
5. 在一个图形文件中可以创建多个点样式吗？
6. 定数等分与定距等分的区别是什么？
7. 如何设置填充图案和图案比例？
8. 在"文字样式"窗口中可以进行哪些内容的设置？
9. 单行文字输入与多行文字输入有哪些主要区别？
10. 在文字样式设置中设置了高度不为 0 后，会影响 TEXT 命令的哪个提示信息？
11. 如何修改文字内容与属性？
12. 怎样在表格中书写文字？
13. 尺寸标注有哪些要素？
14. 起点偏移量是什么意思？基线间距是什么含义？
15. 如何将已有图形中的一部分创建成块？
16. 用学过的相关指令绘制图 4.164 所列图形。

思 考 题

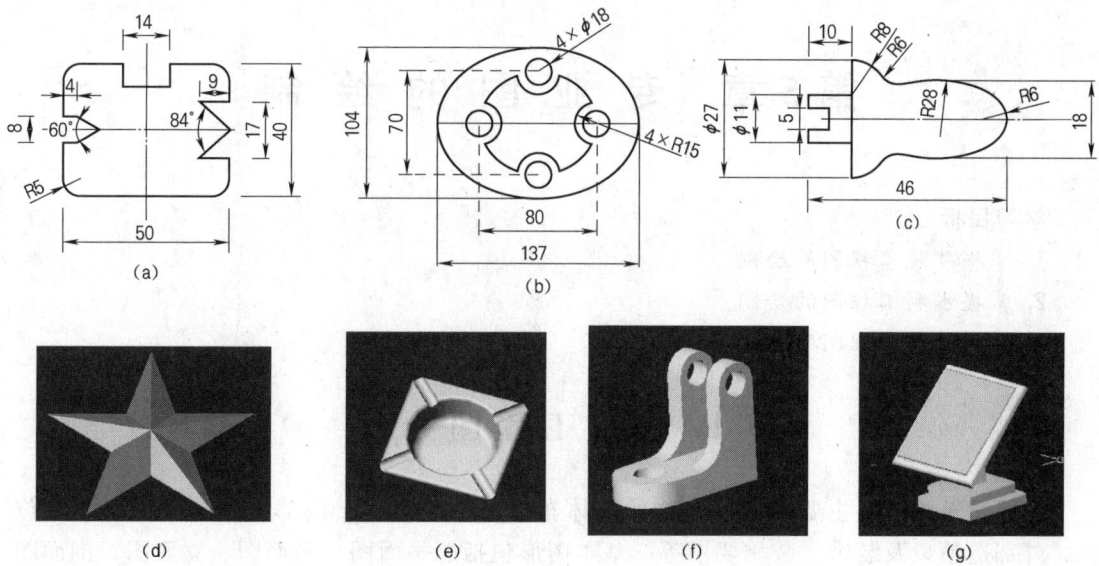

图 4.164　思考题 16 图

第5章 专业图的绘制

学习目标
1. 掌握建筑工程图的绘制。
2. 掌握水利工程图的绘制。
3. 掌握道路工程图的绘制。

5.1 建筑工程图绘制

房屋建筑施工图主要表示建筑物的总体布局、平面形状、内部布置、门窗及楼梯位置、外部造型以及装饰、装修要求等。基本图形包括总平面图、平面图、立面图、剖面图和构造详图等。建筑平面图、立面图、剖面图是房屋施工中最基本的图样,本节以某学生公寓的平面图、立面图、剖面图的绘制过程为例,介绍建筑图的绘制方法。

5.1.1 建筑图样板文件

为了避免绘制建筑图时对图纸上一些相同的内容(如线型、线宽、文字样式、尺寸标注样式等)进行重复设置而影响绘图效率,同时使图形标准化,用户可以创建自己需要的样图,并能在"启动"对话框或执行"新建"命令时方便地调用它。

样图中的内容一般包括每张图纸中都需要设置的内容,如绘图单位、精度、图形界限,必要的图层(线型、线宽、颜色),线型比例,所需的文字样式、标注样式,常用的图块,与图形界限相应的图框标题栏等。

创建样图的方法有多种,常用的有"由新图形创建样图"、"由已有图形创建样图"、"由 AutoCAD 设计中心创建样图"等。下面创建某建筑工程图样板文件,主要步骤如下:

(1) 图幅与单位。以公制样板"acadiso.dwt"新建图形,默认图形界限为A3,这里暂不做修改,必要时再进行设置。

(2) 图层。参照图5.1,设置必要的图层,其他需要时再添加。这里考虑在打印样式中按颜色控制线宽,故线宽均取"默认"值,否则需要制定线宽。

(3) 文字样式。见表5.1,设置3个文字样式。

表5.1 建筑图文字样式设置

样 式 名	字 体 名	效 果	说 明
gbeitc	gbeitc.shx+gbcbig.shx	默认	用于尺寸标注与小号汉字标注
complex	complex.shx	默认	轴号与门窗名称等
simsun	T仿宋_GB2312	宽度比例0.7,其余默认	图名、标题栏等

(4) 尺寸样式。基于样式"ISO-25"新建名为"dim"的样式,设置如下。

1) 公共参数。尺寸线"基线间距"取值8,尺寸界线"超出尺寸线"取值2,文字外观下"文字样式"选择"gbeitc","文字高度"取值 3.5。

图 5.1 创建图层

2)"线性"子样式。选择"固定长度的尺寸界线,"长度取值 15;箭头选择"建筑标记","箭头大小"取值 1.5。

3)"角度"子样式。"文字对齐"选择"水平"。

4)"半径"子样式。"文字对齐"选择"ISO 标准";"调整选项"选择"文字","优化"选择"手动放置文字"。

5)"直径"子样式。"文字对齐"选择"ISO 标准";"调整选项"选择"文字","优化"选择"手动放置文字"。

其他未提及的均为默认设置。完成设置后,置"dim"为当前样式,如图 5.2 所示。

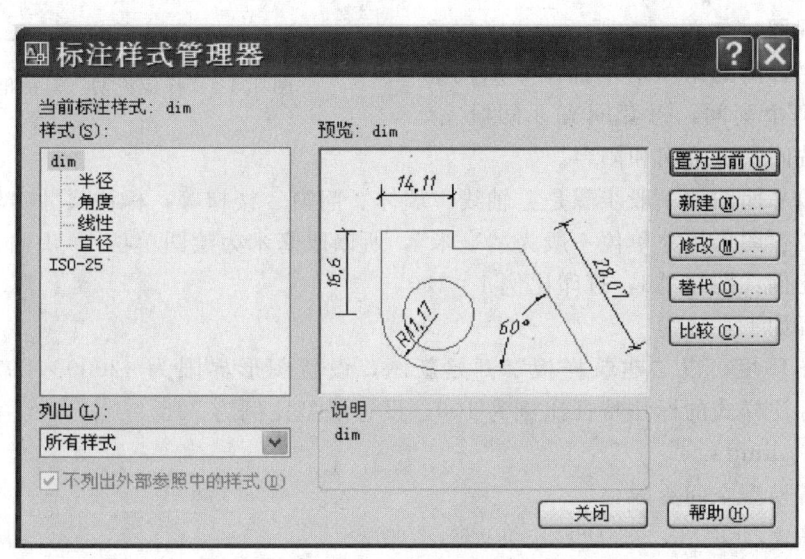

图 5.2 设置尺寸标注样式

(5)保存样板文件。执行"文件"→"另存为"命令,弹出"图形另存为"对话框,如图 5.3 所示。从对话框的"文件类型"下拉列表中,选择"AutoCAD 图形样板文件

图 5.3 "图形另存为"对话框

(*.dwt)"选项，然后输入样板文件名："建筑样板"，指定存盘路径单击"保存"按钮，弹出"样板说明"对话框，如图 5.4 所示。在其中输入必要的文字说明，单击"确定"按钮，即将当前图形保存为样板文件。

5.1.2 绘制建筑平面图

建筑平面图是将房屋从门窗洞口处水平剖切后的俯视图，如图 5.5 所示，"底层平面图"是学生公寓的第一层平面图，从门洞大门进去有两个套间，每套间有 3 间卧室、公共厅、盥洗间、卫浴间和阳台。

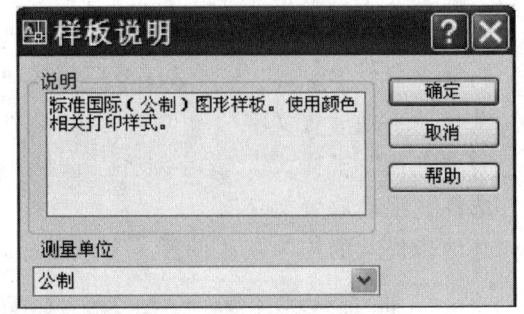

图 5.4 "样板说明"对话框

绘制建筑平面图的一般步骤是：轴线、墙体、门窗、楼梯等，标注尺寸、轴号等。

绘图单位：图形尺寸单位一般为"毫米"，所以以毫米为绘图单位 1∶1 输入。

图幅与比例：图幅 A3，打印比例 1∶100。

绘图过程如下：

(1) 绘图环境。以"建筑样板"开始新图，设置图形界限为 42000×29700（A3×100），修改标注样式的标注特征比例为 100，设置线型比例为 70。

命令：'_limits。

重新设置模型空间界限：

指定左下角点或 [开 (ON) /关 (OFF)] <0.0000, 0.0000>：

指定右上角点 <420.0000, 297.0000>：42000, 297000

命令：ZOOM。

指定窗口的角点，输入比例因子 (nX 或 nXP)，或者 [全部 (A) /中心 (C) /动态 (D) /范围 (E) /上一个 (P) /比例 (S) /窗口 (W) /对象 (O)] <实时>：a

5.1 建筑工程图绘制

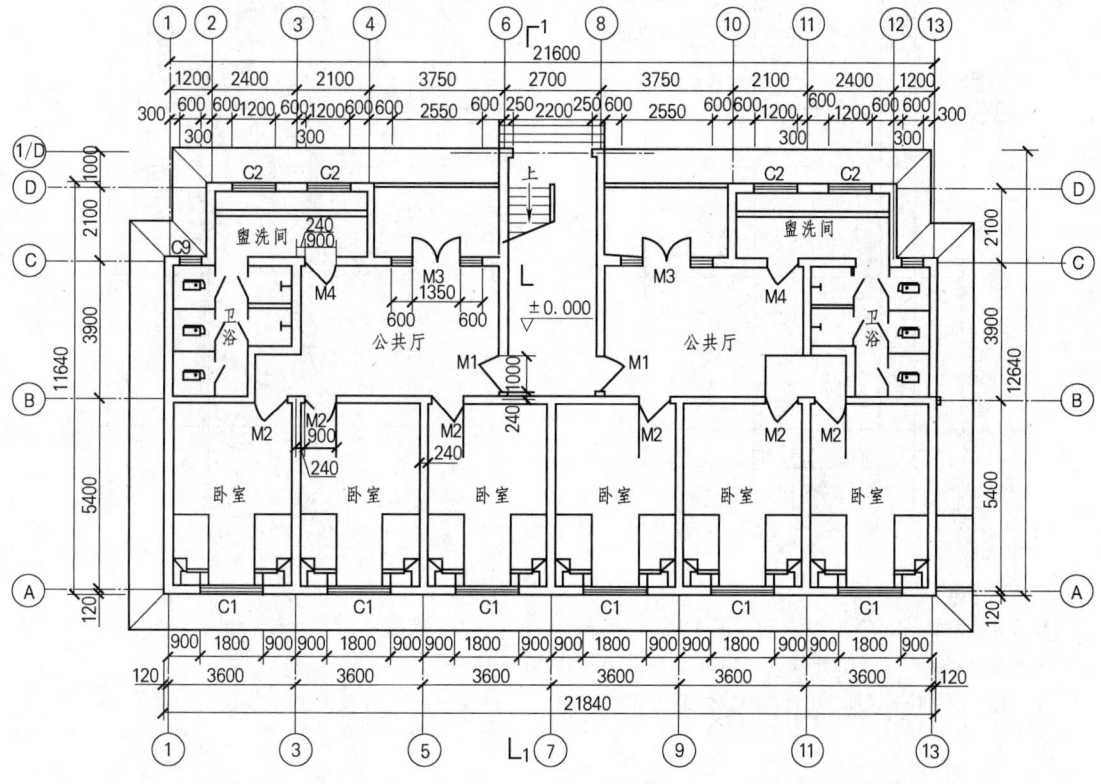

图 5.5 底层平面图

正在重新生成模型。

命令：lts。

LTSCALE 输入新线型比例因子 <1.0000>：70

正在重新生成模型。

（2）绘制轴线。当图形对称时，绘制一半即可。以"轴线"为当前层，先以"直线"命令分别绘制一条水平轴线和一条垂直轴线，再"偏移"得到其他轴线，如图 5.6（a）所示。参考底层平面图的房间布置整理轴线，如图 5.6（b）所示。轴号利用复制或者属性块定义皆可，文字样式选"complex"，尺寸标注样式选"dim"，标注特征比例设置为 100 即可。

（3）绘制墙体。以"墙线"为当前层，利用"多线"命令，如图 5.7（a）、（b）所示，先绘制外墙再绘制内墙，操作如下：

命令：ml。

MLINE

当前设置：对正 = 上，比例 = 20.00，样式 = STANDARD

指定起点或［对正（J）/比例（S）/样式（ST）］：s

输入多线比例 <20.00>：240.00

当前设置：对正 = 上，比例 = 240.00，样式 = STANDARD

指定起点或［对正（J）/比例（S）/样式（ST）］：j

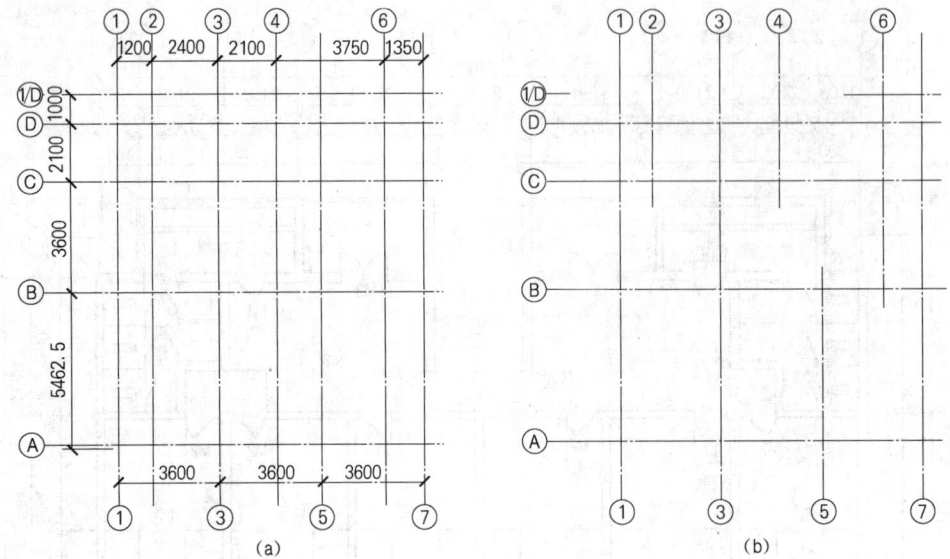

图 5.6 绘制轴线

输入对正类型 [上 (T) /无 (Z) /下 (B)] <上>：z
当前设置：对正 = 无，比例 = 240.00，样式 = STANDARD
指定起点或 [对正 (J) /比例 (S) /样式 (ST)]：
指定下一点：

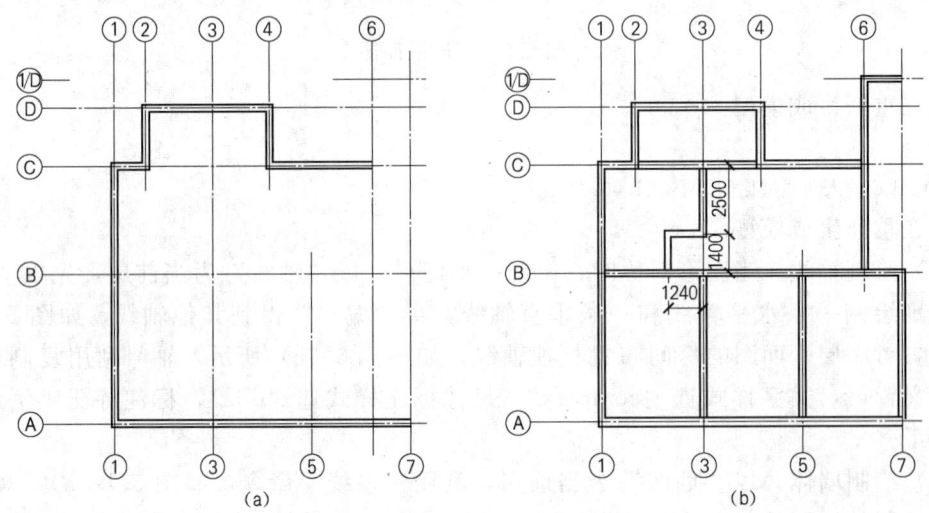

图 5.7 绘制墙体

（4）整理墙线。如图 5.8 所示，利用下拉菜单"修改"→"对象"→"多线"或多线编辑命令 Mledit 对交叉点位置进行修改（先不要分解多线）。

（5）门窗开洞。如图 5.9 所示，分解多线，根据门窗的定位和定型尺寸（见平面图），利用"偏移"（注意改变偏移后线条所在图层）确定门窗洞口位置。如果图中各门窗尺寸大小、间隔都相同，可以利用"矩形阵列"或"复制"命令确定其他门窗洞口位置，然后利用"修剪"绘制门窗洞。

5.1 建筑工程图绘制

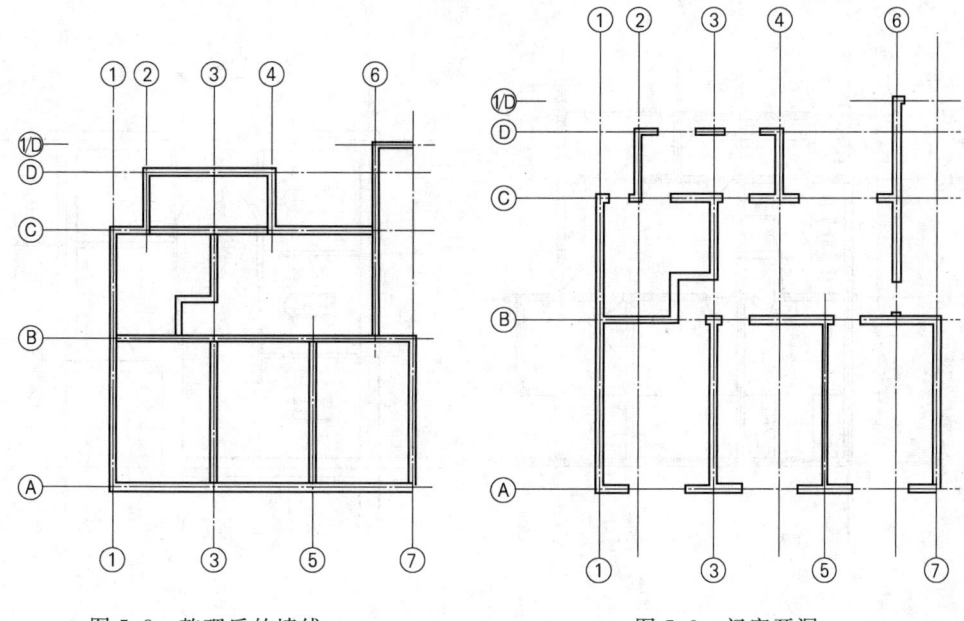

图 5.8 整理后的墙线　　　　　　图 5.9 门窗开洞

（6）绘制门窗符号。如图 5.10（a）、(b) 所示，可以先分别定义门、窗图块再插入，也可以在"门窗"图层直接绘制。可以先利用"直线"绘制一条窗户线，再根据窗宽和图例特点利用"偏移"命令生成其他窗线。门图块可以利用"极轴追踪"绘制门宽线，然后利用"圆弧"或"圆"和"修剪"命令绘制门的轨迹线。

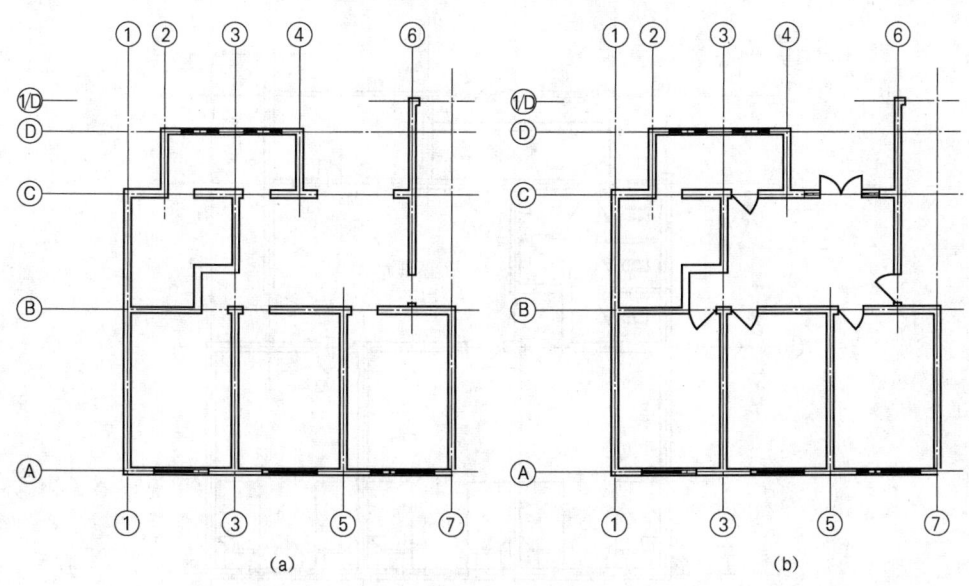

图 5.10 绘制门窗图例

（7）其他。如图 5.11 所示，绘制阳台护栏、卫生间洁具、隔断及床等，注意切换当前图层。

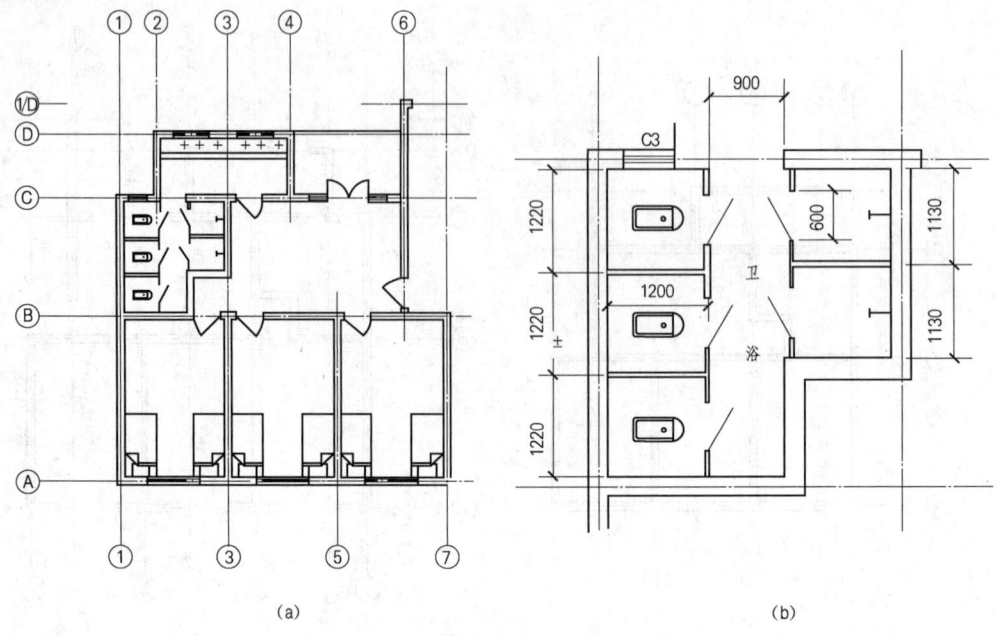

图 5.11 绘制阳台护栏、卫生间洁具、隔断及床等

（8）输入门窗编号及相关文字。如图 5.12 所示，利用"单行文字"选择需要的"文字样式"、"字高"及"对正方式"绘制门窗编号及相关文字。

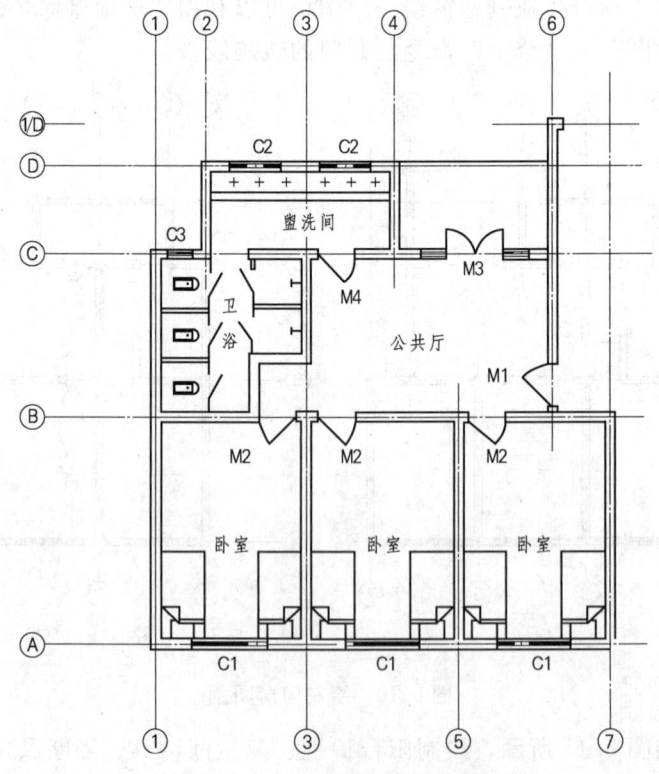

图 5.12 输入门窗编号及文字

(9) 镜像复制。完成一半图形后,用"镜像"命令复制得到对称的另一半,如图 5.13 所示。如果"镜像"后文字反转,则需要调整文字镜像参数。命令行输入 Mirrtext,将其值设置为 0,然后再执行镜像命令。如果 Mirrtext＝1,则镜像文字会反转。

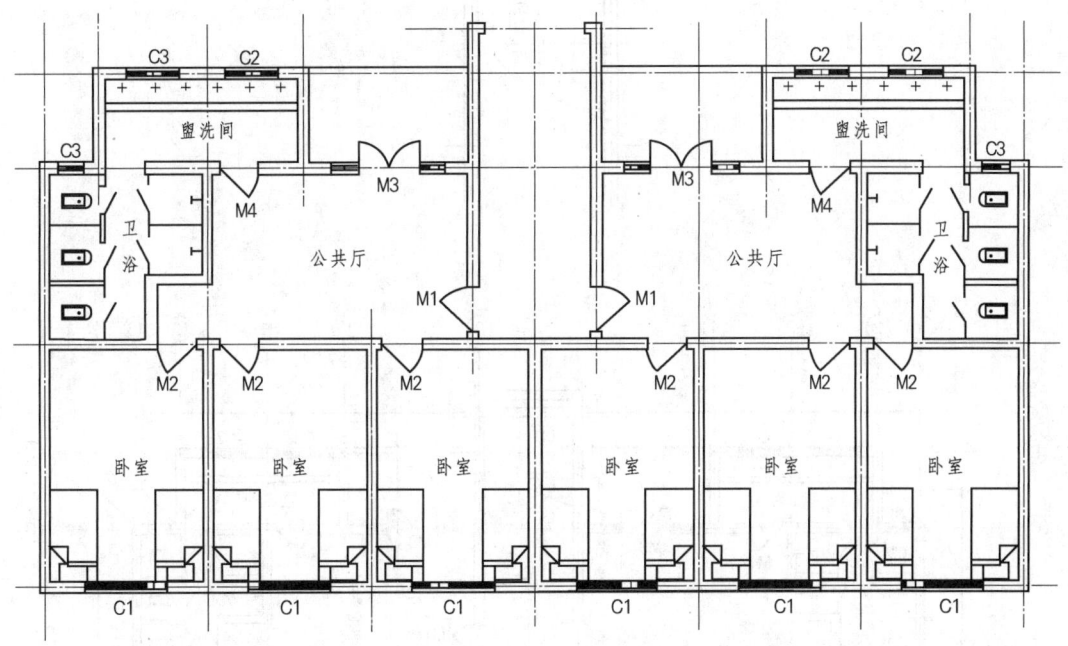

图 5.13 镜像复制成对称图形

(10) 绘制散水、楼梯、台阶。如图 5.14（a）所示,在"楼梯"图层利用"偏移"→"修剪"→"多段线"命令绘制楼梯,如图 5.14（a）所示,在"台阶散水"图层根据需要,灵活利用"偏移"→"倒角"或"圆角"→"延伸"→"修剪"命令绘制台阶、散水等,完成后如图 5.14（b）所示。

(11) 标注。以"尺寸"图层为当前层,标注尺寸,在"文字"图层标注图名等。

1) 标注尺寸时,应该注意利用"连续标注"、"基线标注"快速准确地标注出图形的尺寸。尺寸标注时,也可以根据图形尺寸的特点,利用"阵列"→"复制"→"镜像"等命令快速完成重复尺寸的标注。

2) 轴号和标高的标注。

方法 1：由于在建筑图形中要反复用到轴号和标高的标注,因此可以用"写块"命令将标高符号和轴号符号定义成图块存盘,而用"定义属性"命令将标高数值和轴号数值定义成图块的附带属性,然后做成图块,在标注时用"块插入"命令插入到指定位置设置为指定值。

方法 2：绘制出基本的图形,输入文字,然后根据标注的特点利用"复制""阵列"等命令得到其他的标注,再利用文字编辑命令（Ddedit）或下拉菜单"修改"→"对象"→"文字"修改其中的文字。

(12) 完成图形保存文件。

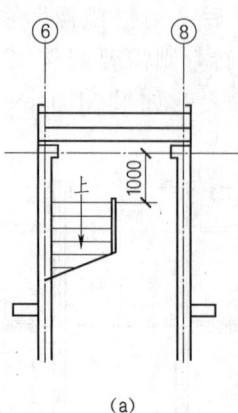

(a)

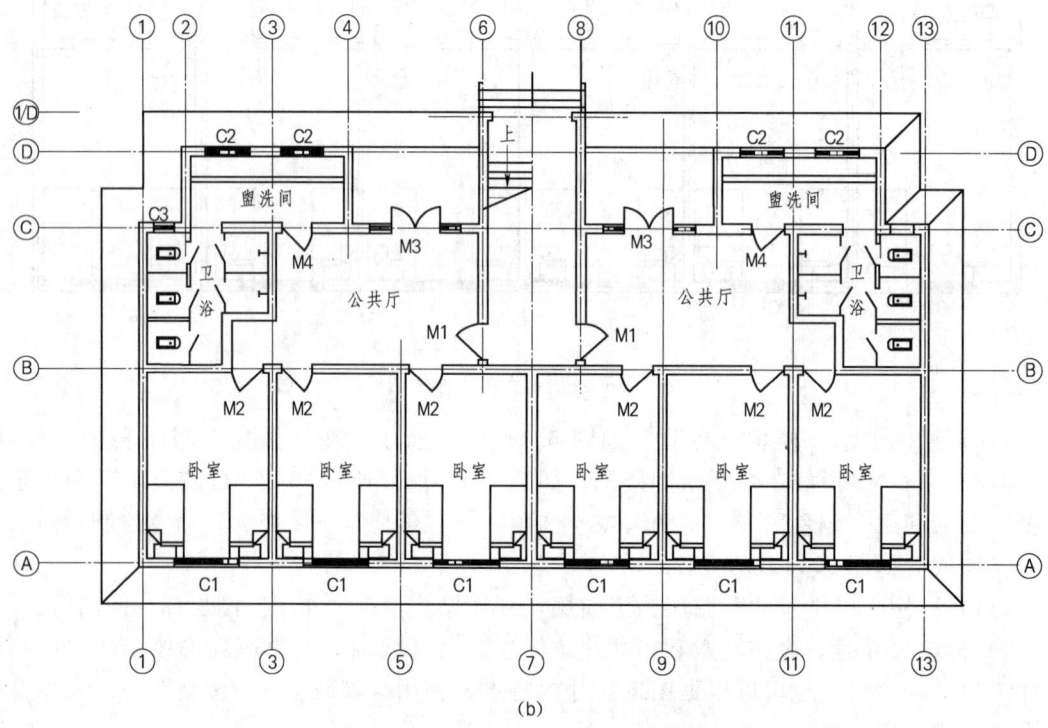

(b)

图 5.14 绘制散水、楼梯、台阶

5.1.3 绘制建筑立面图

立面图是房屋在与外墙面平行的投影面上的投影，主要用来表示房屋的外部造型和装饰。立面图的外轮廓线之内的图形主要是门窗、阳台等构造的图例。

绘制建筑立面图的步骤是：绘制楼层定位线、门窗、掩盖、台阶、雨棚等，一半可以先绘制一层的立面，再按图形特点利用复制、阵列、镜像等复制得到其他楼层立面。

绘图单位、图幅与比例：与平面图相同。

下面以图 5.15 所示"正立面图"为例来说明立面图的绘制方法。

(1) 绘图环境。与平面图相同。

5.1 建筑工程图绘制

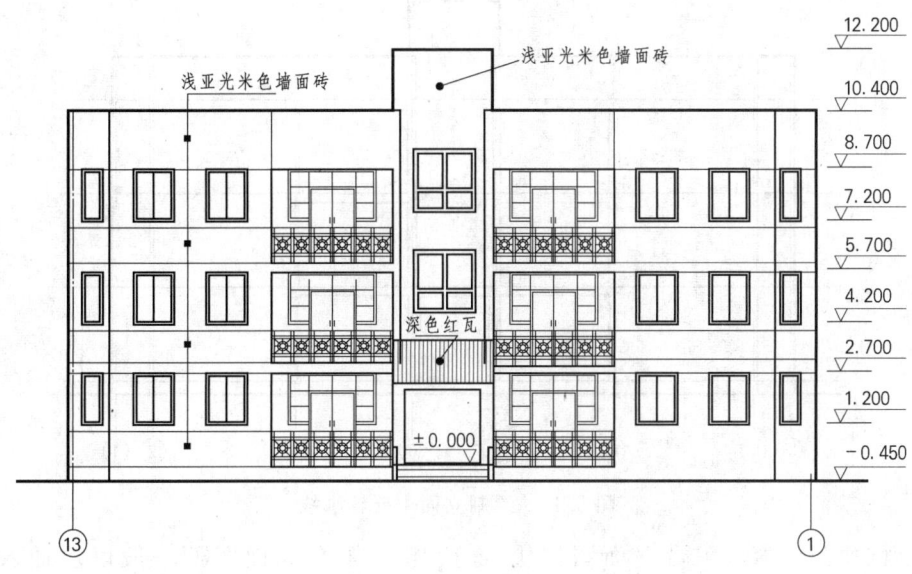

图 5.15 正立面图

（2）绘制定位线。与该立面对应的轴线、各楼层的层面线以及室外地平线，如图 5.16 所示。绘制定位线是为了确定立面上门窗、阳台等的位置。由于建筑立面图一般只标注标高尺寸，而不标注房屋总长尺寸及门窗洞口的大小和平面定位尺寸，因此绘制时可以利用建筑平面图进行立面上窗户等构配件的定位。

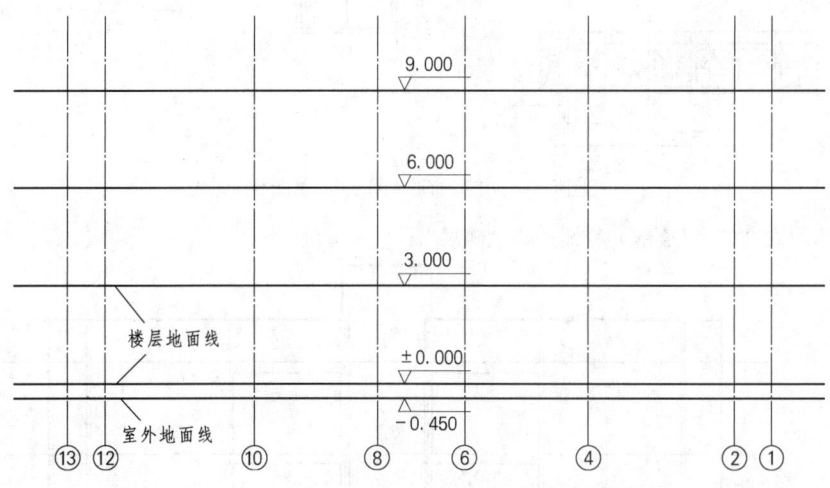

图 5.16 立面定位轴线

（3）绘制立面的主要轮廓。以"立面轮廓"为当前层，绘制外轮廓及其他可见轮廓线，外轮廓画粗实线，其他轮廓为中实线。可以将外轮廓线用多段线绘制，设置宽度为 70（1∶100 打印出来为 0.7mm），地平线在"台阶散水"图层绘制，可以用宽度为 90 的多段线表示，如图 5.17 所示。利用"偏移"命令确定两侧外墙以及该墙面上阳台的对应线。

181

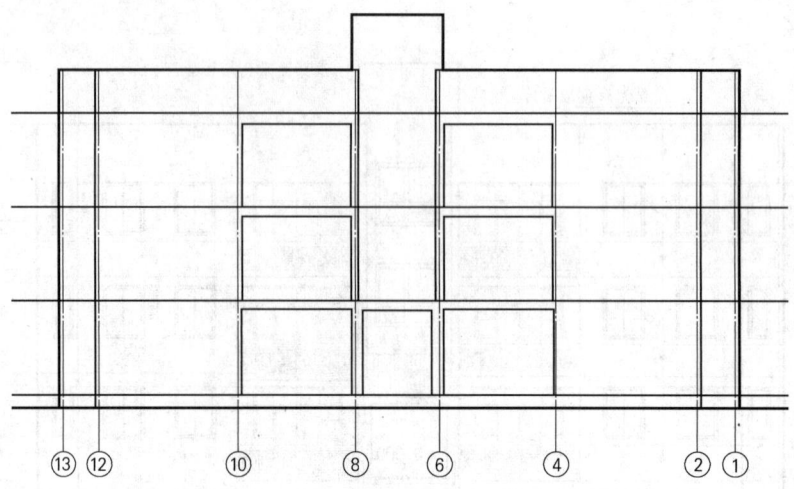

图 5.17 绘制立面主要轮廓线

（4）创建门、窗、阳台立面图例块。门、窗、阳台立面图例一般以块插入，如图 5.18 所示，绘制门、窗、阳台护栏图例并创建块备用。

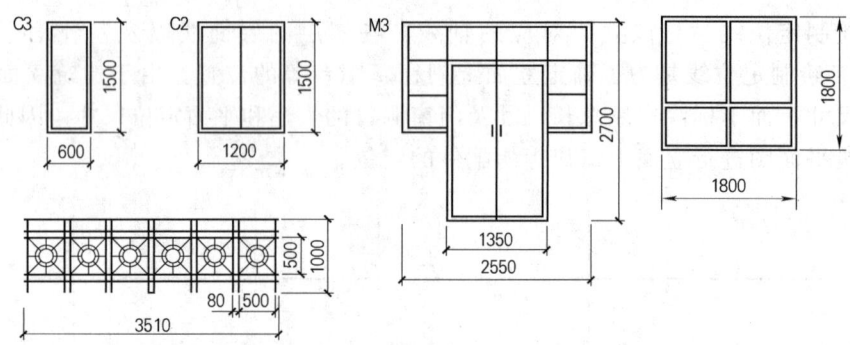

图 5.18 门、窗、阳台立面图例

注：图形块在"0"层绘制，特性选择"随层"。

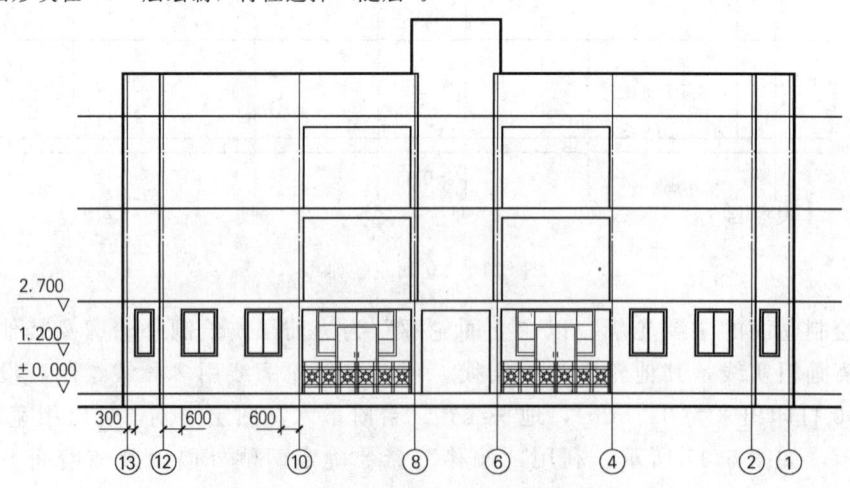

图 5.19 插入门、窗、阳台、护栏图块

(5) 插入门、窗、阳台立面图例块。参照平面图的尺寸标注利用"偏移"命令确定门窗的立面位置。分别以"门窗"、"阳台"为当前层,使用 INSERT(插入)命令,插入已创建的门、窗、阳台护栏图块,如图 5.19 所示。

(6) 复制其他楼层。完成一层的一半后,镜像、复制得到其他各层立面图,删除不需要的定位线,如图 5.20 所示。

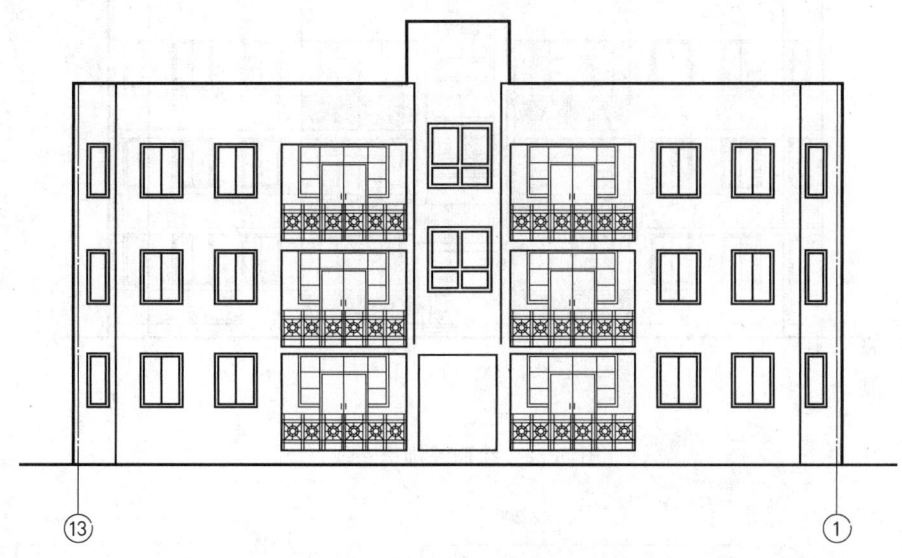

图 5.20 镜像、复制完成其他各层

(7) 绘制雨棚、台阶。以"屋面"为当前层绘制雨棚,以"台阶散水"为当前层绘制台阶,如图 5.21 所示。

(8) 绘制引条线。在"立面轮廓"图层绘制装饰引条线,如图 5.22 所示。

(9) 标注。标注立面装饰说明、标高等,与建筑平面图的标注方法相同。

(10) 完成图形并保存。

5.1.4 绘制建筑剖面图

建筑剖面图是房屋的垂直剖面图,主要用来表示房屋内部的分层、结构形式、构造方式、材料、做法、各部位间的联系及其高度等情况。

如图 5.23 所示为学生公寓的楼梯间剖面图,剖切位置见底层平面图。建筑剖面图与建筑平面图、建筑立面图互相配合,表示房屋的全局。所以绘图时需要结合剖面图与立面图才能确定某些结构的形状和尺寸。

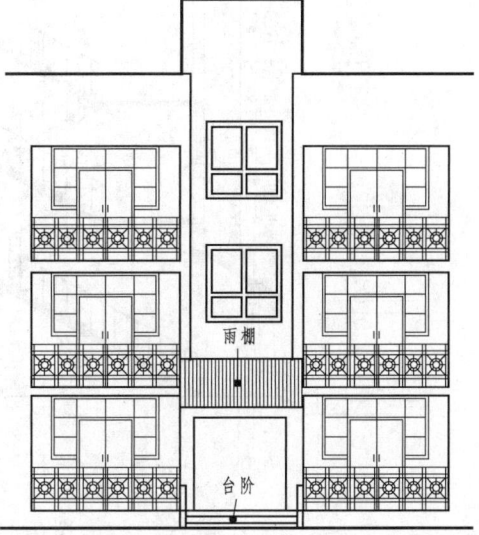

图 5.21 绘制雨棚、台阶

绘制建筑剖面图的步骤是:绘制定位线、墙体、楼面板、梁柱、门窗、楼梯等,一般可以先绘制一层的剖面，再复制得到其他各楼层剖面。

绘图单位、图幅与比例：与平面图相同。

下面以图 5.23 所示剖面图为例，说明剖面图的绘制方法。

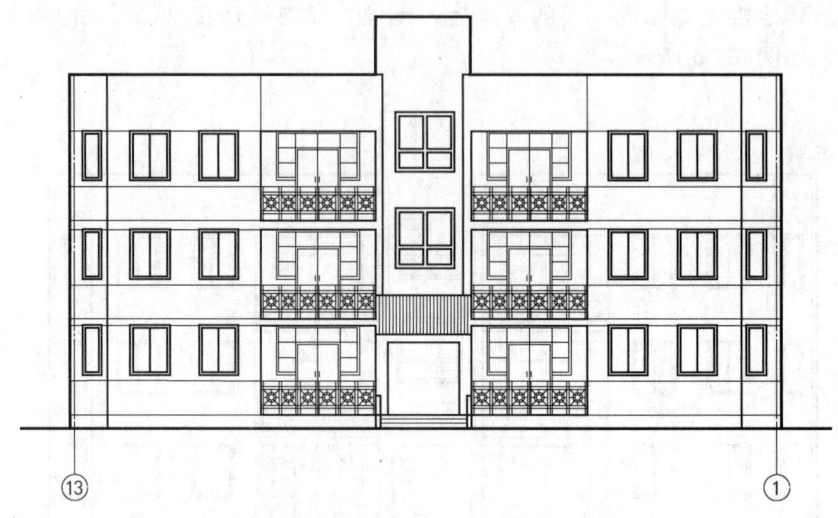

图 5.22 绘制装饰引条线

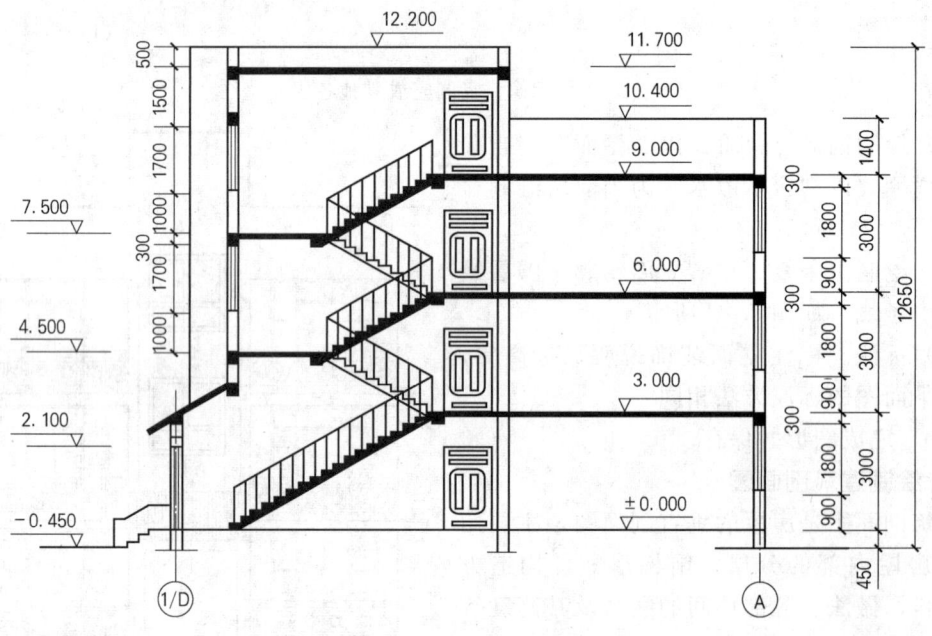

图 5.23 建筑剖面图

（1）绘图环境。与平面图相同。

（2）绘制定位线。与该剖切位置对应的轴线、各楼层的层面线以及室外地平线，如图 5.24 所示。可以利用建筑平面图进行房屋被剖切各部分宽度方向的对应位置的定位。

（3）绘制墙体、楼板等。在"墙线"图层绘制剖切到的墙体；在"楼面"图层绘制楼板（厚100mm）、楼梯休息平台；在"屋面"图层绘制雨棚等，如图5.25所示。

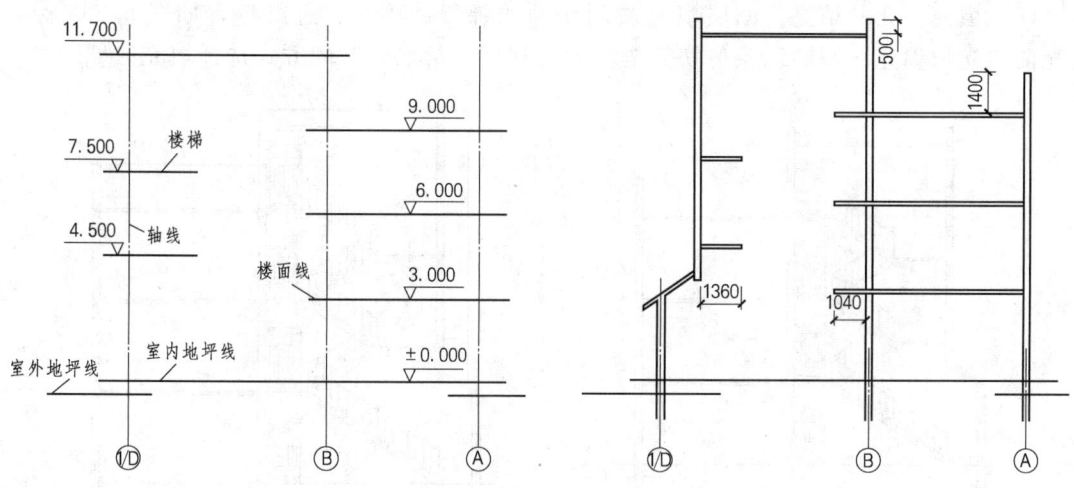

图 5.24 绘制剖面定位线　　　　图 5.25 绘制墙体、雨棚等

（4）绘制楼梯。参照图5.26（a）、（b）所示踏步尺寸绘制。根据楼梯踏步宽和踏步高绘制一个踏步，再利用"复制"命令得到整个楼梯段，然后合并成多段线，方便后面操作。也可以直接利用多段线绘制楼梯。连接梯段起始端得到梯段板的平行线，利用"偏移"命令绘制梯段板。根据楼梯特点利用"复制"→"镜像"→"修剪"命令得到楼梯图。

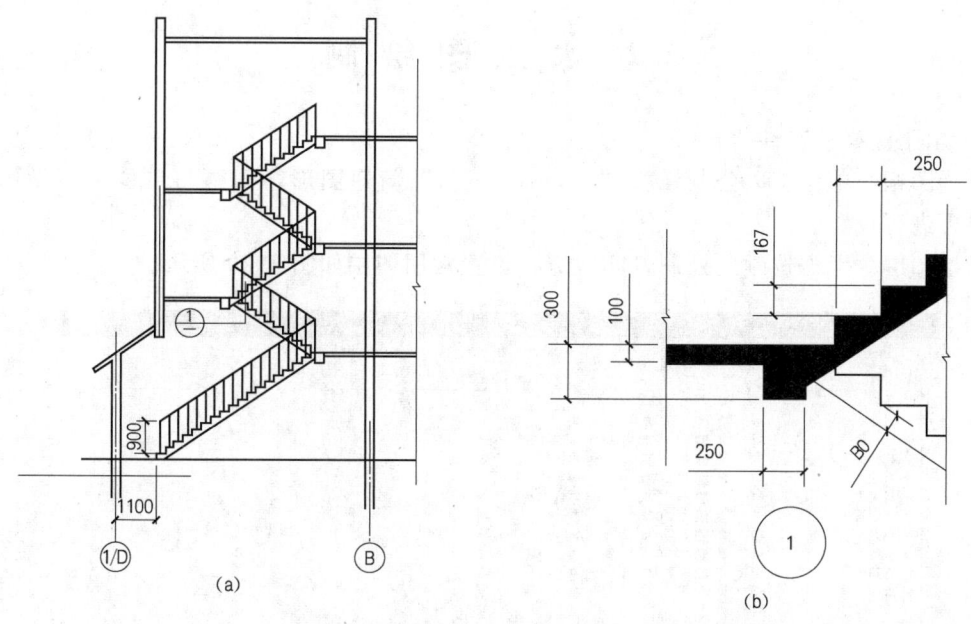

图 5.26 绘制楼梯

（5）绘制门窗。在"门窗"图层插入块或直接绘制门窗，包括剖切到的门窗图例以及未剖切到的立面图例，根据图形特点选择合适的"复制"图形操作，快速绘图，如图

5.27 所示。

（6）填充。在"填充"图层填充被剖切到的梯段、楼板、过梁等，如图 5.28 所示。填充前，先把填充区域的线条剪切完毕，方便利用"拾取点"的方式选择填充区域。

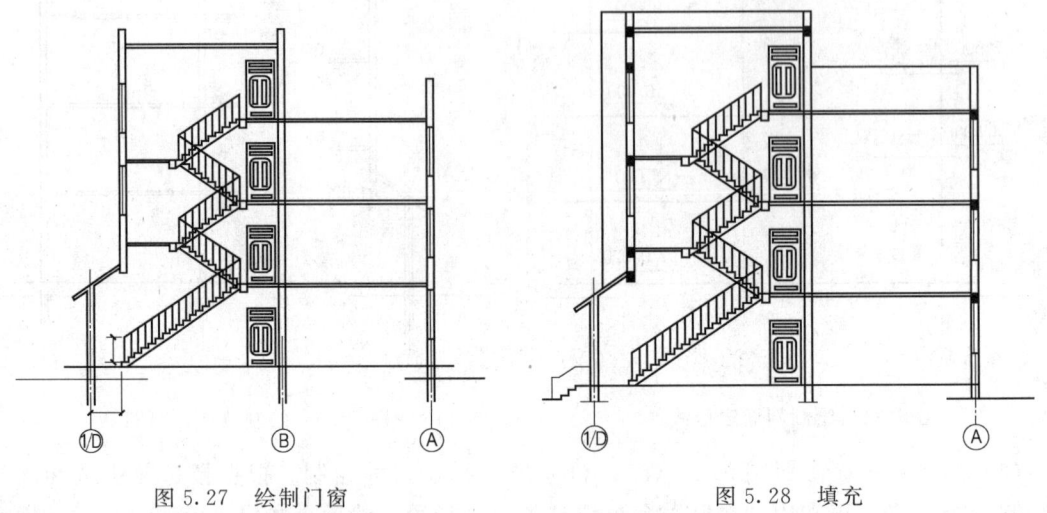

图 5.27　绘制门窗　　　　　　　　图 5.28　填充

（7）标注。在"尺寸"图层标注尺寸，可以利用属性图块标注标高。注意根据图形特点选择合适的标注方式快速准确标注。

（8）保存图形。

5.2　水工图绘制

5.2.1　水工图样板文件

（1）图幅与单位。以公制样板"acadiso. dwt"新建图形，图幅与单位暂不做修改，必要时再进行设置。

（2）图层。考虑按颜色控制打印线宽，设置常用图层如图 5.29 所示。

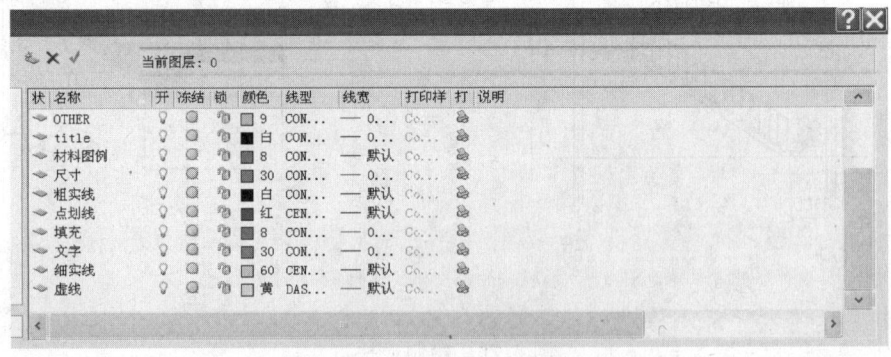

图 5.29　创建图层

（3）文字样式。见表 5.2，设置两个文字样式。

5.2 水工图绘制

表 5.2　　　　　　　　　水工图文字样式设置

样式名	字体名	效　果	说　　明
gbeitc	Gbeitc.shx+gbcbig.shx	默认宽度比例 0.7，其余取默认值	用于尺寸标注与小号汉字标注
simsun	宋体		图名、标题栏等

（4）尺寸样式。基于样式"ISO-25"新建名为"dim"的样式，设置如下：

1）公共参数：尺寸线"基线间距"取值 8；"文字样式"选择"gbeitc"，"文字高度"取值 3.5。

2）"线性"子样式：按公共参数取值，不做修改。

3）"角度"、"半径"、"直径"样式：如图 5.30 所示。

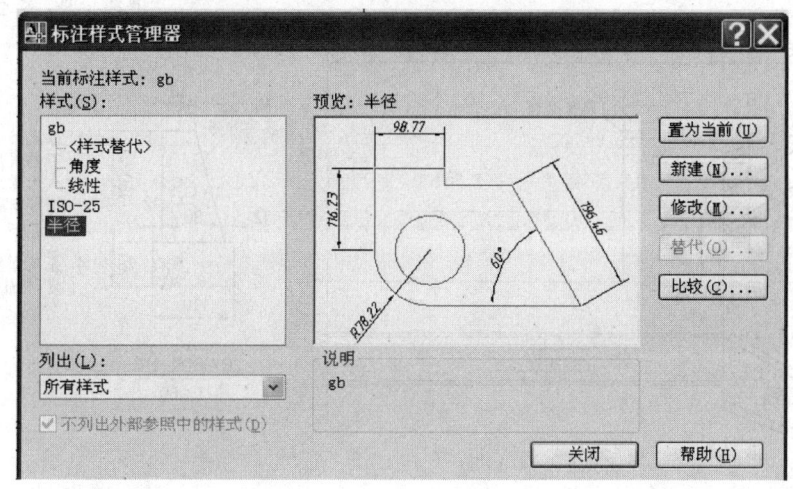

图 5.30　设置尺寸样式

（5）保存样板文件：水工图.dwt。

5.2.2　绘制水利工程图

【例 5.1】　涵洞结构图，如图 5.31 所示。

视图分析：

涵洞结构图由 3 个基本视图和 1 个剖面图组成，正视图为"纵剖视图"，是过涵洞轴线剖切的全剖视图，并采用了省略画法；俯视图为"C—C 半剖视图"，轴线下方是过底板顶面的剖视图，轴线上方是涵洞的平面图；左视图为合成视图，由"立面图"和"A—A 剖视图"组成；"B—B 剖面图"为八字翼墙右端的断面形状。

绘图时，将此涵洞分为 3 个部分：①洞身；②进口八字翼墙；③盖板、冒石、填土。

绘图单位：由于图形尺寸单位为"厘米"，所以以厘米为绘图单位。

图幅与比例：图幅为 A3，打印比例 1∶5（实际为 1∶50）

（1）绘图环境。以"水工图样板"开始绘图，设置图形界限为 2100×1485（A3×5）；修改标注样式的"标注特性比例"为 5；修改图层线宽设置如图 5.32 所示。

（2）绘制洞身，包括底板和侧墙。先在"中心线"图层绘制点划线，再以"粗实线"为当前层绘制洞身部分的三面投影，如图 5.33 所示。

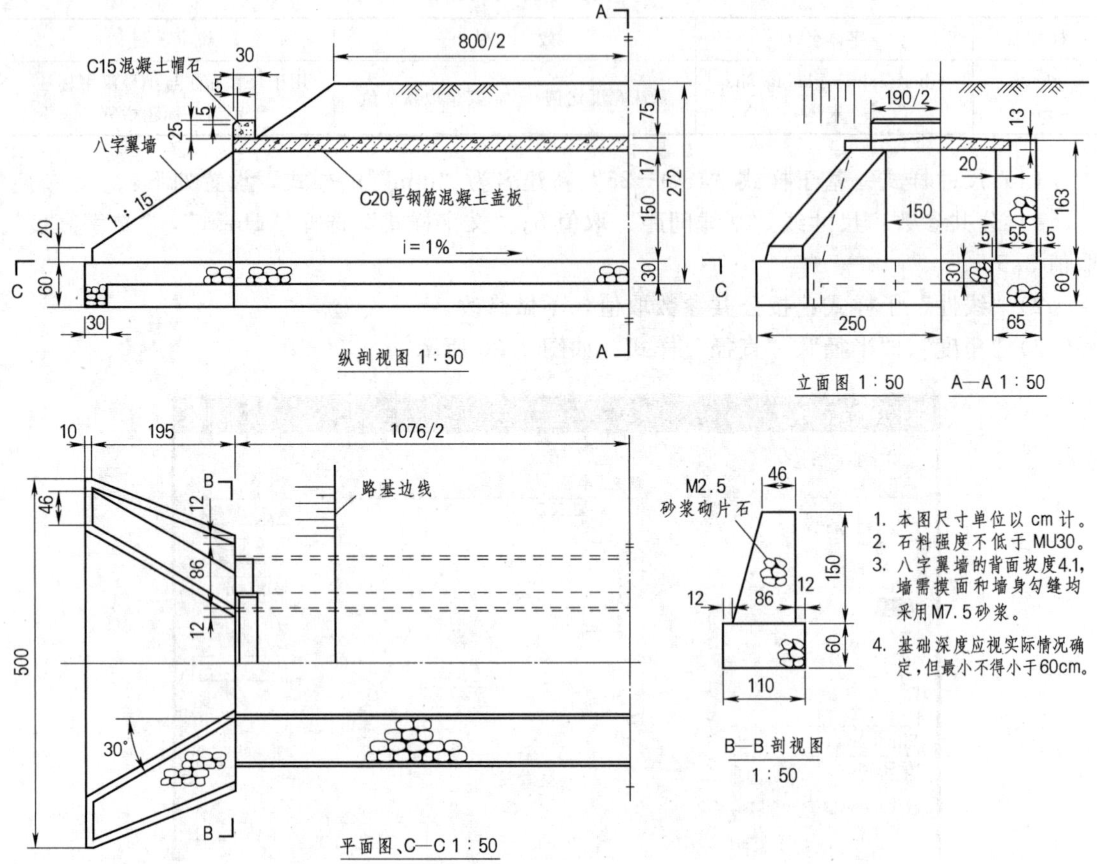

图 5.31　涵洞结构图

状	名称	开	冻结	锁	颜色	线型	线宽	打印样	打	说明
	title				白	CON...	— 0...	Co...		
	材料图例				8	CON...	— 默认	Co...		
	尺寸				30	CON...	— 0...	Co...		
	粗实线				白	CON...	— 默认	Co...		
	点划线				红	CEN...	— 默认	Co...		
	填充				8	CON...	— 0...	Co...		
	文字				30	CON...	— 0...	Co...		
	细实线				60	CEN...	— 默认	Co...		
	虚线				黄	DAS...	— 默认	Co...		
	中心线				红	CEN...	— 0...	Co...		

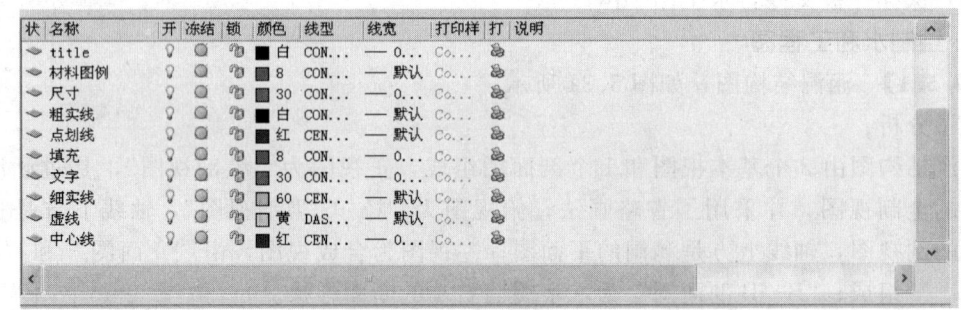

图 5.32　修改图层线宽

(3) 绘制八字翼墙。八字翼墙的投影是本图的作图难点，参照图 5.34，根据投影规律仔细作图。作图次序是，根据尺寸先定正面 4′ (3′)、1 (2′) 和水平面 1、2、3、4，再通过“高平齐”、“宽相等”作出侧面投影 1″、2″、3″、4″。点 6 或 6″根据尺寸“86”确定，而 3″5″平行于 2″6″，由此可以求得 5。

绘制八字翼墙的效果如图 5.35 所示。

5.2 水工图绘制

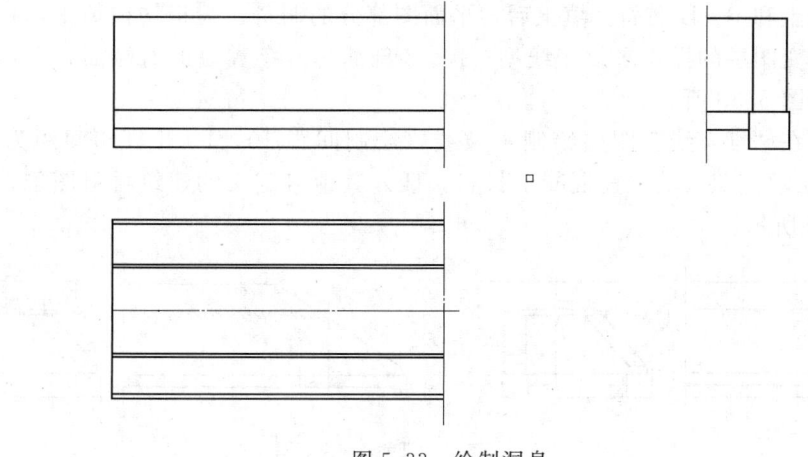

图 5.33 绘制洞身

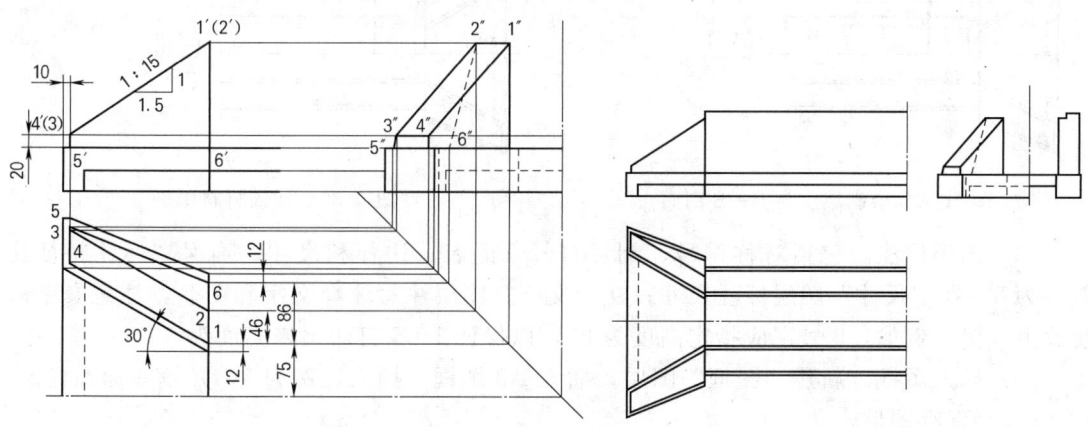

图 5.34 八字翼墙的三面投影效果图　　　　图 5.35 绘制八字翼墙

（4）绘制盖板。在"粗实线"图层先绘制侧面投影，正面按剖切位置的厚度绘制，水平投影由于轴线下方绘制成了剖视图，因此轴线下方无盖板投影。另外，注意盖板遮挡后侧墙的轮廓变为虚线，及时更改，即将原来绘制在"粗实线"图层的直线更改为"虚线"，如图 5.36 所示。

（5）绘制冒石。如图 5.37 所示。

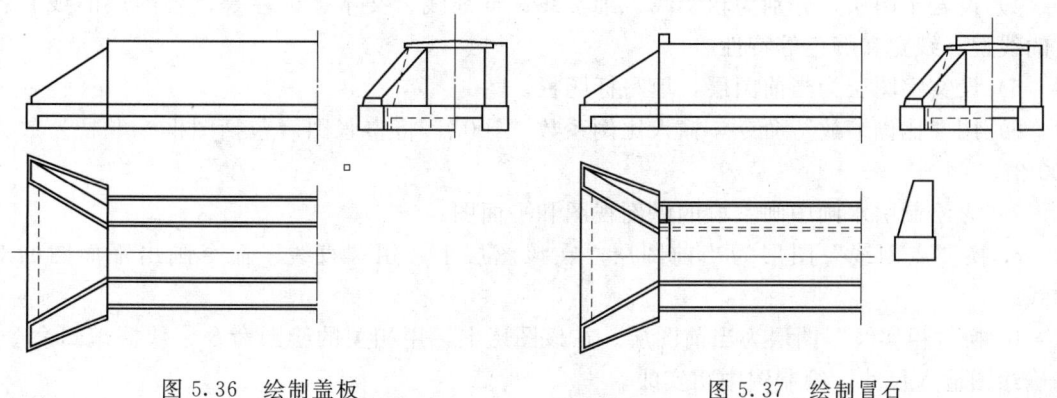

图 5.36 绘制盖板　　　　　　　　　　图 5.37 绘制冒石

189

(6) 绘制填土和 B—B 剖面。填土后，平面图部分的洞身、盖板均被填土遮挡而变成虚线可以通过改变图层的操作来改变线型；B—B 剖面是八字翼墙的右端面，即与洞身侧墙的结合处，如图 5.38 所示。

(7) 其他。在"细实线"图层绘制示坡线（绘制间距 10，1∶5 打印间距为 2）；在"材料图例"图层填充盖板的钢筋混凝土材料，插入其他自定义的建筑材料图例，插入比例 5，如图 5.39 所示。

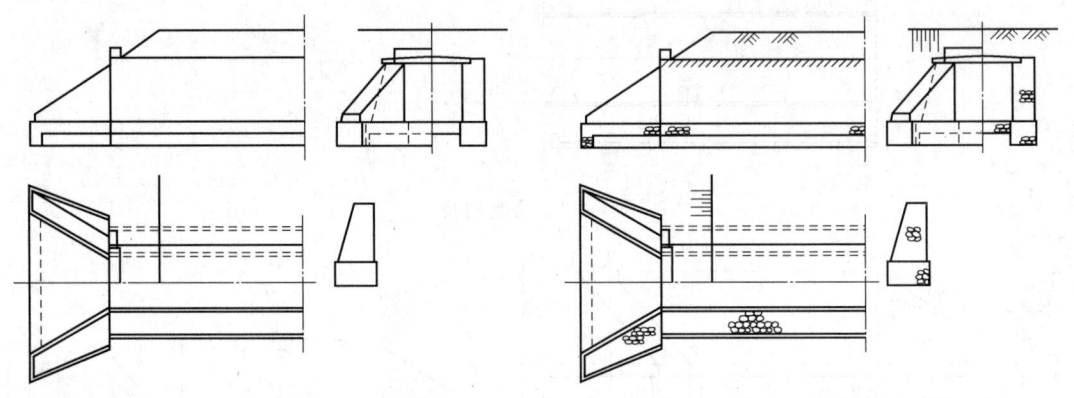

图 5.38　绘制填土与 B—B 剖面　　　　图 5.39　插入材料图例

(8) 图形标注。包括对称符号、剖切符号、图名、注释和尺寸。确保"标注特征比例"为 5，在"尺寸"图层标注尺寸；在"文字"图层注写注释文字和图名，注意文字高度放大 5 倍。例如，5 号字应指定高度为 25，以保证 1∶5 打印出来高度为 5。

(9) 插入图框。新建"图框"图层，插入 A3 图框，插入比例为 5，并填写标题栏。

(10) 保存图形。

【例 5.2】　引水闸结构图，如图 5.40 所示。

(1) 用 A3 图幅，1∶100 绘制引水闸结构图。

(2) 绘制引水闸结构图的基本画法思路：

1) 创建 A3 样图（以 A3 样图为基础可创建 A1、A2 等系列样图）。

2) 用"新建"命令，创建一个新的 dwg 文件。

3) 用"保存"命令指定路径保存该图，图名为"引水闸"。

4) 设若干图层，分别为粗实线、细实线、点划线、文字、标注等，各图层的线有各自的线型、线宽和颜色等特性。

5) 设文字图层为当前图层，填写标题栏。

6) 用"比例缩放"命令，输入比例系数"100"，将整张图（包括图框标题栏）放大 100 倍。

7) 先绘制引水闸中闸室段的纵剖视图和平面图：

a. 换"点划线"图层为当前图层。在该图层上，用"直线"命令画出平面图的对称线。

b. 换"粗实线"图层为当前图层。在该图层上，用相关的绘图命令、快捷编辑命令、精确绘图输入尺寸，绘制图中粗实线。

5.2 水工图绘制

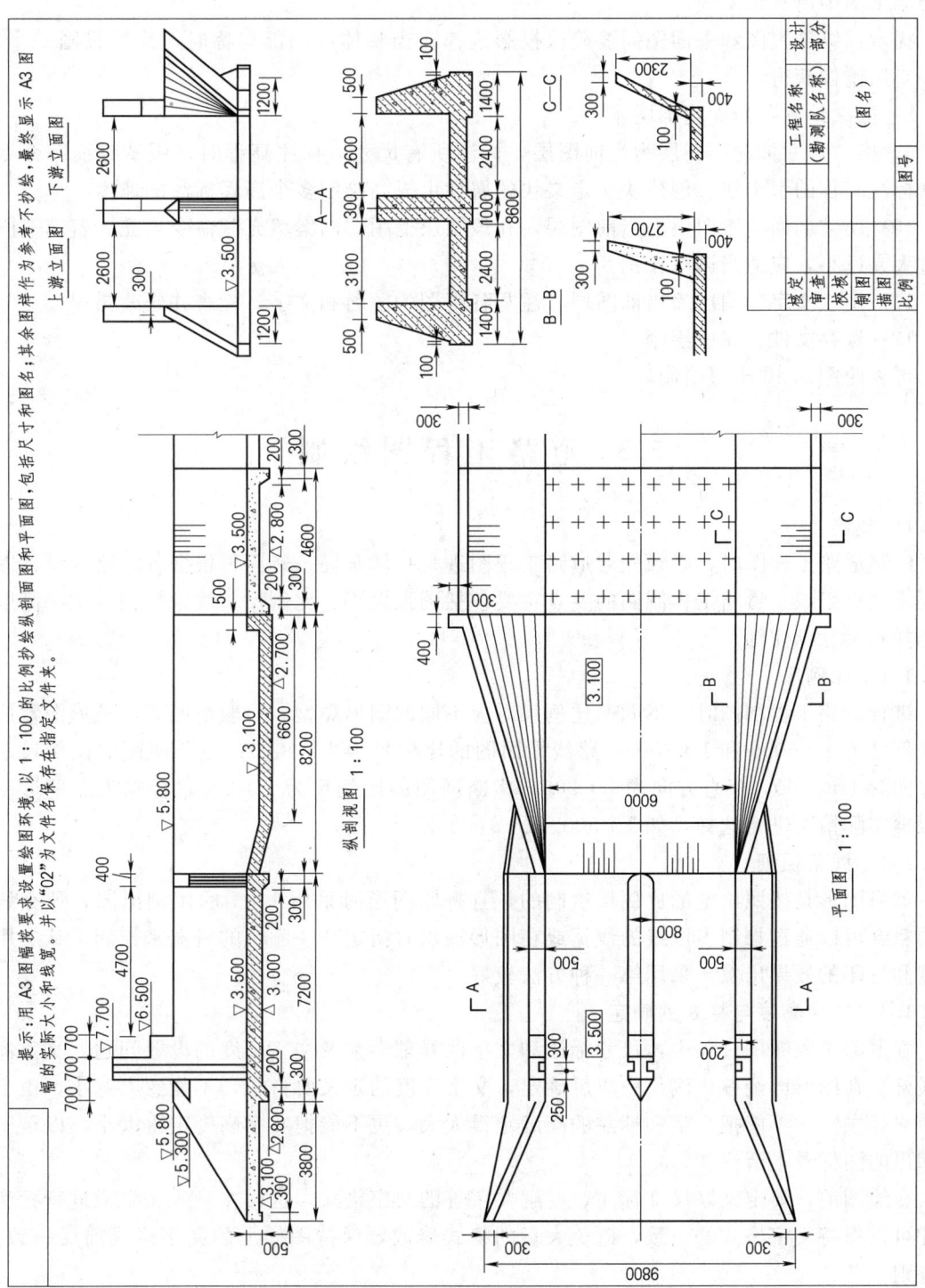

图 5.40 水工图示例

c. 换"细实线"图层为当前图层。在该图层上，用适当的绘图命令和相关的编辑命令绘制出图中所有细实线。

提示：纵剖视图和平面图间要确保投影规律。当整体或局部对称时，均可只画一半，另一半用镜像获得。

8）依次绘制各断面轮廓图。

9）换"尺寸标注"图层为当前图层，标注所有尺寸。标注高程时，用"直线"命令绘制标注高程的引出线，创建块、定义块的属性可提高绘制多个高程标注的速度。

10）换"剖面线"图层为当前图层，在该图层上用"图案填充"命令填充。若填充间距过大或过小，应适当调整比例。

11）换"文字"图层为当前图层，注写各视图的图名和文字，检查并修改错误。

12）保存文件。完成绘制。

可参照图 5.40 学习绘制。

5.3 道路工程图绘制

5.3.1 概述

绘制道路工程图时，必须先对道路工程图进行总体布局，然后再根据各种路线设计图的要求进行组织。道路工程制图的要点主要包括图纸大小、比例尺、线条粗细、文字高度的选择和尺寸标注等。

5.3.1.1 比例尺

进行道路工程制图时，不同的比例尺对应不同的图形类型。一般情况下，地形图常用的比例尺为 1∶5000 和 1∶2000；路线平面图的比例尺为 1∶2000；纵断面图的比例尺水平方向为 1∶2000，竖直方向为 1∶200；横断面图的比例尺为 1∶200；特殊工点地形图可根据实际情况进行选择，如 1∶500、1∶1000 等。

5.3.1.2 线条粗细

如果图形是按照给定的比例尺绘制的，且打印图形时采用 1∶1 的比例出图，那么线条的粗细可以通过控制多段线的线宽或在图形输出时指定某一颜色的线宽来控制。从实用角度和打印的效果出发，采用第一种方法较好。

5.3.1.3 文字高度与格式的确定

在道路工程制图过程中，尺寸标注和文字注释都会涉及文字高度的设置问题。文字高度最好是在图形已经按比例尺完成后确定，文字高度的定义要科学，不能忽大忽小，也不能喧宾夺主——不能把文字和标注的高度定得太大，更不能把文字高度定得太小，以至于打印出的图样看不清注释。

在绘图前，要定义好尺寸标注、注解文字等的文字格式，这样在录入文字或进行标注时才可以保持文字格式的一致，避免大量的格式修改，保持图样上的文字格式前后一致、整齐划一。

5.3.1.4 GB 50162—1992《道路工程制图标准》规定的图框格式

根据道路工程所设计图样内容和性质的不同，可分为路线平面图、纵断面图、横断面图、路基路面结构图和特殊工点地形图。但其基本的图框均是以 A3 图纸为基础，按照一定的比例适当地进行加长或加宽而形成的。

5.3.1.5 图框的绘制与标题栏的填写

1. 图框的绘制

按照 GB 50162—1992 的规定，道路工程制图一般采用 A3 图幅，下面以 A3 图幅为例说明图框的绘制方法。

（1）设置图形尺寸界限。在命令窗键入 LIMITS，并按回车键，设置 A3 图纸的尺寸为 420×297。

命令：LIMITS↙。

重新设置模型空间界限：

指定左下角点或 [开（ON）/关（OFF）] <0.0000, 0.0000>: 0, 0↙

指定右上角点<420.0000, 297.0000>: 420, 297↙

（2）设置图板为 A3 图纸大小。在命令窗中键入 ZOOM 后，再键入 ALL，则画板显示为 A3 图纸的大小。

命令：Z↙

ZOOM

指定窗口角点，输入比例因子（nX 或 nXP），或 [全部（A）/中心点（C）/动态（D）/范围（E）/上一个（P）/比例（S）/窗口（W）]<实时>: A↙

（3）用矩形命令，绘制 A3 图纸边界线。

命令：RECTANG↙

指定第一个角点或 [倒角（C）/标高（E）/圆角（F）/厚度（T）/宽度（W）]: 0, 0↙

指定另一个角点或 [尺寸（D）]: 420, 297↙

绘制好 A3 图纸的边界线后，即可以进行图框线的绘制。根据规定，带装订线的图纸幅面样式，图框距图纸边界线左边的距离为 25mm，其他三边的距离均为 10mm，图框线为粗实线。

（4）用多段线命令绘制图框。

命令：PLINE↙。

指定起点：25, 10↙

当前线宽为 0.0000

指定下一个点或 [圆弧（A）/半宽（H）/长度（L）/放弃（U）/宽度（W）]: W↙

指定起点宽度<0.0000>: 0.8↙

指定端点宽度<0.8000>: ↙

指定下一个点或 [圆弧（A）/半宽（H）/长度（L）/放弃（U）/宽度（W）]: 410, 10↙

指定下一点或 [圆弧（A）/闭合（C）/半宽（H）/长度（L）/放弃（U）/宽度（W）]: 410, 287↙

指定下一点或 [圆弧（A）/闭合（C）/半宽（H）/长度（L）/放弃（U）/宽度（W）]: 25, 287↙

指定下一点或 [圆弧（A）/闭合（C）/半宽（H）/长度（L）/放弃（U）/宽度（W）]: C↙

2. 标题栏的填写

绘制完成 A3 图纸的边界线和图框后，即可进行标题栏的绘制。标题栏采用粗实线，下面简述其绘制及填写过程。

(1) 绘制标题栏的横向分割线。

命令：PLINE↙

指定起点：25，20↙

当前线宽为 0.8000

指定下一个点或 [圆弧（A）/半宽（H）/长度（L）/放弃（U）/宽度（W）]：410，20↙

指定下一点或 [圆弧（A）/闭合（C）/半宽（H）/长度（L）/放弃（U）/宽度（W）]：↙

(2) 绘制标题栏的纵向分割线。根据标题栏内规定的标题栏格式大小，从右至左逐一绘制各纵向分割线。

命令：PLINE↙。

指定起点：385，20↙

当前线宽为 0.8000

指定下一个点或 [圆弧（A）/半宽（H）/长度（L）/放弃（U）/宽度（W）]：385，10↙

指定下一点或 [圆弧（A）/闭合（C）/半宽（H）/长度（L）/放弃（U）/宽度（W）]：↙

命令：PLINE↙。

指定起点：370，20↙

当前线宽为 0.8000

指定下一个点或 [圆弧（A）/半宽（H）/长度（1）/放弃（U）/宽度（W）]：370，10↙

指定下一点或 [圆弧（A）/闭合（C）/半宽（H）/长度（1）/放弃（U）/宽度（W）]：↙

命令：PLINE↙。

指定起点：360，20↙

当前线宽为 0.8000

指定下一个点或 [圆弧（A）/半宽（H）/长度（L）/放弃（U）/宽度（W）]：360，10↙

指定下一点或 [圆弧（A）/半宽（H）/长度（L）/放弃（U）/宽度（W）]：↙

(3) 输入适当大小的文字，完成标题栏的填写。必须先定义字体样式，否则不能正常显示输入的文字。在道路工程图中，字体样式一般选用仿宋。

命令：DTEXT↙。

当前文字样式：Standard

当前文字高度：6.0000

指定文字的起点或 [对正（J）/样式（S）]：（单击选择合适的位置）

指定高度<7.0000>：6↙（键入合适的文字高度）

指定文字的旋转角度<0>：↙（文字旋转角度为0）

输入文字：设计↙

输入文字：↙

命令：DTEXT↙

当前文字样式：Standard

当前文字高度：6.0000

指定文字的起点或 [对正（J）/样式（S）]：（单击选择合适的位置）

指定高度<7.0000>：6↙（键入文字高度）

指定文字的旋转角度<0>：↙（文字旋转角度为0）

输入文字：复核

输入文字：✓
......

5.3.1.6 建立样本图框样式

若每次绘图时，都采用相同的图框，则可以将所用的图框另存为一个"样本图形文件"，以便日后调用，而不必重复绘制同样式的图框。AutoCAD 称这类图形文件为"样本图形文件"。"样本图形文件"的绘制步骤如下：

（1）进入 AutoCAD 2007 界面，打开一个新的图形文件。

（2）按上述步骤，按要求绘制图框和标题栏。

（3）使用 STYLE（指定使用何种字型）与 DTEXT（写字）命令写出标题栏内的文字内容。

（4）保存。当按步骤（1）～（3）绘制一张 A3 图幅的图框并检查无误后，点取"文件（F）"下拉式菜单内的"另存为（A）"选项，将出现一个对话框，如图 5.41 所示。在 AutoCAD 2007 中，所有的"样本图形文件"的后缀名都是"dwt"。

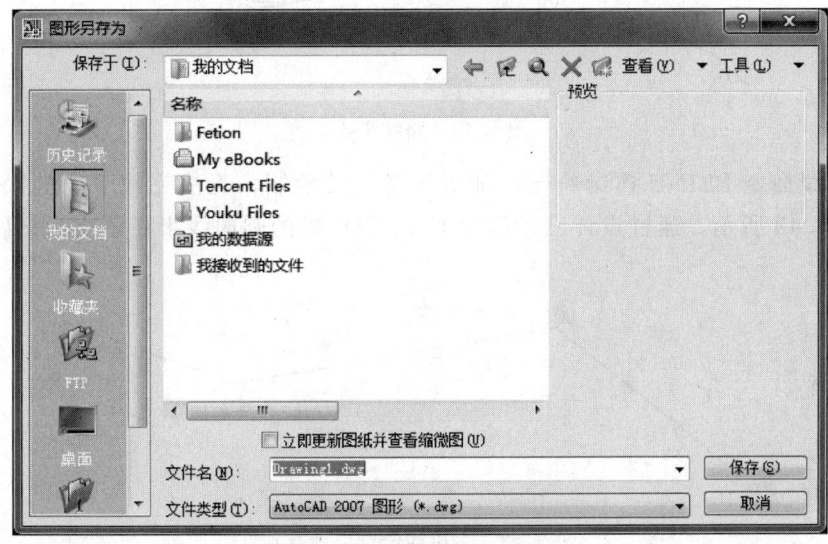

图 5.41 "图形另存为"对话框

5.3.2 道路路线图

常见的道路路线图包括路线平面图、纵断面图和横断面图。路线纵断面图、横断面图由于绘制工作量大、重复性工作多，在 AutoCAD 图形界面手工操作绘制效率太低，一般采用高级语言驱动 AutoCAD 绘制。现就路线平面图的 AutoCAD 图形界面手工绘制方法分别进行介绍。

路线平面图由地形图、线位图和标注等部分组成，其中地形图的绘制放在本节的第二部分叙述，道路的平面线型是由直线和曲线构成的，曲线的形式一般可分为圆曲线、复曲线、缓和曲线、回头曲线等，统称为平曲线。平曲线最主要的形式是圆曲线和缓和曲线。在进行道路路线设计时，一般沿路线进行里程桩的标注，以表达该里程桩至路线起点的水平距离。下面就平面线位图的绘制和里程桩的标注做一简单介绍。

5.3.2.1 圆曲线的绘制

平曲线中的圆曲线，在绘制前，已知若干曲线要素，有许多绘制方法，绘制的效果和效率最高的是 TTR 作圆法。其具体的作法是先根据路线导线的交点坐标绘制路线导线，然后根据各交点的圆曲线半径作与两条导线相切的圆，裁剪圆曲线，从而得到圆曲线和路线设计线。

【例 5.3】 如图 5.42 所示，已知路线导线有两个交点，加上起点和终点共有 4 个顶点，数据如下：

JD0：X=48.3423，Y=109.5000

JD1：X=178.2461，Y=184.5000 $\alpha_1=40°$，JD0—JD1=150。

JD2：X=375.2077，Y=149.7704 $\alpha_2=30°$，JD1—JD2=200。

JD3：X=469.1770，Y=183.9724，JD2—JD3=100。

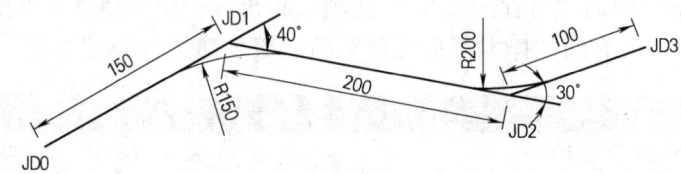

图 5.42 路线平面图

用多段线命令 PLINE 连续绘制（如果不是连续绘制，无法完成下面的操作）JD0—JD3，如图 5.43 所示。通过设计已经得知 JD1、JD2 处的圆曲线半径依次为 R1=150、R2=200。

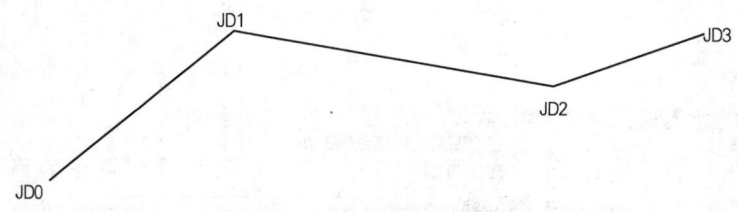

图 5.43 多段线绘制路线导线

操作步骤：

(1) 绘制一半径为 150 的圆分别与线段 JD0—JD1 和线段 JD1—JD2 相切。

命令：C↙。（输入画圆命令）

CIRCLE 指定圆的圆心 [三点 (3P) /两点 (2P) /相切、相切、半径 (T)]：TTR（输入 TTR 选项）

指定对象与圆的第一个切点：（单击 JD0—JD1 的连线）

指定对象与圆的第二个切点：（单击 JD1—JD2 的连线）

指定圆的半径：150↙（输入圆半径 150）

(2) 继续绘制一半径为 200 的圆分别与线段 JD1—JD2 和线段 JD2—JD3 相切。

命令： ↙（按回车键继续执行画圆命令）。

CIRCLE 指定圆的圆心或 [三点 (3P) /两点 (2P) /相切、相切、半径 (T)]：TTR↙（输入 TTR 选项）

指定对象与圆的第一个切点：（鼠标左键单击 JD1—JD2 的连线）

指定对象与圆的第二个切点：（鼠标左键单击 JD2—JD3 的连线）

指定圆半径<150.0000>：200↙（输入圆半径 200）

（3）按（1）、（2）步骤绘制的圆裁剪，结果如图 5.44 所示。

命令：TRIM↙（输入裁剪命令）。

当前设置：（投影＝UCS，边＝无）（单击导线作为裁剪线）

选择剪切边……

选择对象：找到 1 个（显示选中 1 个实体）

选择对象：↙

选择要剪切的对象/项目（P）/边（E）/放弃（U）：（单击第一个圆的下部圆周）

选择要剪切的对象/项目（P）/边（E）/放弃（U）：（单击第二个圆的上部圆周）

选择要剪切的对象/项目（P）/边（E）/放弃（U）：↙（按回车键结束）

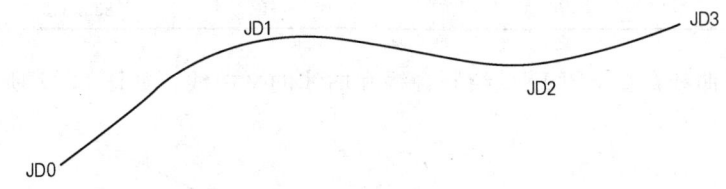

图 5.44 用作圆法绘制导线间的圆曲线

如果导线是连续绘制的多段线，则上述方法得到的是 3 个图元，其中两个圆弧也是多段线，但不能与导线连接为一个图元。也可以采用倒角方法绘制圆曲线，由于 FILLET 命令不能保留倒角圆弧以外的被倒角线，所以当倒角完成后，需要补上原导线，同时由于多段线不能延伸，因此需要重新绘制导线。倒角方法的优点是所绘制的路线为一个图元，但要注意导线必须是连续绘制的多段线，否则对多段线的倒角无法完成。

5.3.2.2 缓和曲线的绘制

【例 5.4】 已知公路平曲线如图 5.45 所示，偏角为左偏 $α_左=30°47'28''$，缓和曲线长 $LS=53$，切线长 $T=81.32$，外距 $E=8.00$，圆曲线半径 $R=198.51$，中间圆曲线长 $LY=53.68$，平曲线总长 $L=159.68$。试绘制该曲线。

由于 AutoCAD 不能直接绘制缓和曲线，在 AutoCAD 中既可以用多段线命令绘制通过 ZH、HY、QZ、YH、HZ 5 点的折线，然后

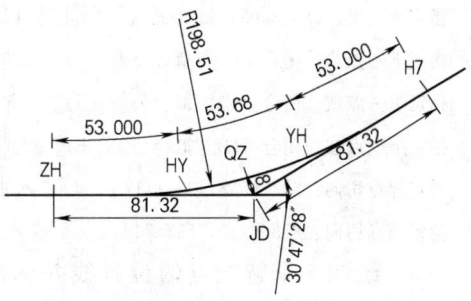

图 5.45 缓和曲线

再用 PEDIT 命令选择"S"选项，也可以采用真样条曲线命令绘制。一般情况下，AutoCAD 中的真样条曲线最接近公路平曲线的形状，在常用比例尺的情况下，肉眼分辨不出二者在图纸上的区别，因此绘制通过 ZH、HY、QZ、YH、HZ 5 点并与两路线导线分别相切于 ZH 和 HZ 点的真样条曲线即为所求的曲线。

操作步骤如下：

（1）绘制路线导线。利用 PLINE 命令绘制 1、2、3 各点，各点的对应坐标（以下数

据仅供练习参考）见表5.3。

（2）绘制通过ZH、HZ、QZ、HY和YH点，与路线导线相切的含缓和曲线的平曲线。通过计算，5个主点的直角坐标见表5.4。

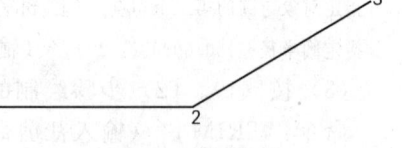

图5.46 路线导线

表5.3　[例5.4] 路线导线各点坐标

点号	横坐标	纵坐标
1	213.7748	92.1117
2	313.7748	92.1117
3	399.6787	143.3026

表5.4　[例5.4] 各点坐标

点	横坐标	纵坐标
ZH	232.9548	92.1117
HY	285.3608	94.4667
QZ	311.8101	99.2371
YH	336.9780	108.6801
HZ	383.6319	133.7401

利用真样条曲线命令SPLINE绘制含缓和曲线的平曲线，如图5.47所示。

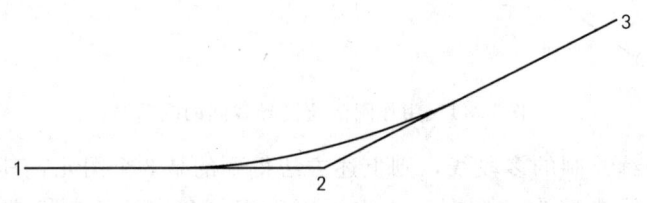

图5.47 通过ZH、HZ、QZ、HY和YH点的平曲线

命令：SPLINE↙（启动真样条曲线命令）

指定第一个点或[对象(O)]:<对象捕捉关>：232.9548，92.1117↙（通过ZH）

指定下一点：285.3608，94.4667↙（通过HY）

指定下一点或[闭合(C)/拟合公差(F)]<起点切向>：311.8101，99.2371↙（通过QZ）

指定下一点或[闭合(C)/拟合公差(F)]<起点切向>：336.9708，108.6801↙（通过YH）

指定下一点或[闭合(C)/拟合公差(F)]<起点切向>：383.6319，133.7401↙（通过HZ）

指定起点切向：232.9548，92.1117↙（输入起点切点）

指定端点切向：383.6319，133.7401↙（输入终点切点）

（3）绘制5个特征点的位置线并标注各点文字、曲线要素。此部分留给读者自己完成，结果应如图5.45所示。

5.3.2.3　卵形曲线的绘制

绘制卵形曲线时，利用平曲线上各点的坐标，用多段线命令绘制连续折线，然后用PEDIT命令的"S"选项进行修改。

5.3.2.4　里程桩的标注和图形的文字注解

（1）图形的文字注解略。

（2）里程桩的标注包括里程标注线和里程的文字注解及公里桩符号的绘制。

【例5.5】 进行桩号的标注如图5.48所示。

5.3 道路工程图绘制

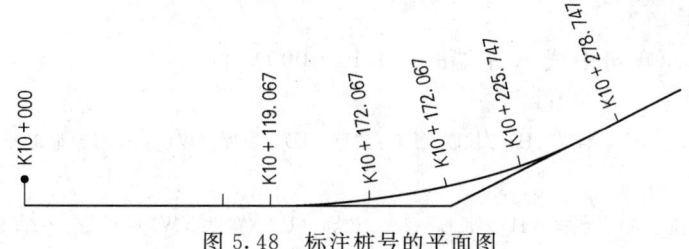

图 5.48 标注桩号的平面图

操作步骤如下：

（1）绘制需要标注里程的中线的法线时，先以图 5.49 为基础，利用偏移命令作绘制法线的辅助线。具体操作如图 5.50 所示。

图 5.49 标注前的平面图

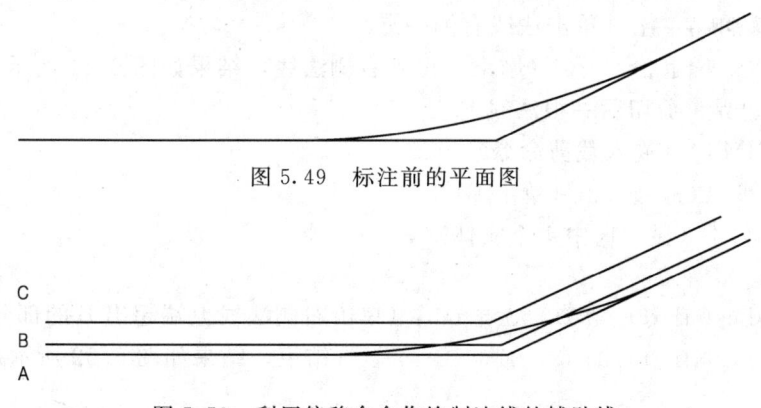

图 5.50 利用偏移命令作绘制法线的辅助线

命令：OFFSET ↙（启动偏移命令）。

指定偏移距离或 [通过（T）] <10.000>：5↙（偏移的距离为 5）

选择要偏移的对象或<退出>：（用鼠标左键点取路线导线 A）

指定点以确定偏移所在一侧：（用鼠标左键点在 A 上方取任一点）

选择要偏移的对象或<退出>： ↙（结束，得到 B）

命令：OFFSET/（启动偏移命令）。

指定偏移距离或 [通过（T）] <5.0000>：15↙（偏移的距离为 15）

选择要偏移的对象或<退出>：（单击路线导线 A）

指定点以确定偏移所在一侧：（单击在 A 上方取任一点）

选择要偏移的对象或<退出>： ↙（结束，得到 C）

（2）绘制直线路段的公里桩、百米桩的标注线（如图 5.51 所示，左端的路线法线和百米桩的法线），具体操作如下：

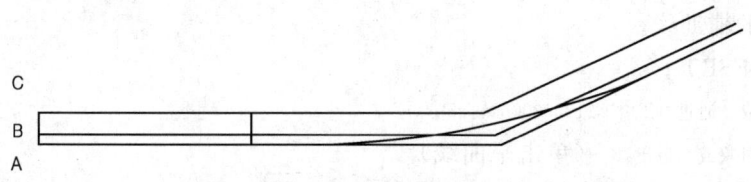

图 5.51 绘制法线后剪切前的情况

命令：PLINE↵。
指定起点：END↵（单击中线 A 左端的点 K10+000）
当前线宽为 0.0000
指定下一点或 ［圆弧（A）/半宽（H）/长度（L）/放弃（U）/宽度（W）］：<对象捕捉开>（单击 C 左端的点）
指定下一点或 ［圆弧（A）/半宽（H）/长度（L）/放弃（U）/宽度（W）］：↵（结束第一根法线绘制）
命令：OFFSET↵
指定偏移距离或 ［通过（T）］<15.0000>：100↵（平行移动 100 个单位）
选择要偏移的对象或<退出>：（单击刚绘出的法线）
指定点以确定偏移所在一侧：（单击法线右侧一点）
选择要偏移的对象或<退出>：↵（结束，得到右侧法线，结果如图 6.11 所示）
利用 B 为边界，剪切后一根法线。
命令：TRIM↵（输入裁剪命令）
当前设置：（投影；UCS，边；无）（单击 B）
选择对象：找到 1 个（显示选中 1 个实体）
选择对象：↵
选择要剪切的对象/项目（P）/边（E）/放弃（U）：（单击右侧法线上端超出 B 的部分）
选择要剪切的对象/项目（P）/边（E）/放弃（U）：↵（结束，结果如图 5.52 所示）

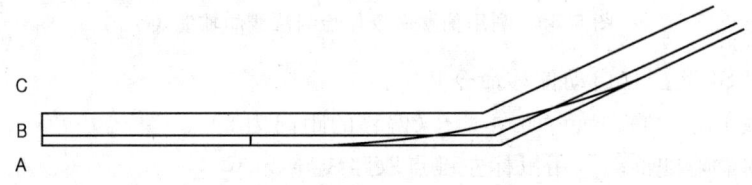

图 5.52 剪切后的法线

利用删除命令删除 B、C，得到图 5.53。

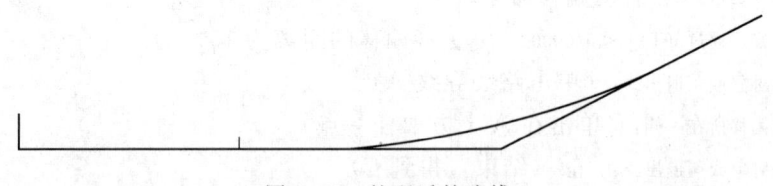

图 5.53 整理后的法线

（3）绘制曲线路段的主点法线。ZH 点处的法线长度为 5 个单位，先利用平曲线和偏移命令作法线的辅助线。
命令：OFFSET↵
指定偏移距离或 ［通过（T）］<100.0000>：5↵
选择要偏移的对象或<退出>：（单击平曲线）
指定点以确定偏移所在一侧：（单击弯道内侧）

选择要偏移的对象或<退出>：✓（结束）

绘制 ZH 处的法线。

命令：PLINE ✓。

指定起点：END ✓

（用鼠标左键单击平曲线的 ZH 点）

当前线宽为 0.0000

指定下一个点或 ［圆弧（A）/半宽（H）/长度（L）/放弃（U）/宽度（W）］：<对象捕捉开>（用单击辅助线左端点）

指定下一个点或 ［圆弧（A）/半宽（H）/长度（1）/放弃（U）/宽度（W）］：✓（结束，结果如图 5.54 所示。）

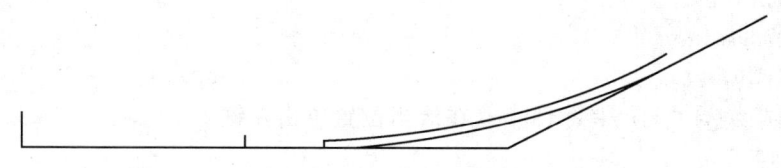

图 5.54 绘制 ZH 点的法线

利用类似的方法绘制其他主点的法线，法线起点可以采用直接输入对应主点的中线坐标的方法确定。最后去掉辅助线后得到法线，如图 5.55 所示。

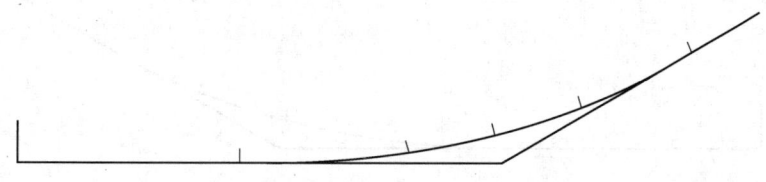

图 5.55 绘制完法线后的情况

（4）标注公里桩和百米桩。

1）绘制公里桩符号。

命令：DONUT/（启动圆环命令）。

指定圆环的内径<0.5000>：0 ✓（圆环内径为 0）

指定圆环的外径<1.0000>：5 ✓（圆环外径为 5）

指定圆环的中心点或<退出>：END ✓

（用鼠标左键点击最左端法线的上端点作为圆环圆心位置）

指定圆环的中心点或<退出>：✓（结束后得到公里桩的完整符号，如图 5.56 所示）

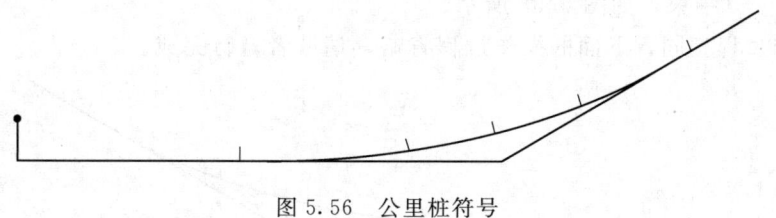

图 5.56 公里桩符号

2）公里桩的里程标注，如图 5.57 所示。

命令：TEXT↙。

当前文字样式：Standard

当前文字高度：2.5000

指定文字的起点或 [对正 (J) /样式 (S)]：（在恰当位置单击左键）

指定高度<2.5000>：10↙

指定文字的旋转角度<0>：90↙（输入角度，此处选择 90）

输入文字：K10+000↙

输入文字：↙

3）百米桩的里程标注。

命令：TEXT↙。

当前文字样式：Standard

当前文字高度：10

指定文字的起点或 [对正 (J) /样式 (S)]：（在恰当位置单击左键）

指定高度<10.000>：↙

指定文字的旋转角度<90>：0↙（输入角度，此处选择 0）

输入文字：1↙

输入文字：↙（结束，如图 5.57 所示）

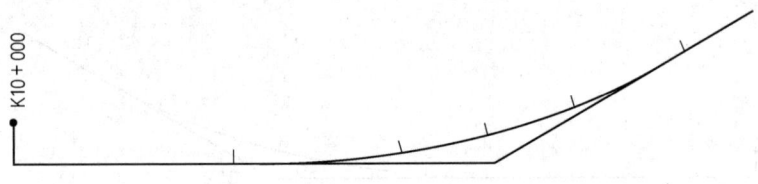

图 5.57　绘制公里桩和百米桩后的平曲线

（5）曲线主点桩的里程标注。下面介绍 HY 点标注桩号的具体操作，如图 5.58 所示。

命令：TEXT↙。

当前文字样式：Standard

当前文字高度：10

指定文字的起点或 [对正 (J) /样式 (S)]：（单击恰当的位置）

指定高度<10.000>：↙

指定文字的旋转角度<90>：（单击恰当的角度，文字方向将与起点与此点连线方向一致）

输入文字：K10+119.067↙

输入文字：↙（结束，如图 5.58 所示）

因为操作过程相同，下面的操作过程省略，请读者自行完成。

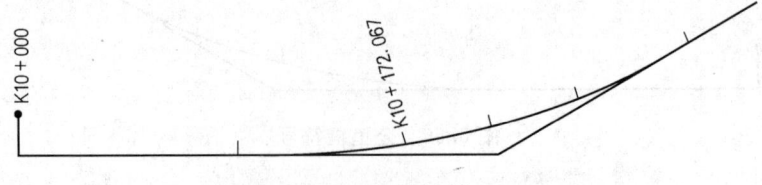

图 5.58　标注 HY 点的平曲线

5.3.3 路基路面工程图

在道路工程设计图中,需绘制各种不同的路基路面工程图。下面将采用不同的绘图命令和绘图方法来绘制路基横断面图、路基干密度和最佳含水量曲线图、沥青路面结构图、水泥混凝土路面施工缝图。

5.3.3.1 路基工程图的绘制

1. 绘制道路路基横断面图

【例 5.6】 绘制填方路基横断面图,如图 5.59 所示。

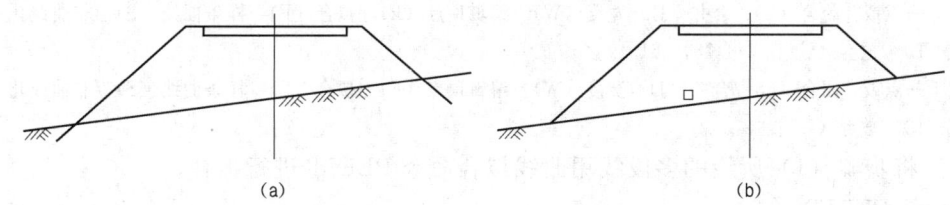

图 5.59 修剪填方路基横断面图
(a)修剪前;(b)修剪后

操作步骤:

1)确定公路中桩的位置,用多段线命令绘制横断面中心轴线(线条特性选择为点划线)。

2)选用多段线命令绘制地面线及地面线符号。

3)根据路基的填挖高度值和路基的左右宽度值绘制路基横断面。

提示:为便于实现路基边坡线与地面线的准确连接,绘制横断面设计图时,先把边坡线画长[图 5.59(a)],然后用地面线修剪边界的方法完成[图 5.59(b)]。

2. 五点法绘制干密度和含水量关系曲线图

五点法确定最大干密度和最佳含水量时,先用 PLINE 命令绘制五点的折线,然后再用曲线拟合命令进行曲线拟合,即可绘制出干密度和含水量最佳关系图,如图 5.60 所示。

【例 5.7】 绘制路基干密度和最佳含水量曲线图,如图 5.60 所示。

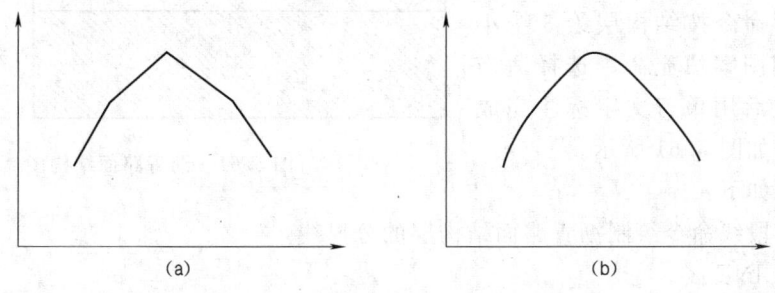

图 5.60 路基干密度和最佳含水量曲线图

操作步骤如下:

(1)绘制通过五点的一条多段线,如图 5.60(a)所示。

命令:PLINE↙。

指定起点：152.77，183.43↙

当前线宽为 0.600

指定下一点或 [闭合 (C) /合并 (J) /宽度 (W) /编辑顶点 (E) /拟合 (F) /样条曲线 (S) /非曲线化 (D) /线型生成 (L) /放弃 (U)]：197.61，179.74↙

指定下一点或 [闭合 (C) /合并 (J) /宽度 (W) /编辑顶点 (E) /拟合 (F) /样条曲线 (S) /非曲线化 (D) /线型生成 (L) /放弃 (U)]：215.88，194.46↙

指定下一点或 [闭合 (C) /合并 (J) /宽度 (W) /编辑顶点 (E) /拟合 (F) /样条曲线 (S) /非曲线化 (D) /线型生成 (L) /放弃 (U)]：230.88，185.19↙

指定下一点或 [闭合 (C) /合并 (J) /宽度 (W) /编辑顶点 (E) /拟合 (F) /样条曲线 (S) /非曲线化 (D) /线型生成 (L) /放弃 (U)]：244.78，161.49↙

指定下一点或 [闭合 (C) /合并 (J) /宽度 (W) /编辑顶点 (E) /拟合 (F) /样条曲线 (S) /非曲线化 (D) /线型生成 (L) /放弃 (U)]：↙

(2) 将步骤（1）所绘的多段线用曲线拟合命令 PEDIT 进行拟合。

命令：PEDIT↙。

选择多段线或 [多条 (M)]：[单击步骤（1）所绘的多段线]

输入选项

[闭合 (C) /合并 (J) /宽度 (W) /编辑顶点 (E) /拟合 (F) /样条曲线 (S) /非曲线化 (D) /线型生成 (L) /放弃 (U)]：F↙

输入选项

[闭合 (C) /合并 (J) /宽度 (W) /编辑顶点 (E) /拟合 (F) /样条曲线 (S) 非曲线化 (D) /线型生成 (L) /放弃 (U)]：↙

5.3.3.2 路面结构图的绘制

公路设计所用的路面主要有两类，一类是沥青类路面；另一类则是水泥混凝土路面。下面以沥青路面结构图和水泥混凝土路面施工缝构造图为例说明公路路面结构图的绘制方法与过程。

1. 沥青路面结构图

绘制沥青路面结构图时，可先用多段线命令绘制四条路面结构分层界线，再用矩形命令按结构层绘 3 个小矩形，然后用图案填充命令选择适当的填充图，最后用单行文字标注完成文字的标注，如图 5.61 所示。

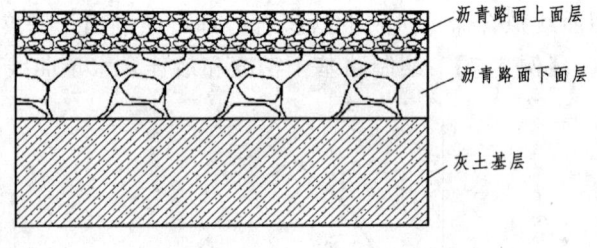

图 5.61 沥青路面结构图

操作步骤如下：

(1) 用多段线命令绘制沥青路面结构层的分界线。

命令：PLINE↙。

指定起点：(在绘图区任点一点)

当前线宽为 0.4000（选择合适的线宽）

指定下一个点或 [圆弧 (A) /半宽 (H) /长度 (L) /放弃 (U) /宽度 (W)]：@50，0↙（与前点的相对坐标）

5.3 道路工程图绘制

指定下一点或 [圆弧（A）/闭合（C）/半宽（H）/长度（L）/放弃（U）/宽度（W）]：↙（结束命令）

采用 OFFSET 命令 3 次完成另外 3 个分界线（相互间隔分别为 8、12、20）的绘制。

（2）用 RECTANG 命令绘制矩形边界线，用以填充图案。

命令：RECTANG↙。

指定第一个角点或 [倒角（C）/标高（E）/圆角（F）/厚度（T）/宽度（W）]：<对象捕捉开>（采用对象捕捉功能，选择所绘矩形的一个端点——第 1 条多段线的左端点）

指定另一个角点或 [尺寸（D）]：（采用对象捕捉功能，选择所绘矩形的另一个端点——第二条多段线的右端点）

重复 RECTANG 命令 2 次（依次选取不同的端点）完成另外两个矩形图的绘制，见图 5.61。

（3）选择合适的填充图案，用填充命令进行图案填充。单击图案填充命令，启动图 5.62 所示的"边界图案填充"对话框，选择合适的填充图案、角度和比例，点取"拾取点"按钮，或点取"选择对象"按钮，选择需要填充的对象后点取"确定"按钮，完成图案的填充。

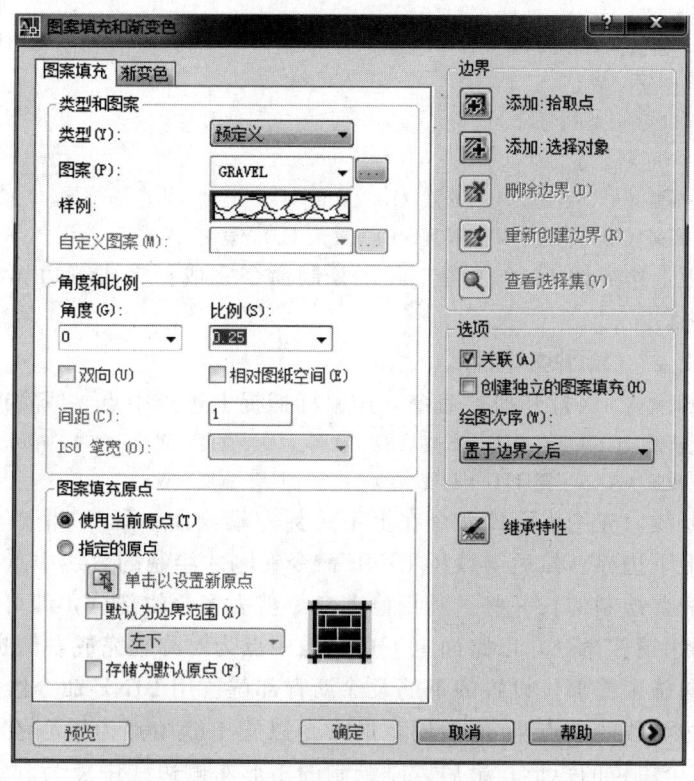

图 5.62 "图案填充"对话框

命令：_bhatch。

选择内部点：（点取最上边的矩形内部一点）
正在选择所有对象……
正在选择所有可见对象……

正在分析所选数据……

正在分析内部孤岛……

选择内部点：将 BHATCH 命令重复两次（在更换填充图案的基础上，依次选择第二个、第三个矩形），即可完成路面结构图的填充。

（4）完成文字标注并绘制引出线。文字的标注可以采用单行文字命令分 3 次完成标注和绘制引出线；也可以只标注一行文字和绘制一个引出线后，利用复制的方法复制文字和引出线 2 次至合适位置，再修改文字内容以提高绘图速度。

2. 水泥混凝土路面横向施工缝构造图

【例 5.8】 绘制水泥混凝土路面横向施工缝构造图，如图 5.63 所示。

操作步骤如下：

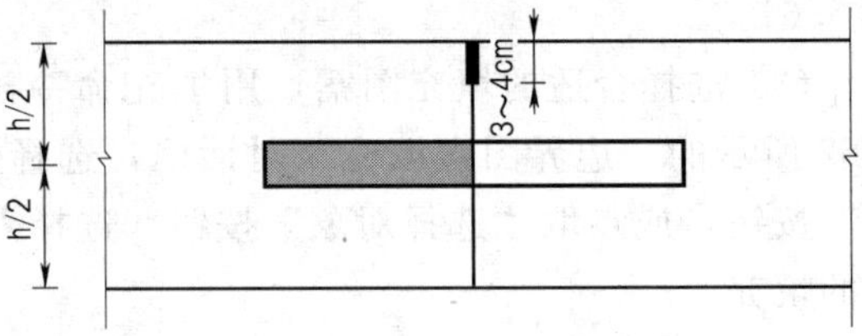

（1）用多段线命令绘制水泥混凝土路面的上下界线及填缝料。

命令：PLINE↙（绘制上边界线）。

指定起点：（在绘图区左上角任点单击）

当前线宽为 0.0000

指定下一个点或 ［圆弧（A）/半宽（H）/长度（L）/放弃（U）/宽度（W）］：W↙

指定起点宽度<0.0000>：0.6↙

指定端点宽度<0.6000>：↙

指定下一个点或 ［圆弧（A）/半宽（H）/长度（L）/放弃（U）/宽度（W）］：@180,0↙

指定下一个点或 ［圆弧（A）/半宽（H）/长度（L）/放弃（U）/宽度（W）］：↙

图 5.63 水泥混凝土路面横向施工缝构造图

下边界线（距上边界线 60 个单位）利用复制命令完成；完成下边界线后可再用多段线命令绘制填缝料。

命令：PLINE↙（绘制填缝料）。

指定起点：<对象捕捉开>（打开捕捉命令，用鼠标捕捉上边界中点，线宽改为 3 个单位）

指定下一个点或 ［圆弧（A）/半宽（H）/长度（L）/放弃（U）/宽度（W）］：@0,-10↙

指定下一个点或 ［圆弧（A）/半宽（H）/长度（L）/放弃（U）/宽度（W）］：↙

（2）绘制折断线。先用 LINE 命令在上下边界左端绘制一段 80 个单位长的直线，长出部分要对称于上下边界。然后继续用 LINE 命令在刚才绘制的直线中点处绘制大小恰当的锯齿线，锯齿线要绘制的长一些，利用修剪命令剪去多余的部分，即可得到折断线，如图 5.63 所示。利用镜像命令，以路面上下边界线中点为对称轴完成右侧折断线的绘制。

（3）绘制横向施工缝部位设置的钢筋及涂沥青部位。用 LINE 命令绘制施工缝（直线端点为路面上下边界线的中点）；然后用矩形命令以施工缝中点为中心绘制长度为 100 个单位、高度为 10 个单位的矩形；最后以刚绘制的矩形左侧边线中点为起点，利用 PLINE 命令绘制线宽为 10 个单位、长为 50 个单位的线段。

（4）用标注尺寸命令标注图中所示的尺寸。

5.3.4　路线平面交叉图

在道路设计中，常常需要进行路线平面交叉设计。一般情况下，公路平面交叉设计相对比较简单，但是高等级公路的平面交叉设计比较复杂。为便于学生快速掌握路线平面交叉图的绘制方法，本节先易后难地列举了3个实例，来说明路线平面交叉图的绘制原理与方法。

路线平面交叉图的绘制，一般是先根据图幅的大小确定合适的图形比例，并将图形布置在适当的平面位置上，然后根据设计图形的要求，确定平面交叉的主骨架，再进行细节的绘制，以使设计图样能满足公路施工的要求。

5.3.4.1 加宽式十字交叉路线平面图的绘制

【例 5.9】 绘制加宽式十字交叉路线平面图，如图5.64所示。

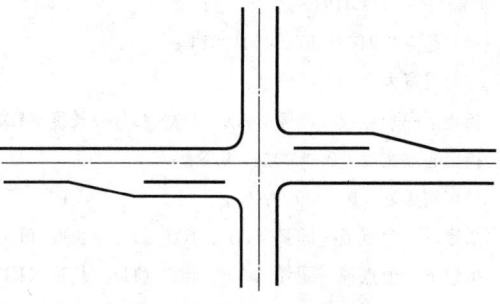

图 5.64 加宽式十字交叉平面图

提示：首先选择合适的线型绘制路线交叉的十字中心线（点划线），后根据实际数据绘制路线交叉口的外侧边线（粗实线），再选择合适的曲线半径值，圆滑连接相邻的直线，最后用修剪命令剪去多余的线条完成图形的绘制。

操作步骤：

（1）根据实际数据先用点划线绘制路中线十字路口平面图。启动"格式"中的"线型管理器"对话框，如图5.65所示，点取"加载（L）"按钮后，选择"可用线型"选项卡下的"ACAD_ISO04W100"线型，单击"确定"按钮返回"线型管理器"对话框，在此对话框中选择该线型后再单击"确定"按钮，这样就可以在AutoCAD 2007的工具栏中选取"ACAD_ISO04W100"线型用点划线进行绘图了。

图 5.65 "线型管理器"对话框及其"加载或重载线型"子对话框

选用点划线为当前线型，用LINE命令绘制十字路口中线，水平长度为110个单位，竖直长度为65个单位，十字路口中心坐标为（1000，400）。

（2）用多段线命令绘制交叉路口的粗边线。

1) 绘制左上角边线。

  命令：PLINE↙。

指定起点：946.1857，404.0914↙

当前线宽为0.0000

指定下一个点或［圆弧（A）/半宽（H）/长度（L）/放弃（U）/宽度（W）］：W↙

指定起点宽度<0.0000>：0.6↙

指定端点宽<0.6000>：↙

指定下一个点或［圆弧（A）/半宽（H）/长度（L）/放弃（U）/宽度（W）］：996.0435，404.0914↙

指定下一个点或［圆弧（A）/半宽（H）/长度（L）/放弃（U）/宽度（W）］：996.0435，427.3970↙

指定下一个点或［圆弧（A）/半宽（H）/长度（L）/放弃（U）/宽度（W）］：↙

2) 绘制左下角边线。

  命令：PLINE↙。

指定起点：946.185，396.3229↙

当前线宽为0.6

指定下一个点或［圆弧（A）/半宽（H）/长度（l）/放弃（U）/宽度（W）］：958.6558，396.3229↙

指定下一个点或［圆弧（A）/半宽（H）/长度（L）/放弃（U）/宽度（W）］：974.4841，392.6671↙

指定下一个点或［圆弧（A）/半宽（H）/长度（L）/放弃（U）/宽度（W）］：996.0435，392.6671↙

指定下一个点或［圆弧（A）/半宽（H）/长度（L）/放弃（U）/宽度（W）］：996.0435，364.1826↙

指定下一个点或［圆弧（A）/半宽（H）/长度（L）/放弃（U）/宽度（W）］：↙

3) 绘制右上角边线。

  命令：PLINE↙。

指定起点：1003.8185，427.3970↙

当前线宽为0.6

指定下一个点或［圆弧（A）/半宽（H）/长度（L）/放弃（U）/宽度（W）］：1003.8185，407.4426↙

指定下一个点或［圆弧（A）/半宽（H）/长度（L）/放弃（U）/宽度（W）］：1027.1278，407.4426↙

指定下一个点或［圆弧（A）/半宽（H）/长度（L）/放弃（U）/宽度（W）］：1042.6395，404.0914↙

指定下一个点或［圆弧（A）/半宽（H）/长度（L）/放弃（U）/宽度（W）］：1057.3284，404.0914↙

指定下一个点或［圆弧（A）/半宽（H）/长度（L）/放弃（U）/宽度（W）］：↙

4) 绘制右下角边线。

  命令：PLINE↙。

指定起点：1003.8185 Y：364.1826↙

当前线宽为0.6

指定下一个点或［圆弧（A）/半宽（H）/长度（L）/放弃（U）/宽度（W）］：1003.8185，396.3229↙

指定下一个点或［圆弧（A）/半宽（H）/长度（L）/放弃（U）/宽度（W）］：1057.3284，396.3229↙

指定下一个点或［圆弧（A）/半宽（H）/长度（L）/放弃（U）/宽度（W）］：↙

（3）整理图形。利用FILLET命令，采用2.82个单位修整出4个圆角；利用PLINE命令绘制两个端点分别为（974.0117，396.0345）和（992.1934，396.0345）的直线；利用PLINE命令绘制两个端点分别为（1008.4613，403.9568）和（1026.6430，403.9568）的直线。完成上述步骤后得到图5.64所示。熟练地掌握了基本操作后，可以参照前述坐标对应的尺寸来绘制。

5.3.4.2 环形十字交叉路线平面图的绘制

【例 5.10】 绘制加宽式十字交叉路线平面图，如图 5.66 所示。

提示：首先，选择合适的线型绘制路线交叉的十字中心线（点划线），然后根据实际数据绘制路线交叉口的外侧边线（粗实线），再用修剪命令剪去多余的线条，最后选择合适的曲线半径值，圆滑连接相邻的直线完成图形的绘制。

操作步骤：

(1) 选择点划线线型，用 LINE 命令绘制十字中心线，十字中心线水平长度 290 个单位，竖直长度 250 个单位，如图 5.67 所示。

(2) 选择"bylayer"线型，用多段线命令绘制十字路边线（两个边线对称于中心线，水平和竖直边线间的间距均为 40 个单位，线宽为 1 个单位），如图 5.67 所示。

(3) 用多段线命令绘制环形交叉路线的圆环（圆环内径 58 个单位，外径 60 个单位，线宽为 1 个单位，中心在中心线交点处），如图 5.68 所示。

(4) 用偏移命令绘制另外两个圆环（行车道分界线），其偏移距离各为 20 和 37.5 个单位。

(5) 用正多边形命令绘制中大圆的外切正方形，注意中心在中心线交点处，四个角都要落在路线中心线上，如图 5.68 所示。

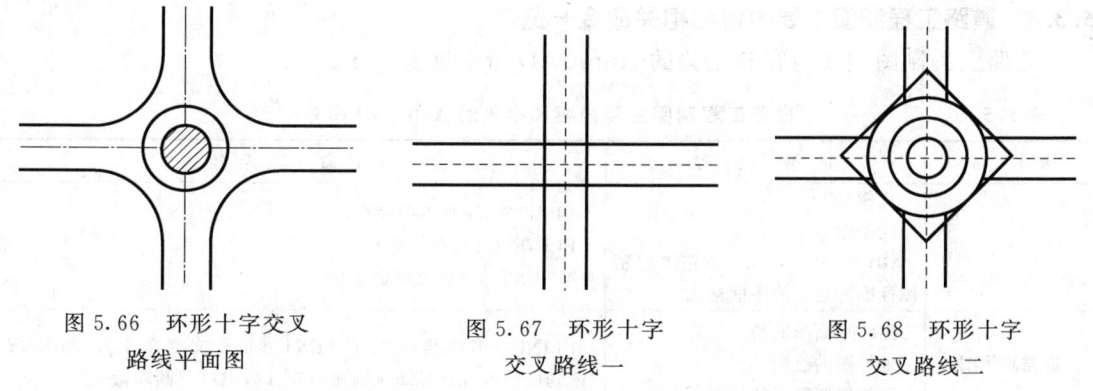

图 5.66 环形十字交叉　　图 5.67 环形十字　　图 5.68 环形十字
　　路线平面图　　　　　交叉路线一　　　　　交叉路线二

(6) 用多段线编辑命令修改上一步正方形的线宽（线宽为 1 个单位）。

(7) 用修剪命令剪切十字中心处多余的多段线。

(8) 用圆角命令选择合适的圆曲线半径，将不相交的相邻道路圆滑地连接。

(9) 利用"修改"→"特性"命令，将行车道分割线线型改为虚线。

(10) 用图案填充命令将中心岛内用阴影线填充，如图 5.66 所示。

5.3.4.3 平面交叉口交通岛及人行道交通设施图的绘制

在城市道路交叉口设计中，考虑到行人的需求，设置交通岛和人行道是在城市交通中应当认真考虑的问题。可根据平面交叉口的交通特点，绘制交通设施图，如图 5.69 所示。

在绘图时，在书上量距，测量清楚图样各部分尺寸，采用 1∶1 的比例绘制图层即可。先进行图形的定位，然后根据线型情况进行绘制。一般先绘直线后绘曲线。绘制曲线时，可采用三点法绘制。绘制完成后，先进行修剪，再进行填充。人行横道绘制时，可先绘制一条粗线，然后采用阵列命令绘制出一条完整的人行横道，再采用阵列或复制命令、

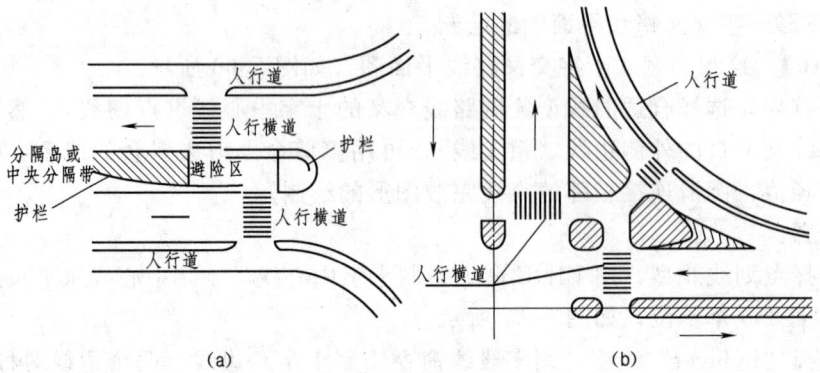

图 5.69 交通岛及人行道交通设施图

旋转命令完成其他人行横道的绘制工作。填充阴影部分时,只有封闭的图形才能被填充,因此应先把图形封闭,填充完成后,再将不需要的线条去掉。斑马线(交通岛中的粗斜线)的绘制,应采用多段线改变线条的粗细度,逐一绘制(由于图中每一条线的角度不同),其绘制长度应超过所绘图界,后采用修剪命令,剪去界外不需要的线条。图中的方向箭头可采用多段线命令,分段连续绘制不同粗细的线条。文字的标注,采用 DT—EXT 命令定位确定,如果位置不对,可采用平移命令,平移标注文字的位置。

5.3.5 道路工程制图主要内容和相关命令一览

道路工程制图主要内容和相关的 AutoCAD 命令见表 5.5。

表 5.5　　　　道路工程制图主要内容和相关的 AutoCAD 命令

项　目	主　要　内　容	主　要　命　令　或　操　作
	比例尺 线条粗细 GB 50162—1992《道路工程制图标准》规定的图框格式	LIMITS(图形界限命令) PLINE(多段线命令) MTEXT(多行文字命令)
道路路线图	路线平面图的绘制 地形图的绘制 路线纵断面图的绘制	PLINE(多段线命令)、TEXT(单行文字命令)、ARRAY(阵列命令)、CIRCLE(圆命令)、DONUT(圆环命令)
路基路面工程图	路基工程图的绘制 路面结构图的绘制	PLINE(多段线命令)、PEDIT(多段线编辑命令)、RECTANG(矩形命令)、BHATCH(填充命令)、LINE(直线命令)
路线平面交叉图	加宽式十字交叉路口平面图的绘制 环形十字交叉路口平面图的绘制 平面交叉口交通岛及人行道交通设施图的绘制	PLINE(多段线命令)、DTEXT(动态文字命令)、TEXT(单行文字命令)、MOVE(移动命令)、LINE(直线命令)、FILLET(圆角命令)、CIRCLE(圆命令)、DONUT(圆环命令)、OFFSET(偏移命令)

小　结

通过本章的学习,不同专业应掌握各专业图纸的绘制过程及方法。

第6章 图 纸 输 出

学习目标

1. 掌握图形输入输出和模型空间与图形空间之间切换的方法。
2. 能够打印 AutoCAD 图纸。

6.1 图形的输入输出

AutoCAD 2007 提供了图形输入与输出接口。不仅可以将其他应用程序中处理好的数据传送给 AutoCAD，以显示其图形，还可以将在 AutoCAD 中绘制好的图形打印出来，或者把它们的信息传送给其他应用程序。

此外，为适应互联网络的快速发展，使用户能够快速有效地共享设计信息，AutoCAD 2007 强化了其 Internet 功能，可以创建 Web 格式的文件（DWF），以及发布 AutoCAD 图形文件到 Web 页，使其与互联网相关的操作更加方便、高效。

AutoCAD 2007 除了可以打开和保存 DWG 格式的图形文件外，还可以导入或导出其他格式的图形。

1. 导入图形

在 AutoCAD 2007 的"插入点"工具栏中，单击"输入"按钮，打开"输入文件"对话框。在"文件类型"下拉列表框中可以看到，系统允许输入"图元文件"、ACIS 及 3D Studio 图形格式的文件。

在 AutoCAD 2007 的菜单命令中没有"输入"命令，但是可以使用"插入"→3D Studio 命令、"插入"→"ACIS 文件"命令及"插入"→"Windows 图元文件"命令，分别输入上述 3 种格式的图形文件。

2. 插入 OLE 对象

选择"插入"→"OLE 对象"命令，打开"插入对象"对话框，如图 6.1 所示，可

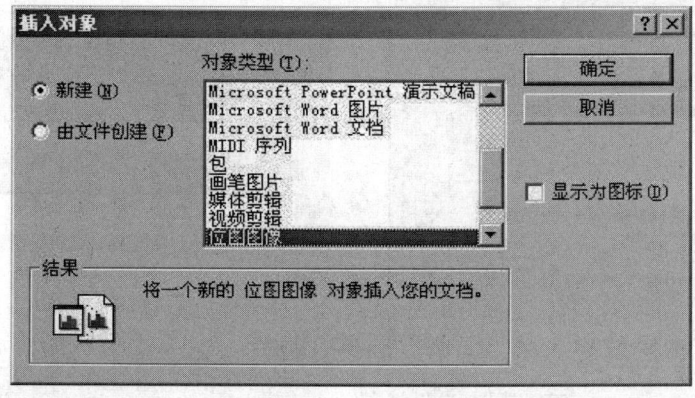

图 6.1 "插入对象"对话框

以插入对象链接或者嵌入对象。

3. 输出图形

选择"文件"→"输出"命令，打开"输出数据"对话框。可以在"保存于"下拉列表框中设置文件输出的路径，在"文件"文本框中输入文件名称，在"文件类型"下拉列表框中选择文件的输出类型，如：元文件、ACIS、平板印刷、封装 PS、DXX 提取、位图、3D Studio 及块等。

设置了文件的输出路径、名称及文件类型后，单击对话框中的"保存"按钮，将切换到绘图窗口中，可以选择需要以指定格式保存的对象。

6.2 模型空间

模型空间是完成绘图和设计工作的工作空间。在模型空间中建立的模型可以完成二维或三维物体的造型，并且可以根据需求用多个二维或三维视图来表示，同时配有必要的尺寸标注和注释等来完成所需要的全部绘图工作。在模型空间中，用户可以创建多个不重叠的（平铺）视口以展示图形的不同视图。

6.3 创建和管理布局

在 AutoCAD 2007 中，可以创建多种布局，每个布局都代表一张单独的打印输出图纸。创建新布局后就可以在布局中创建浮动视口。视口中的各个视图可以使用不同的比例打印，并能够控制视口中图层的可见性。

1. 使用布局向导创建布局

选择"工具"→"向导"→"创建布局"命令，打开"创建布局"向导，可以指定打印设备、确定相应的图纸尺寸和图形的打印方向、选择布局中使用的标题栏或确定视口设置。

2. 管理布局

右击"布局"标签，使用快捷菜单中的命令，可以删除、新建、重命名、移动或复制布局。

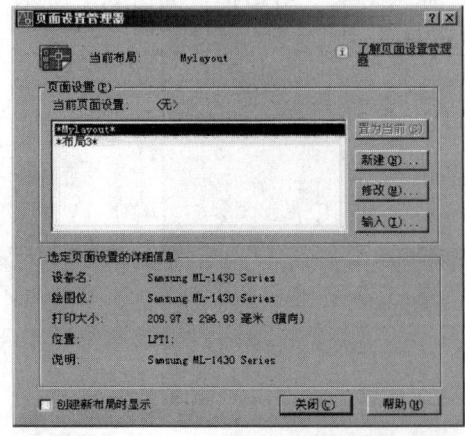

图 6.2 "页面设置"对话框

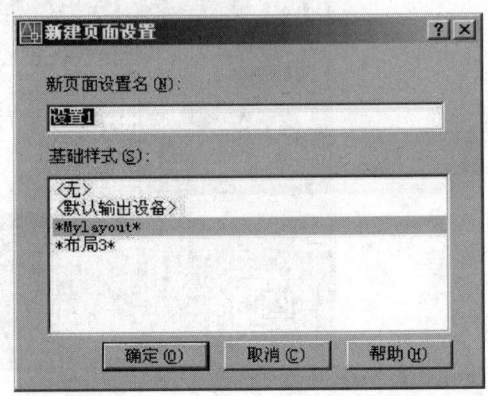

图 6.3 "页面设置管理器"对话框

默认情况下,单击某个布局选项卡时,系统将自动显示"页面设置"对话框,如图 6.2 所示,供设置页面布局。如果以后要修改页面布局,可从快捷菜单中选择"页面设置管理器"命令,通过修改布局的页面设置,将图形按不同比例打印到不同尺寸的图纸中。

3. 布局的页面设置

选择"文件"→"页面设置管理器"命令,打开"页面设置管理器"对话框,如图 6.3 所示。单击"新建"按钮,打开"新建页面设置"对话框,可以在其中创建新的布局。

6.4 使用浮动视口

在构造布局图时,可以将浮动视口视为图纸空间的图形对象,并对其进行移动和调整。浮动视口可以相互重叠或分离,在图纸空间中无法编辑模型空间中的对象,如果要编辑模型,必须激活浮动视口,进入浮动模型空间。激活浮动视口的方法有多种,如可执行 MSPACE 命令、单击状态栏上的"图纸"按钮或双击浮动视口区域中的任意位置。

1. 删除、新建和调整浮动视口

在布局图中,选择浮动视口边界,然后按 Delete 键即可删除浮动视口。删除浮动视口后,使用"视图"→"视口"→"新建视口"命令,可以创建新的浮动视口,如图 6.4 所示,此时需要指定创建浮动视口的数量和区域。

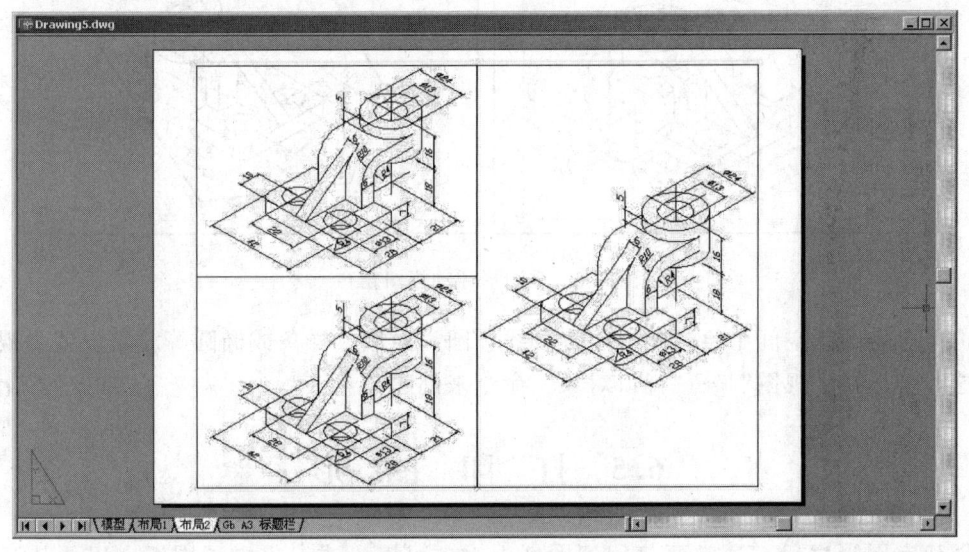

图 6.4 新的浮动视口窗口

2. 相对图纸空间比例缩放视图

如果布局图中使用了多个浮动视口时,就可以为这些视口中的视图建立相同的缩放比例。这时可选择要修改其缩放比例的浮动视口,在"特性"选项板的"标准比例"下拉列表框中选择某一比例,然后对其他的所有浮动视口执行同样的操作,就可以设置一个相同的比例值。

3. 在浮动视口中旋转视图

在浮动视口中,执行 MVSETUP 命令可以旋转整个视图,如图 6.5 所示。该功能与 ROTATE 命令不同,ROTATE 命令只能旋转单个对象。

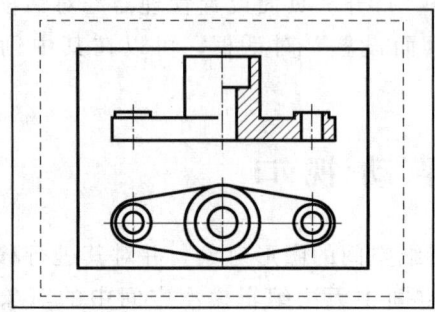 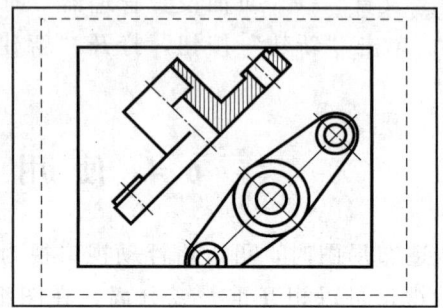

图 6.5 旋转前后效果图

4. 创立特殊形状的浮动视口

在删除浮动视口后,可以选择"视图"→"视口"→"多边形视口"菜单,创建多边形形状的浮动视口,如图 6.6 所示。

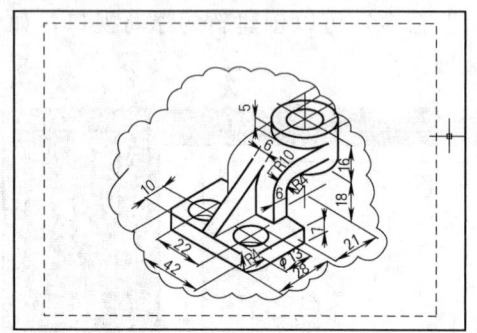 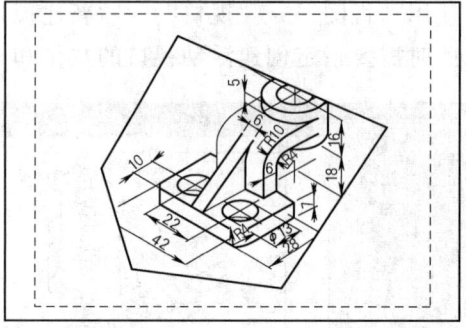

图 6.6 多边形浮动视口窗口

也可以将图纸空间中绘制的封闭多段线、圆、面域、样条或椭圆等对象设置为视口边界,这时可选择"视图"→"视口对象"命令来创建。

6.5 打 印 图 形

创建完图形之后,通常要打印到图纸上,也可以生成一份电子图纸,以便从互联网上进行访问。打印的图形可以包含图形的单一视图,或者更为复杂的视图排列。根据不同的需要,可以打印一个或多个视口,或设置选项以决定打印的内容和图像在图纸上的布置。

1. 打印预览

在打印输出图形之前可以预览输出结果,以检查设置是否正确。例如,图形是否都在

6.5 打 印 图 形

有效输出区域内等。选择"文件"→"打印预览"命令（PREVIEW），或在"标准"工具栏中单击"打印预览"按钮，可以预览输出结果。

AutoCAD 将按照当前的页面设置、绘图设备设置及绘图样式表等在屏幕上绘制最终要输出的图纸，如图 6.7 所示。

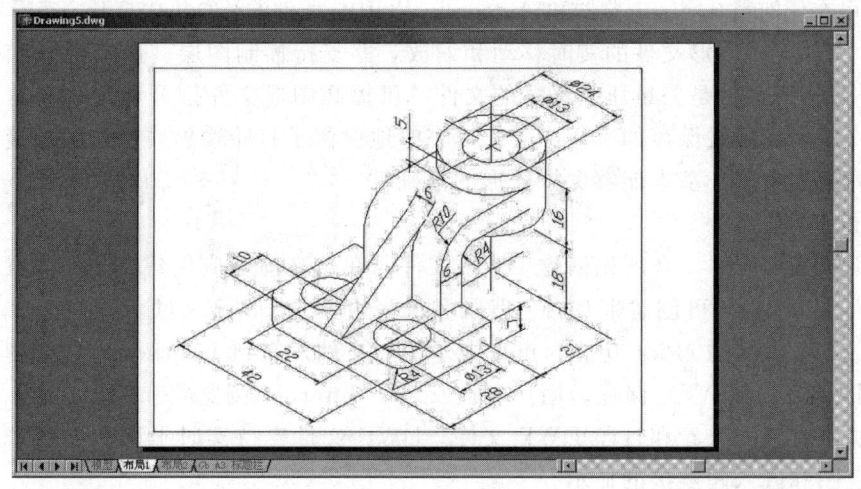

图 6.7　输出图纸效果图

2．输出图形

在 AutoCAD 2007 中，可以使用"打印"对话框打印图形，如图 6.8 所示。当在绘图窗口中选择一个布局选项卡后，选择"文件"→"打印"命令打开"打印"对话框。

图 6.8　"打印"对话框

6.6 发布 DWF 文件

现在，国际上通常采用 DWF（Drawing Web Format，图形网络格式）图形文件格式。DWF 文件可在任何装有网络浏览器和 Autodesk WHIP! 插件的计算机中打开、查看和输出。

DWF 文件支持图形文件的实时移动和缩放，并支持控制图层、命名视图和嵌入链接显示效果。DWF 文件是矢量压缩格式的文件，可提高图形文件打开和传输的速度，缩短下载时间。以矢量格式保存的 DWF 文件，完整地保留了打印输出属性和超链接信息，并且在进行局部放大时，基本能够保持图形的准确性。

1. 输出 DWF 文件

要输出 DWF 文件，必须先创建 DWF 文件，在这之前还应创建 ePlot 配置文件。使用配置文件 ePlot.pc3 可创建带有白色背景和纸张边界的 DWF 文件。

通过 AutoCAD 的 ePlot 功能，可将电子图形文件发布到 Internet 上，所创建的文件以 Web 图形格式（DWF）保存。用户可在安装了 Internet 浏览器和 WHIP! 4.0 插件的任何计算机中打开、查看和打印 DWF 文件。DWF 文件支持实时平移和缩放，可控制图层、命名视图和嵌入超链接的显示。

在使用 ePlot 功能时，系统先按建议的名称创建一个虚拟电子出图。通过 ePlot 可指定多种设置，如指定画笔、旋转和图纸尺寸等，所有这些设置都会影响 DWF 文件的打印外观。

2. 在外部浏览器中浏览 DWF 文件

如果在计算机系统中安装了 Autodesk WHIP! 4.0 或以上版本的 Autodesk WHIP! 插件和浏览器，则可在 Internet Explorer 或 Netscape Communicator 浏览器中查看 DWF 文件，如图 6.9 所示。如果 DWF 文件包含图层和命名视图，还可在浏览器中控制其显示特征。

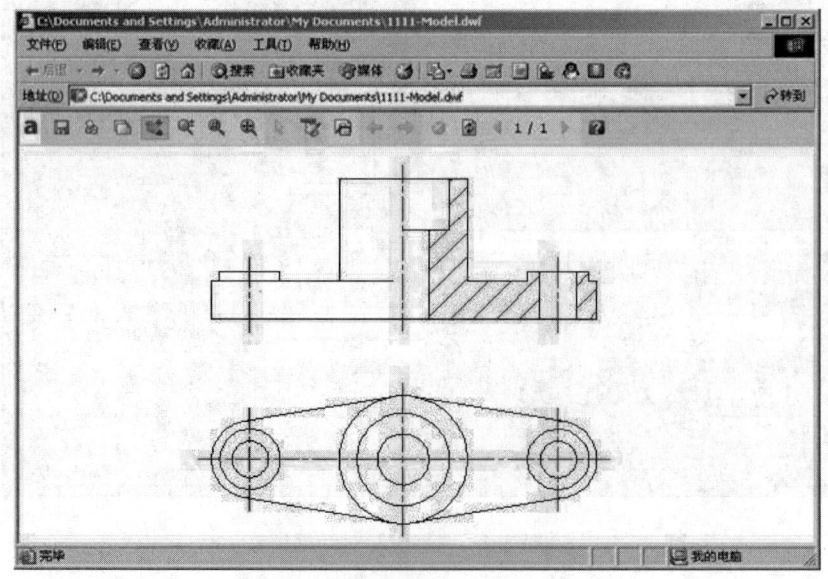

图 6.9 Internet Explore 浏览器中查看 DWF 文件效果图

3. 将图形发布到 Web 页

在 AutoCAD 2007 中，选择"文件"→"网上发布"命令，即使不熟悉 HTML 代码，也可以方便、迅速地创建格式化 Web 页，该 Web 页包含有 AutoCAD 图形的 DWF、PNG 和 JPEG 等格式图像。一旦创建了 Web 页，就可以将其发布到 Internet。

小　　结

本章介绍了打印机的安装与设置，图纸打印比例设置、图形颜色设置、线条宽度设置、布局的设置与使用、打印前的视口设置。本章的内容对用计算机出高质量的专业图纸有较好的指导意义。

思　考　题

1. 一个图形文件可以有几个模型空间和图纸空间？
2. 如何使用布局向导创建布局？
3. 如何在浮动视口中旋转视图？
4. 相对图纸空间怎样按比例进行缩放视图？
5. 创建好布局视口后，在模型空间缩放或平移图形，布局视口内的视图有何变化？在模型空间移动图形，布局视口内的视图有什么变化？
6. 普通 A4 打印机，能否打印标准 A4 图框的图纸？

附 录

1. AutoCAD 基本命令一览表

序号	命令	快捷命令	功能
1	3D		创建三维网格对象
2	3DARRAY		创建三维阵列
3	3DCLIP		调整剪裁平面
4	3DCORBIT		设置对象在三维视图中连续运动
5	3DDISTANCE		调整对象显示距离
6	3DFACE		创建三维面
7	3DMESH		创建自由格式的多边形网格
8	3DORBIT		控制在三维空间中交互式查看对象
9	3DPAN		三维视图平移
10	3DPOLY		绘制三维多段线
11	3DSIN		输入 3DStudio（3DS）文件
12	3DSOUT		输出 3DStudio（3DS）文件
13	3DSWIVEL		旋转相机
14	3DZOOM		三维视图缩放
15	ABOUT		显示关于 AutoCAD 的信息
16	ACISIN		输入 ACIS 文件
17	ACISOUT		将 AutoCAD 实体对象输出到 ACIS 文件中
18	ADCCLOSE		关闭 AutoCAD 设计中心
19	ADCENTER	Ctrl+2 键	启动 AutoCAD 设计中心
20	ADCNAVIGATE		将 AutoCAD 设计中心的桌面引至用户指定的文件名、目录名或网络路径
21	ALIGN		将某对象与其他对象对齐
22	AMECONVERT		将 AME 实体模型转换为 AutoCAD 实体对象
23	APERTURE		控制对象捕捉靶框大小
24	APPLOAD		加载或卸载应用程序
25	ARC		创建圆弧
26	AREA		计算对象或指定区域的面积和周长

续表

序号	命令	快捷命令	功能
27	ARRAY		创建按指定方式排列的多重对象副本
28	ARX		加载、卸载 ObjectARX 应用程序
29	ASSIST		打开"实时助手"窗口
30	ATTDEF		创建属性定义
31	ATTDISP		全局控制属性的可见性
32	ATTEDIT		改变属性信息
33	ATTEXT		提取属性数据
34	ATTREDEF		重定义块并更新关联属性
35	ATTSYNC		根据当前块中定义的属性来更新块引用
36	AUDIT		检查图形的完整性
37	BACKGROUND		设置场景的背景效果
38	BASE		设置当前图形的插入基点
39	BATTMAN		编辑块定义中的属性特性
40	BHATCH		使用图案填充封闭区域或选定对象
41	BLIPMODE		控制点标记的显示
42	BLOCK		根据选定对象创建块定义
43	BLOCKICON		为 R14 或更早版本创建的块生成预览图像
44	BMPOUT		输入 BMP 文件
45	BOUNDARY		从封闭区域创建面域或多段线
46	BOX		创建三维的长方体
47	BREAK		部分删除对象或把对象分解为两部分
48	BROWSER		启动系统注册表中设置的缺省 Web 浏览器
49	CAL		计算算术和几何表达式的值
50	CAMERA		设置相机和目标的不同位置
51	CHAMFER		给对象的边加倒角
52	CHANGE		修改现有对象的特性
53	CHECKSTANDARDS		根据标准文件来检查当前图形
54	CHPROP		修改对象的特性
55	CIRCLE		创建圆
56	CLOSE		关闭当前图形
57	CLOSEALL		关闭当前所有打开的图形

续表

序号	命　令	快捷命令	功　能
58	COLOR		定义新对象的颜色
59	COMPILE		编译形文件和 PostScript 字体文件
60	CONE		创建三维实体圆锥
61	CONVERT		优化 AutoCAD R13 或更早版本创建的二维多段线和关联填充
62	CONVERTCTB		将颜色相关打印样式表（CTB）转换为命名打印样式表（STB）
63	CONVERTPSTYLES		将当前图形的颜色模式由命名打印样式转换为颜色相关打印样式
64	COPY		复制对象
65	COPYBASE		带指定基点复制对象
66	COPYCLIP	Ctrl+C 键	将对象复制到剪贴板
67	COPYHIST		将命令行历史记录文字复制到剪贴板
68	COPYLINK		将当前视图复制到剪贴板中
69	CUSTOMIZE		自定义工具栏、按钮和快捷键
70	CUTCLIP	Ctrl+X 键	将对象复制到剪贴板并从图形中删除对象
71	CYLINDER		创建三维实体圆柱
72	DBCCLOSE		关闭"数据库连接"管理器
73	DBLCLKEDIT		控制双击对象时是否显示对话框
74	DBCONNECT	Ctrl+6 键	为外部数据库表提供 AutoCAD 接口
75	DBLIST		列出图形中每个对象的数据库信息
76	DDEDIT		编辑文字和属性定义
77	DDPTYPE		指定点对象的显示模式及大小
78	DDVPOINT		设置三维观察方向
79	DELAY		在脚本文件中提供指定时间的暂停
80	DIM（或 DIM1）		进入标注模式
81	DIMALIGNED		创建对齐线性标注
82	DIMANGULAR		创建角度标注
83	DIMBASELINE		创建基线标注
84	DIMCENTER		创建圆和圆弧的圆心标记或中心线
85	DIMCONTINUE		创建连续标注
86	DIMDIAMETER		创建圆和圆弧的直径标注

续表

序号	命令	快捷命令	功能
87	DIMDISASSOCIATE		删除指定标注的关联性
88	DIMEDIT		编辑标注
89	DIMLINEAR		创建线性尺寸标注
90	DIMORDINATE		创建坐标点标注
91	DIMOVERRIDE		替换标注系统变量
92	DIMRADIUS		创建圆和圆弧的半径标注
93	DIMREASSOCIATE		使指定的标注与几何对象关联
94	DIMREGEN		更新关联标注
95	DIMSTYLE		创建或修改标注样式
96	DIMTEDIT		移动和旋转标注文字
97	DIST		测量两点之间的距离和角度
98	DIVIDE		定距等分
99	DONUT		绘制填充的圆和环
100	DRAGMODE		控制 AutoCAD 显示拖动对象的方式
101	DRAWORDER		修改图像和其他对象的显示顺序
102	DSETTINGS		草图设置
103	DSVIEWER		打开"鸟瞰视图"窗口
104	DVIEW		定义平行投影或透视视图
105	DWGPROPS		设置和显示当前图形的特性
106	DXBIN		输入特殊编码的二进制文件
107	EATTEDIT		增强的属性编辑
108	EATTEXT		增强的属性提取
109	EDGE		修改三维面的边缘可见性
110	EDGESURF		创建三维多边形网格
111	ELEV		设置新对象的拉伸厚度和标高特性
112	ELLIPSE		创建椭圆或椭圆弧
113	ENDTODAY		关闭"Today（今日）"窗口
114	ERASE	Del 键	从图形中删除对象
115	ETRANSMIT		创建一个图形及其相关文件的传递集
116	EXPLODE		将组合对象分解为对象组件
117	EXPORT		以其他文件格式保存对象

续表

序号	命令	快捷命令	功能
118	EXPRESSTOOLS		运行 AutoCAD 快捷工具
119	EXTEND		延伸对象到另一对象
120	EXTRUDE		通过拉伸现有二维对象来创建三维原型
121	FILL		设置对象的填充模式
122	FILLET		给对象的边加圆角
123	FILTER		创建选择过滤器
124	FIND		查找、替换、选择或缩放指定的文字
125	FOG		控制渲染雾化
126	GRAPHSCR	F2 键	从文本窗口切换到图形窗口
127	GRID		在当前视口中显示点栅格
128	GROUP		创建对象的命名选择集
129	HATCH		用图案填充一块指定边界的区域
130	HATCHEDIT		修改现有的图案填充对象
131	HELP	F1 键	显示联机帮助
132	HIDE		重生成三维模型时不显示隐藏线
133	HYPERLINK	Ctrl+K 键	附着或修改超级链接
134	HYPERLINKOPTIONS		控制超级链接光标和提示的可见性
135	ID		显示位置的坐标
136	IMAGE		管理图像
137	IMAGEADJUST		控制选定图像的亮度、对比度和褪色度
138	IMAGEATTACH		向当前图形中附着新的图像对象
139	IMAGECLIP		为图像对象创建新剪裁边界
140	IMAGEFRAME		控制图像边框的显示
141	IMAGEQUALITY		控制图像显示质量
142	IMPORT		向 AutoCAD 输入多种文件格式
143	INSERT		将命名块或图形插入到当前图形中
144	INSERTOBJ		插入链接或嵌入对象
145	INTERFERE		检查干涉
146	INTERSECT		交集运算
147	ISOPLANE		指定当前等轴测平面
148	JUSTIFYTEXT		改变文字的对齐方式

续表

序号	命令	快捷命令	功能
149	LAYER		管理图层
150	LAYERP		取消最后一次的图层设置修改
151	LAYERPMODE		控制是否进行对图层设置修改的跟踪
152	LAYOUT		创建和修改布局
153	LAYOUTWIZARD		启动布局向导
154	LAYTRANS		根据指定的标准来转换图层
155	LEADER		创建一条引线将注释与一个几何特征相连
156	LENGTHEN		拉长对象
157	LIGHT		处理光源和光照效果
158	LIMITS		设置并控制图形边界和栅格显示
159	LINE		创建直线段
160	LINETYPE		创建、加载和设置线型
161	LIST		显示选定对象的数据库信息
162	LOAD		加载形文件
163	LOGFILEOFF		关闭 LOGFILEON 命令打开的日志文件
164	LOGFILEON		将文本窗口中的内容写入文件
165	LSEDIT		编辑配景对象
166	LSLIB		管理配景对象库
167	LSNEW		在图形上添加具有真实感的配景对象
168	LTSCALE		设置线型比例因子
169	LWEIGHT		设置当前线宽、线宽显示选项和线宽单位
170	MASSPROP		计算并显示面域或实体的质量特性
171	MATCHPROP		把某一对象的特性复制给其他若干对象
172	MATLIB		材质库输入输出
173	MEASURE		将点对象或块按指定的间距放置
174	MEETNOW		现在开会,跨网络在多个用户中共享一个 AutoCAD 任务
175	MENU		加载菜单文件
176	MENULOAD		加载部分菜单文件
177	MENUUNLOAD		卸载部分菜单文件
178	MINSERT		在矩形阵列中插入一个块的多个引用
179	MIRROR		创建对象的镜像副本

续表

序号	命令	快捷命令	功能
180	MIRROR3D		创建相对于某一平面的镜像对象
181	MLEDIT		编辑多重平行线
182	MLINE		创建多重平行线
183	MLSTYLE		定义多重平行线的样式
184	MODEL		从布局选项卡切换到模型选项卡
185	MOVE		在指定方向上按指定距离移动对象
186	MSLIDE		创建幻灯片文件
187	MSPACE		从图纸空间切换到模型空间视口
188	MTEXT		创建多行文字
189	MULTIPLE		重复下一条命令直到被取消
190	MVIEW		创建浮动视口和打开现有的浮动视口
191	MVSETUP		设置图形规格
192	NEW	Ctrl＋N 键	创建新的图形文件
193	OFFSET		创建同心圆、平行线和平行曲线
194	OLELINKS		更新、修改和取消现有的 OLE 链接
195	OLESCALE		显示"OLE 特性"对话框
196	OOPS		恢复已被删除的对象
197	OPEN	Ctrl＋O 键	打开现有的图形文件
198	OPTIONS		自定义 AutoCAD 设置
199	ORTHO		约束光标的移动
200	OSNAP		设置对象捕捉模式
201	PAGESETUP		指定页面布局、打印设备、图纸尺寸等
202	PAN		移动当前视口中显示的图形
203	PARTIALOAD		将几何图形加载到局部打开的图形中
204	PARTIALOPEN		局部加载指定的视图或图层中的几何图形
205	PASTEBLOCK		将复制的块粘贴到新图形中
206	PASTECLIP	Ctrl＋V 键	插入剪贴板数据
207	PASTEORIG		粘贴对象时使用其原图形的坐标
208	PASTESPEC		插入剪贴板数据并控制数据格式
209	PCINWIZARD		输入 PCP 和 PC2 配置文件打印设置的向导
210	PEDIT		编辑多段线和三维多边形网格

续表

序号	命令	快捷命令	功能
211	PFACE		逐点创建三维多面网格
212	PLAN		显示用户坐标系平面视图
213	PLINE		创建二维多段线
214	PLOT	Ctrl+P 键	将图形打印到打印设备或文件
215	PLOTSTAMP		在图形指定位置放置打印戳记并将戳记记录在文件中
216	PLOTSTYLE		设置对象的当前打印样式
217	PLOTTERMANAGER		显示打印机管理器
218	POINT		创建点对象
219	POLYGON		创建闭合的等边多段线
220	PREVIEW		显示打印图形的效果
221	PROPERTIES	Ctrl+1 键	控制现有对象的特性
222	PROPERTIESCLOSE		关闭"Properties（特性）"窗口
223	PSDRAG		控制拖动 PostScript 图像时的显示
224	PSETUPIN		将用户定义的页面设置输入到新图形布局
225	PSFILL		用 PostScript 图案填充二维多段线的轮廓
226	PSIN		输入 PostScript 文件
227	PSOUT		创建封装 PostScript 文件
228	PSPACE		从模型空间视口切换到图纸空间
229	PUBLISHTOWEB		网上发布，创建包括选定 AutoCAD 图形的图像的 HTML 页面
230	PURGE		删除图形数据库中没有使用的命名对象
231	QDIM		快速创建标注
232	QLEADER		快速创建引线和引线注释
233	QSAVE		快速保存当前图形
234	QSELECT		基于过滤条件快速创建选择集
235	QTEXT		控制文字和属性对象的显示和打印
236	QUIT	Alt+F4 键	退出 AutoCAD
237	RAY		创建单向无限长的直线
238	RECOVER		修复损坏的图形
239	RECTANG		绘制矩形多段线
240	REDEFINE		恢复被 UNDEFINE 替代的 AutoCAD 内部命令

225

续表

序号	命令	快捷命令	功能
241	REDO	Ctrl+Y 键	恢复前一个 UNDO 或 U 命令放弃执行的效果
242	REDRAW		刷新显示当前视口
243	REDRAWALL		刷新显示所有视口
244	REFCLOSE		存回或放弃在位编辑参照（外部参照或块）时所作的修改
245	REFEDIT		选择要编辑的参照
246	REFSET		在位编辑参照（外部参照或块）时，从工作集中添加或删除对象
247	REGEN		重生成图形并刷新显示当前视口
248	REGENALL		重新生成图形并刷新所有视口
249	REGENAUTO		控制自动重新生成图形
250	REGION		从现有对象的选择集中创建面域对象
251	REINIT		重新初始化数字化仪、数字化仪的输入/输出端口和程序参数文件
252	RENAME		修改对象名
253	RENDER		创建三维线框或实体模型的具有真实感的着色图像
254	RENDSCR		重新显示由 RENDER 命令执行的最后一次渲染
255	REPLAY		显示 BMP、TGA 或 TIFF 图像
256	RESUME		继续执行一个被中断的脚本文件
257	REVOLVE		绕轴旋转二维对象以创建实体
258	REVSURF		创建围绕选定轴旋转而成的旋转曲面
259	RMAT		管理渲染材质
260	RMLIN		从 RML 文件将插入图形
261	ROTATE		绕基点移动对象
262	ROTATE3D		绕三维轴移动对象
263	RPREF		设置渲染系统配置
264	RSCRIPT		创建不断重复的脚本
265	RULESURF		在两条曲线间创建直纹曲面
266	SAVE	Ctrl+S 键	用当前或指定文件名保存图形
267	SAVEAS		指定名称保存未命名的图形或重命名当前图形
268	SAVEIMG		用文件保存渲染图像
269	SCALE		在 X、Y 和 Z 方向等比例放大或缩小对象
270	SCALETEXT		改变指定文字的大小并保持其位置不变

续表

序号	命　　令	快捷命令	功　　能
271	SCENE		管理模型空间的场景
272	SCRIPT		用脚本文件执行一系列命令
273	SECTION		用剖切平面和实体截交创建面域
274	SELECT		将选定对象置于"上一个"选择集中
275	SETUV		将材质贴图到对象表面
276	SETVAR		列出系统变量或修改变量值
277	SHADEMODE		在当前视口中着色对象
278	SHAPE		插入形
279	SHELL		访问操作系统命令
280	SHOWMAT		列出选定对象的材质类型和附着方法
281	SKETCH		创建一系列徒手画线段
282	SLICE		用平面剖切一组实体
283	SNAP		规定光标按指定的间距移动
284	SOLDRAW		在用 SOLVIEW 命令创建的视口中生成轮廓图和剖视图
285	SOLID		创建二维填充多边形
286	SOLIDEDIT		编辑三维实体对象的面和边
287	SOLPROF		创建三维实体图像的剖视图
288	SOLVIEW		在布局中使用正投影法创建浮动视口来生成三维实体及体对象的多面视图与剖视图
289	SPACETRANS		在模型空间和图纸空间之间转换长度值
290	SPELL		检查图形中文字的拼写
291	SPHERE		创建三维实体球体
292	SPLINE		创建二次或三次（NURBS）样条曲线
293	SPLINEDIT		编辑样条曲线对象
294	STANDARDS		管理图形文件与标准文件之间的关联性
295	STATS		显示渲染统计信息
296	STATUS		
297	STLOUT		
298	STRETCH		
299	STYLE		显示图形统计信息、模式及范围
300	STYLESMANAGER		将实体保存到 ASCII 或二进制文件中

续表

序号	命令	快捷命令	功能
301	SUBTRACT		移动或拉伸对象
302	SYSWINDOWS		设置文字样式
303	TABLET		显示"打印样式管理器"
304	TABSURF		用差集创建组合面域或实体
305	TEXT		排列窗口
306	TEXTSCR		校准、配置、打开和关闭数字化仪
307	TIME		沿方向矢量和路径曲线创建平移曲面
308	TODAY		创建单行文字
309	TOLERANCE		打开 AutoCAD 文本窗口
310	TOOLBAR		显示图形的日期及时间统计信息
311	TORUS		打开"今日"窗口
312	TRACE		创建形位公差标注
313	TRANSPARENCY		显示、隐藏和自定义工具栏
314	TREESTAT		创建圆环形实体
315	TRIM		创建实线
316	U		控制图像的背景像素是否透明
317	UCS		显示关于图形当前空间索引的信息
318	UCSICON		用其他对象定义的剪切边修剪对象
319	UCSMAN		放弃上一次操作
320	UNDEFINE		管理用户坐标系
321	UNDO	Ctrl+Z 键	控制视口 UCS 图标的可见性和位置
322	UNION		管理已定义的用户坐标系
323	UNITS		允许应用程序定义的命令替代 AutoCAD 内部命令
324	VBAIDE	Alt+F11 键	放弃命令的效果
325	VBALOAD		通过并运算创建组合面域或实体
326	VBAMAN		设置坐标和角度的显示格式和精度
327	VBARUN	Alt+F8 键	显示 Visual Basic 编辑器
328	VBASTMT		加载全局 VBA 工程到当前 AutoCAD 任务中
329	VBAUNLOAD		加载、卸载、保存、创建、内嵌和提取 VBA 工程
330	VIEW		保存和恢复命名视图、相机视图、布局视图和预设视图
331	VIEWRES		可以放大图形中的细节以便仔细查看，或者将视图移动到图形的其他部分
332	VLISP		将显示 Visual LISP IDE。可以使用 Visual LISP 开发、测试和调试 AutoLISP 程序

续表

序号	命令	快捷命令	功能
333	VPCLIP		剪裁视口对象并调整视口边界形状
334	VPLAYER		设置视口中图层的可见性
335	VPOINT		可以通过输入一个点的坐标值或测量两个旋转角度定义观察方向
336	VPORTS		可以将绘图区域拆分成一个或多个相邻的矩形视图，称为模型空间视口
337	VSLIDE		在当前视口中显示图像幻灯片文件
338	WBLOCK		将块对象写入新图形文件
339	WEDGE		创建三维实体使其倾斜面尖端沿 X 轴正向
340	WHOHAS		显示打开的图形文件的内部信息
341	WMFIN		输入 Windows 图元文件
342	WMFOPTS		设置 WMFIN 选项
343	WMFOUT		以 Windows 图元文件格式保存对象
344	XATTACH		将外部参照附着到当前图形中
345	XBIND		将外部参照依赖符号绑定到图形中
346	XCLIP		定义外部参照或块剪裁边界，并且设置前剪裁面和后剪裁面
347	XLINE		将组合对象分解为组建对象
348	XPLODE		控制图形中的外部参照
349	XREF		放大或缩小当前视口对象的外观尺寸
350	ZOOM		在当前视口中显示图像幻灯片文件

2. 参考课时安排

课程内容	课时安排一	课时安排二
绪论、第 1 章	2	2
第 2 章	6	8
第 3 章	6	8
第 4 章	8	10
第 5 章	8	8
第 6 章	2	4
共计	32	40

参 考 文 献

[1] 总图制图标准 GB/T 50103—2001.
[2] 房屋建筑制图统一标准 GB/T 50001—2001.
[3] 城市规划制图标准 CJJ/T 97—2003.
[4] 道路工程制图标准 GB/T 50162—1992.
[5] CAD 工程制图规则 GB/T 18229—2000.
[6] 任爱珠，张建平. 土木工程 CAD 技术 [M]. 北京：清华大学出版社，2006.
[7] 李智辉，张灶法. AutoCAD 建筑制图习题集锦 [M]. 北京：清华大学出版社，2005.
[8] 袁果，胡庆春，陈美华. 土木建筑工程图学 [M]. 长沙：湖南大学出版社，2007.